辽宁省海洋气候与资源

主　编:袁子鹏　陈力强　李　辑

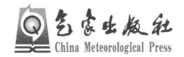

气象出版社
China Meteorological Press

内 容 简 介

　　本书是对辽宁省海洋气候与资源的专业论述。从成因及特征等方面分析了海岸带、海岛的气候特点，并对各岸段进行了评价；从风能、太阳能、潮汐能的分布及开发现状对海洋资源进行了分析，并对今后的规划提出建议，对海岛、湿地、植被等资源也进行了评估。

　　本书可作为海洋、气象、生态和地理科技人员的重要参考书，也可为各部门规划提供主要数据。

图书在版编目（CIP）数据

辽宁省海洋气候与资源/袁子鹏等主编. —北京：

气象出版社，2015.12

ISBN 978-7-5029-5780-3

Ⅰ.①辽…　Ⅱ.①袁…　Ⅲ.①海洋气候-概况-辽宁省
②海洋资源-概况-辽宁省　Ⅳ①P732.5②P74

中国版本图书馆 CIP 数据核字（2015）第 274826 号

出版发行：气象出版社	
地　　址：北京市海淀区中关村南大街 46 号	邮政编码：100081
总 编 室：010-68407112	发 行 部：010-68409198
网　　址：http://www.qxcbs.com	E-mail：qxcbs@cma.gov.cn
责任编辑：白凌燕	终　　审：邵俊年
封面设计：易普锐	责任技编：吴庭芳
印　　刷：北京中石油彩色印刷有限责任公司	
开　　本：787 mm×1092 mm　1/16	印　　张：13.5
字　　数：345 千字	
版　　次：2015 年 12 月第 1 版	印　　次：2015 年 12 月第 1 次印刷
定　　价：60.00 元	

《辽宁省海洋气候与资源》编委会名单

主　　编：袁子鹏　陈力强　李　辑

副 主 编：陈艳秋　韩秀君　戴　萍　郝　伟　孙力威

编　　委：吴曼丽　曲荣强　陆井龙　贾旭轩　李俊和

　　　　　李玉鸣　彭耀华　苏　航　陈　雨

总　　纂：韩玺山

前　言

辽宁省是我国最北部的海洋大省,地理坐标处在东经 118°53′~125°46′,北纬 38°43′~43°26′之间,东西端直线距离及南北端直线距离均约 550 km。辽东半岛海域广阔,东南侧为黄海北部、西侧为渤海,是我国纬度最高、水温最低的海域。辽宁省海岸带东起鸭绿江口,西止辽冀海岸分界点,大陆海岸线长约 2110 km,在沿海各省中居第五位。海域(大陆架)面积 15 万 km²,近海水域面积 37644 km²,为全省陆域面积的 1/4;滩涂面积为 2654.1 km²,约占全国滩涂面积的 9.5%,居全国第 6 位;有岛(礁、坨)401 个,10000 m² 以上的海岛 277 个,岛屿岸线 901 km,其中长山群岛的长海县是我国唯一的海岛边陲县。

辽宁省东北与吉林省接壤,西北与内蒙古自治区为邻,西南与河北省毗连,南与山东省隔海相望;以鸭绿江为界河,与朝鲜民主主义人民共和国隔江相望。辽宁沿海地区位于环渤海地区重要位置,地处东北经济区与京津冀都市圈的结合部,是东北地区通往关内的交通要道,是东北亚经济圈的关键地带,也是东北地区和内蒙古通向世界、连接欧亚大陆桥的重要门户和前沿,在促进全国区域性稳定、协调、可持续发展和推动形成互利共赢的开放格局中具有重要战略意义。

辽宁省沿海辖 1 个副省级城市(大连市)、5 个地级市(丹东、营口、盘锦、锦州、葫芦岛)、11 个县市和 77 个乡镇,人口 1757.7 万。随着辽宁沿海经济带开发开放建设的大力推进,以其直面大洋和背负网络密集的庞大腹地特有的区位条件,正在极大地促进国内一流的临港产业密集带及大连东北亚国际航运中心的形成和发展。沿海区位条件强势牵动,对区域经济带的迅速开发具有重要的推动作用。

本书在气象行业专项"GYHY200906011"、"GYHY201206024"和"GYHY201106006"的联合资助下,利用辽宁省海岛、海岸带等调查项目和多个评价项目成果资料,同时整理分析必要的历史调查资料,在整合现状调查资料和历史资料的基础上,系统阐述辽宁省海洋地理条件、海洋气候、海洋资源、海洋灾害等内容,为辽宁省海洋科学研究和海洋综合开发及管理提供必要的基础数据和技术依据。

作者

2015 年 11 月

目　录

第一篇

海洋气候与水文

第一章　海洋气候

　　海洋气候是自然环境及其资源的主要组成部分。研究气候成因、气候特征和变化规律,对于了解海洋自然环境和资源状况是一项基础性工作。本章所指海洋气候又分为海岸带气候、海岛气候和近海气候。

第一节　气候主要特征及成因

一、气候特征

(一)气候条件优越,资源丰富

　　海区气候是介于陆地与海洋之间的过渡气候,因而具有它的独特性,辽宁省海区按分类属分海岸带及海岛,这就形成既有大陆性又具有海洋影响的双重气候特点。辽宁省海区处于温带气候区,常年受季风影响,形成雨热同季,水热共季,光温水资源丰富的气候特点。海区风能资源丰富,有广阔的开发利用前景。

(二)季风性气候特点显著

　　季风气候是在大气环流、海陆分布和地理条件等因素共同影响下形成的。其主要特点是:一年之中盛行风向的季节变换明显,并伴随风向的变换产生显著的季节性气候差异。而在同一季节,由于季风的强弱和位移的变化,又会出现不同的天气气候状况。

　　冬季,亚洲大陆为冷高压所盘踞,高压前部的偏北风就成为我国东部的冬季盛行风。因此,在冬季风的影响下,辽宁省绝大部分地区寒冷干燥。夏季,我国东半部受来自热带海洋的夏季风影响,天气湿热多雨。南北温度差异较小,等温线几乎与海岸线平行。春秋两季为冬夏季风的交替时期。春季天气多变,雨带自南向北逐步推进,秋季辽宁省大部受高压控制,晴朗少云,形成秋高气爽的天气气候特征。

(三)过渡性气候特征

　　由于辽宁省海岸带和海岛地处世界最大的海洋和最大陆地之间的过渡地带,海陆两种截然不同的下垫面共同影响着海岛气候。因此,导致海岛气候既有海洋性,又具有大陆性的过渡性或混合型气候特征。又因为全省地处季风盛行的地区,海洋性与大陆性的气候特征随季节性的更替而变化。冬季,我国大部分地区为极地大陆气团控制,冷空气经常长驱直入,因此,大大减弱了海洋的影响,使辽宁省沿海广大地区也十分寒冷。夏季,来自热带和副热带海上的季风盛行,因此,海洋的影响明显增强,这时海洋性的气候特征十分显著。

(四)气象要素变化急剧

　　由于海洋与大陆是由两种截然不同的物质所组成,二者的辐射与热力学过程存在明显差异。大气与陆地、大气与海洋间的能量交换大不相同。海洋温度变化慢,具有明显的热惰性;大陆温度变化快,具有显著的热敏性。冬季海洋较大陆温暖,夏季则较大陆凉爽。

作为海陆间两种不同下垫面急剧转变的沿海海岛,其气候特征必然出现气象要素的急剧变化。风速、降水、温度等气象要素在海岛附近梯度明显,形成闭合中心,有人称这种现象为气象要素的"急剧变化",这种变化的程度又受海岛离陆地的远近、海岛本身面积大小、海岛地形、走向等因素的影响,因而形成海岛小气候。

（五）灾害性天气频繁

海区气候有其优越的一面,但也有不利因素存在和多种灾害性天气发生。首先,海区受季风影响,降水量的季节分配和空间分布不均,降水变率较大,因此,易发生旱涝灾害。其次,辽宁省位于中纬度地区,这里是南北气流交绥的地带,各种天气系统活动频繁,在一年四季中均可出现灾害性天气。夏秋的台风、秋冬的寒潮及冷空气活动,以及暴雨、大雾、大风等都会对工农业生产造成灾害。

二、气候成因

太阳辐射、地理环境和大气环流是海区气候形成的3个主要因素。这3个因素各有不同的作用,太阳辐射是大气活动的主要能量来源;地理环境则是能量接收、转化和贮存的主要场所;大气环流具有双重作用的性质,一方面它是气候形成的因子,影响着各地的气候,另一方面它本身也是一种气候现象,受气候形成的其他因子所制约。此外,人类活动（如人工围垦、城市建筑、造林等）对海区环境的影响日益增加,进而影响到海岛气候的变化。所以,人类活动已成为海区气候形成和变化的因素之一。现将形成海区气候的3个主要因素分述如下。

（一）太阳辐射

大气上界的太阳辐射（称天文辐射）,经过大气层削弱后,抵达地球表面的辐射有两种:一是直接射向下垫面的直接辐射;另一个是太阳辐射受大气介质散射作用而产生的从天空各个方向投射到下垫面的散射辐射。两者之和称为抵达下垫面的总辐射。通常以单位时间、单位面积上的太阳辐射能量来表示其强度,称为太阳辐射通量。

1. 海陆辐射差额

地球从太阳辐射中获得能量,同时其本身又以长波辐射的方式放出能量,这种辐射能量的收支形成辐射收支差额。对整个地球行星来说,辐射能量的收支是平衡的,因此,辐射收支差额也就是辐射平衡值。下垫面（海、陆）辐射差额是指地面收入辐射能与支出辐射能之差,它表明地面净得到或净损失的辐射能量。

下垫面（海、陆）和近地层空气温度的高低在很大程度上取决于下垫面辐射差额的大小。因为当辐射差额为正值时,下垫面通过辐射交换过程获得热量,因而使温度上升;当辐射差额为负值时,下垫面通过辐射交换损失热量,因而引起温度下降。而且辐射差额数值的大小,很大程度上决定了温度升降程度。影响辐射差额的因素很多,主要有纬度、云量、地表反射率、太阳高度角和大气透明度等因子。在沿海岛屿地区,由于陆地和海洋是两种性质截然不同的下垫面,所以反射率存在显著差异。据卫星观测,太平洋面上的反射率为7%,而陆地上反射率大得多。因下垫面特性引起辐射差额的不同,是造成局部小气候特性的不同下垫面反射率的重要成因。

表 1.1　不同下垫面的反射率

下垫面	海　　面		陆　　面		
	h＞40°	5°≤h≤40°	粗糙	平坦	砂土
反射率(%)	2～4	6～35	20	25	29～35

从表 1.1 中所列资料可以看出,当太阳高度角 h 高时反射率小,h 低时反射率大。一般情况下,海面反射率小于陆面,因而海洋吸收的太阳辐射就比陆面上多,辐射差额正值大,热量收入就多。

2. 辐射差额的时空变化规律

辐射差额在一天中的时空变化规律是白天因短波辐射起决定作用,下垫面辐射差额的变化规律与总辐射的变化规律一致。因而下垫面(海、陆)辐射差额为正值,下垫面有热量积蓄,使下垫面和近地层的温度升高。下垫面辐射差额的最大值出现在正午前,在夜间,长波辐射起决定作用,故下垫面辐射差额的变化规律显然与长波辐射的变化规律一致。因此,夜间下垫面辐射差额等于有效辐射。因夜间海陆表面辐射差额均为负值,所以海陆表面都有热量损失,导致海陆表面温度下降。

下垫面(海、陆)辐射差额的年变化最大值出现在夏季,最小值出现在冬季。因辽宁省沿海及岛屿处在季风气候区,夏季正值雨季,云量较多,对太阳辐射有明显的削弱作用。因而下垫面辐射差额的年变化往往有两个极大值和两个极小值,前者分别出现在雨季前后;后者,一个出现在冬季,另一个极小值出现在雨季期间。

辽宁省沿海南北间下垫面辐射差额值的差异以夏季小,而冬季大;这种规律性导致了气温年较差具有随纬度增高而增大的特点。

由于海洋表面反射率比陆地表面小,海面上的年辐射差额值较同纬度的陆地表面小,因而年辐射差额等值线在沿海岸及岛岸线走向密集,形成梯度较大的"急剧变化带"。这种效应在面积较小的岛屿不明显,在较大的岛屿周围形成同心闭合等值线。

(二)大气环流

地球上的大气,在太阳辐射原动力的推动下,处于永不休止地运动中,在气候学中把大气的大规模流动叫作大气环流。各类气候的形成,与大气环流的状况有着密切的关系。

假设地球表面是均匀的,只考虑地球自转运动的作用,而不受海陆分布和山脉起伏的影响。那么,在北半球近地层 1.5 km 高度以下,从赤道到 30°N,大气则是自东向西流动;30°～60°N 之间,却为西风气流控制;60°N 以北,又是自东向西运动,在对流层中、上部(5～12 km 高空)大气流动方向较为简单:从赤道到 20°N 盛行东风,25°N 以北均为西风气流。也就是说,辽宁省沿海大部分地区高空引导气流基本是受西风气流控制,致使一些天气系统大部是自西向东移动。这种大气的流动,称之为"基本气流",也称"行星风系"。然而,由于太阳辐射对不同纬度和热力性质不同的海陆加热的不均匀,形成了我国的季风气候特征。而辽宁省的沿海及其岛屿正处于典型的季风气候区。

1. 海陆分布与季风环流及季节变化

由于大陆的热容量远小于海洋,以及海陆对辐射的反射、透射等热力性质的不同,致使形成海陆冷热源的热力效应呈现季节交替特征。根据实测资料统计分析,季风环流有如下季节变化特征:

冬季(1月),辽宁全省大陆处于强盛的蒙古冷高压控制下,海洋上阿留申低压发展到鼎盛期。此时,沿海等压线密集,盛行强劲的西北或偏北风。春季(4月),大陆的热源作用日趋明显,蒙古冷高压减弱,且向西北退却,阿留申低压削弱,并向东北退缩,这时北方沿海地区吹偏北风。夏季(7月),在中纬度的西风带中,西风槽位于贝加尔湖以东至河套西部,槽线略偏于地面极锋平均位置的西—北侧。大陆的热源作用达至鼎盛期,太平洋副热带高压已移至最北,盛行的偏南夏季风位置也达较北部地区。秋季(10月),大陆热源和海洋冷源的作用日趋衰减,副高减弱南撤。而蒙古冷高压又复出现,日趋加强。这时,由夏季型环流又转向冬季型。除渤海湾为偏西气流外,以南沿海地区均转为偏北气流控制。一年四季,季风环流形势的季节变化就是这样的周而复始,循环不已。

2. 季风环流与天气气候的关系

冬季,西风带的东亚大槽稳定在大陆东岸及沿海一带。来自蒙古高压的强盛冷空气直驱南下,使我国沿海地区气候寒冷干燥。当强冷空气南侵锋面过境时,常出现偏北大风、急剧降温、霜冻和阴雨寒潮天气。春季,我国沿海大部分地区处于东亚大槽的槽前,锋面气旋和移动性高压活动频繁,属冬季型向夏季型环流过渡的天气多变季节,天气乍寒乍暖,风速较大。初夏起,5月至6月中旬,副高进一步加强北上,造成不稳定天气,自南向北先后开始进入雨季,并伴有冰雹等强对流天气出现。夏季全省沿海从南到北均可受到台风侵袭,当台风侵袭时,会对原有的大气环流形势造成大的调整。这时台风带来大量降水对伏旱起一定缓解作用。初秋,蒙古冷高压又复生增强南下,副高退却,冷暖气团交绥。中秋后,大陆冷高压再度增强,沿海处于脊前槽后,天气稳定少变,形成"秋高气爽"的好天气。以上季风环流形势所形成的天气气候特征,仅属多年平均状况。随着季风到来的迟早、强弱的年际变化,还会形成异常的天气气候特征。

综上所述,沿海及岛屿气候特征是在大气候背景条件下,由海陆下垫面的物理性质的不连续等因素的综合影响而形成的。

(三)地理环境

太阳辐射虽是气候形成的总能源和原动力,然而太阳辐射仅是一种以电磁波形式传递的短波(波长为 $0.15\sim4~\mu m$)能量,因此,还必须通过大气和下垫面(海陆和不同地形及其覆盖特性等)不同程度地吸收、反射,转化为 $4\sim120~\mu m$ 的长波辐射后,方能使近地层大气环境内产生热能效应。随之,经过大气环流的水平、垂直输送和其他因素的影响,形成各种各样的大气物理过程——冷、暖、风、云、雨、雪等天气现象和气候特征。由此可见,太阳辐射是大气现象产生的主要能源,而地理环境则是产生复杂的气象要素分布的主要原因。

1. 海陆热力性质的差异

引起海、陆热力差异的主要原因,是由于它们具有不同的辐射性质、热属性和传导方式。海洋和大陆的增温、变冷过程的差异,可直接影响到陆上和海上空气温度、湿度和降水等一系列气象要素,并形成截然不同的气候特征。

海陆的辐射性质不同。海水具有良好的透明度,能将太阳辐射透射到水下几十米的深度。在海水 10 m 深处,太阳辐射的强度仍可达到海面的 18%,而陆地仅集中于极薄的表层。海、陆对太阳辐射的反射率有显著的差别,一般海洋的平均反射率从两极冰沿到赤道可从 5% 变化到 10%~14%,而陆地则可达 10%~30%。因此,在海洋单位面积上吸收太阳辐射比陆面多。这就使海洋的辐射差额值比陆地上大。

　　海陆的热容量不同。水的热容量较土壤和岩石为大。淡水的热容量为 1 cal/(cm² · ℃),海水的热容量约等于 0.9 cal/(cm² · ℃)。而一般陆地表面的热容量约等于 0.4～0.6 cal/(cm² · ℃),约为海洋的一半。故在吸收同样多的热量情况下,假若海面温度上升 1℃,陆面温度则要上升 2℃。在失热时也是一样,陆面的降温速度远大于洋面,这就造成陆地温度变化急剧,海洋温度变化缓慢。由于海水起到温度调节和缓冲的作用,致使海岛温度变幅比邻近内陆小,升降速率比较缓慢。

　　海陆的传热方式不同。海水在外力等因素的作用下具有垂直交换和水平流动的特点。波浪和涡旋使海水产生垂直运动,海水热量的上下交换,致使水温分布均匀且随深度变化较小。除这种动力性湍流外,尚有热力性对流。秋、冬或夜间,当海洋表面冷却时,其表面水层密度增大而下沉。在下层则较暖且密度小而上升,从而使得表层的温度和缓下降。另外,因海水含盐,在蒸发强烈时,上层的海水含盐浓度加大而下沉,这也促进了上下层热量的交换,而在陆面上正相反,当陆地吸收太阳辐射后,其中一部分借湍流交换和其他作用而向大气中传送,其余大部分则由传导而进入土壤的下层,但它所达的深度却远远小于海洋。因此,大气由陆面所得到的热量(陆面上大气可得到全部热量的 1/3～1/2)要比海洋(水面上大气所得到的热量还不到全部热量的 1%)多得多,所以海、陆面空气温度的年变化和日变化有很大的差异。夏季海洋上的温度低于陆上;冬季,因海洋储存的热量释放,致使海上温度高于陆地。因此,海上气温的年、季、日变化均小于陆地相应的变化。

　　海陆热量平衡各分量差异。海陆辐射差额的明显差异,导致海陆热量收支盈亏不同。其盈亏的热量必然以其他形式进行热量交换,并进行不断地调整,以求达到相对的热量平衡。因此,在海陆交接的海岸与岛屿地区,存在一条明显的不连续面,这是海岸带及岛屿气温变化"过渡"的重要原因之一。

　　综上所述,由于海陆近地面层的冷热源的季节变化,形成了海岛的过渡性气候特征。冬季海上气温明显高于同纬度的陆地。夏季,近海及岛屿比陆地凉爽。同时冷热源性质的不同也会产生季节性的温度层结稳定的变化:夏季,海洋为"冷源",洋面上的大气层结较稳定,抑制了水汽的上升条件,从而形成了近海的"少雨带";而陆地夏季为热源,大气层结不稳定,海岸带陆上一侧水汽上升条件加剧,故形成沿海陆上一侧"多雨带"。不仅如此,因海陆冷热源变化的悬殊对比,还会产生海岸带的风速急剧变化。

　　2. 海陆动力性质的差异

　　地理环境对近海岛屿气候形成的影响除海陆热力性质的差异外,海陆动力性质的差异也是重要原因之一。海面的粗糙度比陆地明显偏小,因此,导致海上风速比陆地显著增大。气流登陆,在沿海形成辐合带,这是形成沿海陆上多雨带的主要原因。气流入海,在海上形成辐散带,这是海岛少雨的原因。气压系统入海,因摩擦力减少而加强,反之气压系统登陆,因摩擦力增大而减弱。

　　3. 地形的影响

　　在大陆上,不同的地形对气候有着不同的影响。辽宁省近海岛屿地形多种多样,对气候的形成起到重要作用。海岛的山脉对来自海上的气流起着强迫抬升的作用,由于水分条件充足,加之岛上陆地表面温度较高,促使大气不稳定程度加强,从而造成有利的降水条件,致使山脉迎风面形成集中降水,而在背风面降水较少。辽宁海域中的海岛因面积较小,又分布在近海岸一侧,由于受大陆影响,因而这种海上气流抬升作用不够明显。海峡和谷地的"狭管效应"使局部气流流速加大,这给利用风能资源提供了有利的条件。

第二节　海岸带气候

辽宁省海岸线东起鸭绿江口,西止山海关的老龙头,全长 2100 多千米,占全国海岸线总长的 12%。沿海岛礁、坨共 506 个(其中海岛为 402 个),岛屿岸线长为 700 多千米,陆地岸线与岛屿岸线总长为 2800 千米。

一、气候特征

辽宁海岸带地处中纬度,大部分地区属温带大陆性季风气候,辽东半岛属暖温带气候区,并具有沿海气候的特点。主要气候特征是:冬季寒冷漫长,干燥少雪,夏季高温短暂,雨量充沛。各地因自然地理条件不同,气候差异显著。海岸带年平均气温在 8~11℃,无霜期为 200天左右,年降水量在 700~1100 mm,并具有自西南向东北递增的特征。

春季气温回暖快,干燥少雨,多大风,蒸发和日照均为全年最高的季节。

夏季气候凉爽,多低云和雾。最热月平均气温在 23~24℃,极端最高气温在 32~40℃,渤海岸段在 38~40℃,高于黄海岸段,并且渤海的西岸极端最高温度出现在 6 至 7 月份,如锦西为 41.5℃(出现在 6 月 10 日)。本岸段因受海洋调节,高温期较短。全年降雨量主要集中于夏季,约占全年降水的 60%~70%。尤其是 7、8 月盛夏季节,多暴雨天气。

秋季冷空气活动开始加强,暖空气势力日益减弱,因此降温快,雨量骤减,多晴朗天气,有秋高气爽之称。本季南、北风交替频繁,风速逐渐增大,后期以北风为主。初秋是冰雹次数发生最多的季节。

冬季雨雪稀少,多晴天,寒冷期长。冬季持续期达 5 个月之久。在来自北方极地冷气团长期控制下多晴少雪,气候干燥,盛行西北风。常有寒潮入侵,气温剧降,易出现大风雪天气。

二、气候要素与气候资源

(一)主要气候要素的分布

海岸带是海陆的交绥带,气候要素分布受内陆和海洋的共同影响,它有既不同于内陆又不同于海洋的较独特的气候特征。

1. 气温

辽宁海岸带的气温等值线明显地有沿海岸走向的趋势。如图 1.1 所示:黄海、渤海大部岸段年平均气温在 9℃左右,辽东半岛南端气温略高,为 10℃。气温从海洋向内陆递减,海岸带则为气温变化的过渡带。

渤海的西部岸段年极端最高气温较高,可达 40℃左右,其他岸段均在 34~36℃,岛屿在33℃。渤海的东北部岸段极端最低气温较低,在 −29~−27℃。大洼最低为 −29.3℃,渤海西北部和黄海东北部岸段在 −26~−24℃,其他岸段在 −22~−19℃。

海岸带气温年变化位相、振幅与同纬度的大陆和海洋相比具有明显差异。海岸带的累年月平均气温年变化曲线的位相明显地较大陆落后,而比同纬度海洋上的温度变化曲线位相提前。海岸带气温最高月份为 7 月下旬至 8 月上旬,内陆一般在 7 月上中旬,可见海岸带气温变化位相比内陆落后半个月,而与海洋上气温变化相比,其位相又可提前 10 天左右。

由上可见,海岸带气温分布及变化具有如下特点:气温等值线有沿海岸带走向的趋势(见图 1.1)。夏季气温大陆高于海上,冬季气温海上高于大陆,海岸带则位于气温变化的过渡带上,而且气温梯度最大,一年中海岸带最暖季节为 7 月下旬至 8 月上旬,最低气温出现在 1 月下旬。秋季气温高于春季。年气温变化振幅较同纬度大陆小,但较海洋上大,气温变化位相较同纬度海洋上提前但落后于同纬度大陆。

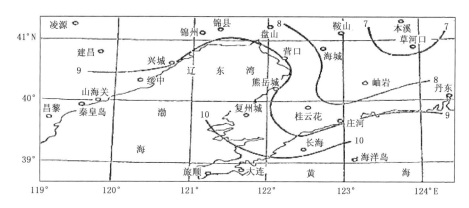

图 1.1　年平均气温(℃)

2. 冻土

海岸带土壤冻结日期:渤海的东部和西部岸段一般在 11 月中旬,北部岸段略早,在 11 月上旬,黄海北部的庄河—丹东岸段在 11 月中旬,辽东半岛南部岸段在 11 月下旬。

土壤化冻日期:渤海西部及东部岸段在 4 月上旬,渤海北部,黄海北部的庄河—丹东岸段在 4 月中旬,辽东半岛南端土壤化冻时间较早,旅大岸段在 3 月下旬土壤即可化冻。

海岸带土壤的封冻期:渤海北部岸段最长在 5 个月左右,辽东半岛南端最短一般在 4 个月,其他地区在 4~5 个月。

整个海岸带年平均最大冻土深度:均不到 1 米,辽东半岛南端为 80 cm 左右,渤海的西北部岸段在 90 cm,其他岸段均在 80~90 cm。

年极端最大冻土深度:渤海西部、北部及东北部岸段在 1.1 m 以上,辽东半岛南海岸段一般不超过 90 cm。

3. 降水

如图 1.2 所示:海岸带年降水量分布不均匀,渤海岸段年降水量在 600 mm 上下,黄海岸段从辽东半岛南端向北逐渐增加,从旅顺的 600 mm 增加到丹东岸段 1000 mm。各地的降水量年际变化较大,最多年降水量与最少年降水量相比可达 2~3 倍。年降水相对变率:渤海西部、辽东半岛南部及岛屿都超过 20%,其他岸段在 15%~20%。

在一年中降水分布明显存在干湿季。其特点是夏季最多,冬季最少,秋季多于春季。

雨季的分布:渤海岸段的西北部始于 6 月上中旬,渤海东部及黄海岸段始于 6 月中下旬,全部岸段的雨季结束于 9 月上中旬。在雨季(6—9 月)黄海岸段及辽东半岛岸段降水量占全年的 65%~75%,渤海的西部岸段雨季降水可达全年的 70%~80%。

冬季本岸段受蒙古高压的控制,盛行东北风,来自北方大陆的气团寒冷干燥,是一年中降水量最少的季节,降水量只占全年的 3%~5%。在冬季累年最长无降水日数除东庄岸段,辽

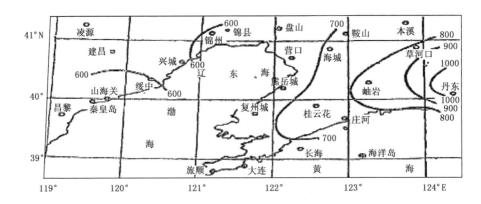

图 1.2　年降水量(mm)

东半岛南端为 30～50 天,其他岸段均可达 60 天以上。

一年中 7 月份为降水最多的月份。7 月份降水分布与年降水量分布相似。夏季整个海岸带盛行西南风或东南风,来自热带海洋上的暖湿气流提供了充沛的水汽条件,登陆后内陆一侧地面受热强,易形成不稳定条件,加之地形的抬升作用,因而降水频繁,降雨量大,连阴雨也最多。

日降水量≥0.1 mm 的日数以东庄岸段为最多,年日数在 90 天以上。其他岸段在 70～90天,大部分都集中在夏季,约占全年降水日数的 50%～65%。暴雨日数(≥50 mm)多发生在 7—9 月,占全年暴雨总日数的 80%。东庄岸段发生次数较多,年均 4 次,其他岸段年均 2 次。个别地方可出现特大暴雨,如丹东市曾于 1958 年 8 月 4 日降过 414 mm 的特大暴雨。

辽宁整个岸段降雪期较长,黄海的东庄岸段、渤海的东部岸段降雪期一年可长达 5 个月,其他岸段在 4 个月。初雪日一般在 10 下旬或 11 月上旬,终雪日为翌年 3 月下旬或 4 月上旬。

积雪日期一般比降雪开始日期晚 15～20 天,比降雪终止日期早 10 天左右。渤海西部岸段,辽东半岛南部岸段积雪期在 100 天左右,积雪日数 20～40 天。最大积雪深度 20 cm,旅大曾出现 37 cm 的记录。其他岸段积雪期为 100～200 天,积雪日数 40～60 天,最长连续积雪日数 50～70 天,最大积雪深度 20 cm。

4. 风

辽宁海岸带位于东亚季风区内,其风速、风向的分布和变化在很大程度上受季风控制,同时还受到地形、海陆分布等因子的影响。

年风向频率分布:渤海西部、辽东半岛南部、黄海的东庄等岸段以北风和西北风为主,其他岸段则以北和南风为主。海岸带在冬季由于受冬季风控制,渤海西部、黄海等岸段盛行西北风,渤海东部岸段则以北风为最多。春季为冬季风与夏季风转换季节,风向变化较为复杂,但海岸带大部分地区仍以南风较多。夏季海岸带受夏季风控制,渤海岸段盛行南风,黄海岸段及辽东半岛南端则以东南风为最多。秋季由于夏季风已开始向冬季风转换,风向变化较复杂,但海岸带大部分地区以北风和西北风占优势。

海岸带各地风速年变化很大。年平均风速大多在 4～5 m/s。风速等值线有明显地沿海岸线走向的趋势,风速从海洋向内陆递减,海岸带为风速等值线的密集带。冬季平均风速,渤海东部辽东半岛南部等岸段及岛屿在 5～6 m/s,其他地区 4～5 m/s;最大风速因受当地地形影响各地差异很大,岛屿及辽东半岛南端最大风速为 25～35 m/s,其他岸段可达 20 m/s。春季渤海岸段平均风速在 6 m/s 左右,黄海岸段平均风速在 5～6 m/s。最大风速:渤海岸段为 20～25 m/s,黄海岸段为 30 m/s,长兴岛最大达 40 m/s。夏季渤海岸段平均风速 4 m/s,黄海为 3～4 m/s;两个岸段的最大风速都比较小,但短时阵性大风也时有发生。秋季整个海岸带平均风速为 4～5 m/s,西北大风也时有发生。

辽宁海岸带为多大风区,全年≥6 级风日数大多在 60～80 天,渤海北部、东部等岸段超过 80 天,最长连续日数为 6～10 天,大连历史上曾出现连续 15 天的记录。≥8 级风日数辽东半岛南端及黄海岸段及岛屿为 70 天左右,其他岸段为 30～50 天,最长连续日数一般在 4～8 天。渤海西岸的绥中达 11 天,黄海中的长海出现了连续 12 天的记录。

经观测发现,海岸带存在着明显的海陆风,海陆风一般不超过 2 m/s。海风始于上午 09—11 时,14—15 时达最大,17—20 时衰弱消失,最大风速可达 3～4 m/s。海风向内陆可延伸 20 km。海陆风一般于夏季晴朗天气出现较多,且强度大,其他季节也可出现,但不明显。

(二)海陆之间温度、风变化的特征

为了更充分地了解滩涂的小气候变化,于 1983 年在新金县皮口进行了由 8 个观测点组成的垂直于海岸的短期剖面气象观测。经初步分析得出如下规律。

1.气温:8 月份平均气温滩涂地区与近海相比变化不大,其值略低于大陆。而平均最低气温近海高于滩涂,更高于陆地,由滩涂向陆地一侧大约 2 km 温度降低 1～1.5℃,然后趋于无变化,向近海一侧温度增加幅度较小,大约每 10 km 升高 0.2～0.5℃。平均最高气温变化不够明显。由此可知,8 月份由滩涂向陆地一侧平均最低气温降低幅度较大,然后趋于平缓,向近海一侧温度变化不明显。

1 月份平均气温的分布情况是近海高于滩涂,向近海大约每伸入 10 km 温度升高 0.5℃,向陆地一侧延伸 2 km 降低 1℃。平均最高气温无明显变化。平均最低气温近海比陆地明显偏高,由滩涂向近海一侧在 20 km 范围内增温 3℃左右,再向前延伸 10 km 内大约增温 1℃。向陆地一侧在 2 km 内温度降低 1～1.5℃,再向内陆延伸降温幅度减少。

从滩涂小气候观测资料分析中可看出:8 月份气温由滩涂向陆地一侧降低较快,而 1 月份气温由滩涂向海洋一侧升高较快。

2.风:风速分布呈明显地沿海岸带走向而变化的趋势,从海陆垂直剖面观测来看,风速从海洋向内陆递减,在内陆一侧形成突降带,大约在距岸 1～2 km 范围内。相反,如风由内陆吹向海洋时,风速增加可保持十几千米范围。

(三)主要气候资源

1.太阳辐射与日照

辽宁海岸带太阳辐射的年总量一般都在 5652.2 J/m² 以上,辽东半岛的西部岸段都在 5861.5 J/m² 以上,如营口达 6020.6 J/m²。丹东地区由于多云,总辐射量相对少一些,但也在 5652.2 J/m² 以上。一些海岛上的太阳辐射能也相当丰富,如长海为 5861.5 J/m²。太阳能的利用还与日照时数有关,整个岸段年日照时数大部在 2600～2800 小时,有些岸段可达 2900 小时以上。如以海岸线长度为 2800 km,海岸带宽度为 1 km 计算,年太阳总辐射量按 5442.8 J/m² 考虑,那么每年海岸带的太阳辐射总能量折合为 5.2×10^{11} 吨标准煤,可见资源量是很可观的。

2.热量资源

积温是衡量一地区热量资源的重要指标,是农、牧、渔业各部门安排生产活动的重要依据。辽宁海岸带热量资源较为丰富,日平均气温≥0℃的初日,大部分岸段在3月中旬,唯有黄海的南部岸段略有提前,如小长山、金县在3月上旬末;终止日渤海西部岸段在11月中旬,沿渤海东岸和黄海岸段向南终止日逐渐变晚,从营口、丹东的11月中旬延迟到辽东半岛南端的11月下旬。日平均气温≥0℃的初、终间日数约在250～260天,积温值渤海西部岸段为3900℃,辽东半岛南端岸段为4000℃。

日平均气温≥10℃的初日,渤海西岸在4月20日前后,黄海岸段及岛屿延到下旬末;终止日渤海岸段在10月中旬,辽东半岛推后到10月下旬。日平均气温≥10℃的初、终间日数大约在180～190天,积温值丹东岸段较低在3200℃,最高为辽东半岛南端的大连一带,为3600℃,其他介于两者之间。

日平均气温≥20℃的初日,渤海岸段为6月中旬,黄海岸段为6月下旬,岛屿则在7月上旬;终日渤海岸段为9月上旬,而黄海岸段则在9月中旬。日平均气温≥20℃的初、终间日数,渤海岸段为85天,辽东半岛为80天,丹东、皮口岸段为75天;积温渤海岸段为2000℃左右,黄海岸段在1800℃左右。

3.风能资源

海岸带风能是十分丰富的,大部分岸段的年有效风能密度在150 W/m²以上,其中有将近一半岸段可达200 W/m²以上,如复县达222 W/m²。年有效风速出现的时数大部分岸段在5000小时以上,有的地方多达6000小时,如长海为6739小时,占年总时数的77%。

三、主要灾害性天气

(一)台风

辽宁海岸带是受台风影响的地区之一。据近百年台风资料的统计,影响辽宁的台风共计91次,平均每年1次,最多年可达4次,有的年份无台风影响。影响海岸带的台风最早出现在6月中旬,最晚出现在9月中旬,一般多为7、8月份,占受影响台风总数的90%,其次是9月,6月份发生较少。

影响海岸带的台风发源自热带太平洋上,进入中国海后主要路径有三条:第一条路径是在华南登陆后继续向北移动并折向东北,经山东半岛进入渤海或继续东北行而后消失,这条路径的台风对渤海岸段影响较大,可造成6～9级大风,最大可达12级,还可造成大规模较长时间的降水。第二条路径是在辽宁海岸带登陆后减弱消失,可造成黄渤海区及其岸段的大风,一般可达8～9级,最大可达12级,同时还可造成暴雨。第三条路径是在朝鲜的汉城和我国丹东之间登陆后继续移向东北,这条路径的台风出现次数最多,约占影响辽宁台风总数的50%,大风主要影响黄海岸段,风力一般为6～9级,最大可达10～12级。

(二)暴雨

海岸带≥50 mm的暴雨日数总的分布趋势是从东南向西北减少。丹东地区最多,年平均12.5天,最多年为23.0天,最少年为6天;辽宁半岛南端年平均为2天,辽西岸段为2～3天。≥100 mm的大暴雨日数以丹东年平均5.8天为最多,最多年可达12.0天,最少年为2.0天。出现大暴雨最少的地区为辽西岸段。

大暴雨的发生时间最早可出现在 4 月份,如 1969 年 4 月 20 日在辽南出现了 149 mm 的日降水量。大暴雨最晚出现在 10 月份,如 1970 年 10 月 23 日锦县日雨量为 111 mm。一般多发生在 6—8 月,其中以 7—8 月为最集中,约占大暴雨日数的 70%。

大暴雨是海岸带汛期主要灾害性天气之一,丹东又是辽宁海岸带暴雨中心。丹东暴雨在我国北方暴雨中,居于最突出的地位,就暴雨期的绵长、暴雨的频繁、年雨量之多均为北方之冠。在我国沿海各省(区、市)的台风暴雨中,24 小时降雨量之大,仅次于两广,如丹东黑沟 6205 号台风暴雨,其量多达 657 mm,又如大连新金的 1981 年 7 月 28 日出现了 644 mm 的特大暴雨。这两场大暴雨都给国民经济及人民生活带来重大损失。

(三)寒潮

影响海岸带的寒潮路径有 3 条:一条是西北路径,此路径最多,冷空气强,影响范围也广。这条路径的冷空气来自新地岛,经西西伯利亚、蒙古侵入我国后移入辽宁省,这一寒潮虽经长途跋涉不断变性,但因开始时强度大,到达辽宁海岸带后仍可造成很强的寒潮天气,一日最大降温可达 12℃ 以上,并伴有雨雪天气,有时还可出现大风雪使海岸带的风力加大到 10～12级。二是西方路径,此路径寒潮由西欧经黑海和我国新疆、华北地区侵入辽宁,易造成雨雪天气。三是北方路径,此路径的寒潮能够直接影响海岸带的次数虽少,但因移动距离短、强度大,可剧烈降温,还可造成 6～7 级大风。

海岸带第一次出现寒潮天气的时间,渤海岸段较早,一般在 11 月初,而黄海岸段略晚,一般在 11 月中旬。寒潮常造成大范围的冻灾、大风雪等。一次强大的寒潮可造成连续降温,渤海岸段最大降温可达 22～24℃,黄海岸段为 20.0℃。一日最大降温,黄海岸段的旅大、庄河分别达到过 14.9℃ 和 14.6℃,渤海岸段的营口也有 14.4℃ 记录。寒潮常带来大风雪,例如:1964 年 4 月 5—6 日的一次强寒潮天气,造成渤海海峡、黄海东北部岸段的偏北大风,风力达12 级以上。

(四)雷暴

海岸带平均雷暴开始日期,渤海岸段的西北部及长海、金县岸段较早,一般在 4 月下旬,而其他岸段出现略晚在 4 月末。终止日期渤海岸段的西段较早,在 10 月上旬或中旬,辽东半岛在 11 月中旬,其他岸段则在 10 月下旬至 11 月上旬。极特殊的年份雷暴最早出现在 3 月,最晚则可推迟到 12 月上旬。

年雷暴日数,渤海岸段一般在 25～30 天,黄海岸段在 20～25 天,辽东半岛南端在 20 天左右。

(五)冰雹

海岸带冰雹出现的次数比内陆少,渤海及辽东半岛西部等岸段平均每年出现 1 次,庄河、丹东一带年平均可达 1.5 次,辽东半岛南端年平均只有 0.5 次。

海岸带的冰雹开始于 5 月份,以春末夏初为最多,夏末秋初次多,一般于 11 月结束。

(六)霜

海岸带的初霜期一般在 10 月上旬到中旬,海岛及辽东半岛南端初霜期较晚,在 10 月下旬至 11 月上旬。终霜期一般在翌年 4 月中旬至下旬。年有霜日数,渤海岸段在 90 天左右,黄海岸段在 100 天左右,辽东半岛南端有霜日数只有 60 天左右,岛屿上则更少,如长海只有 43 天。

年无霜期,渤海西北部及东部岸段在 180 天,黄海岸段在 170 天,越向辽东半岛南端无霜期越长,大连等地可达 190～200 天。

(七)雾

海岸带的雾以平流雾为主,冬季来自海面的暖湿气团上岸后,由于下垫面的冷却作用常可形成雾,另外,在黄海与渤海之间常出现锋面雾随风移动。海岸带一年四季均有雾生成。总的分布是黄海大于渤海,全年雾日数,黄海岸段大约在 50～60 天,渤海岸段在 15～20 天,内陆一侧的雾日数少于海面。黄海雾一般多发生在 7 月,渤海多发生在 12 月。

海雾在日落后或夜间生成,后半夜至清晨达到最强,中午前后减弱消失,在雾多的季节 可持续数日不散。海雾有持续时间长、范围广、厚度大、浓度高等特点。

(八)海冰

在冬季海冰分布的总趋势是,渤海和黄海北部都会有海冰形成。以渤海北部最重,鸭绿江口附近次之,渤海南部最轻。

渤海冰情以辽东湾最重,渤海湾次之,莱州湾最轻。辽东湾冰期达 3～4 个月,海冰分布范围一般距湾顶 65～90 海里[①],浮冰量可达 6～8 级,冰厚 25～40 cm,最大冰厚可达 100 cm。海面常有堆积冰,一般高达 2～3 m,沿岸个别年份可达 6～10 m。渤海湾和莱州湾冰期约 2 个月,海冰一般距湾顶 15～35 海里,浮冰量变化较大,冰厚 15～30 cm,堆积冰一般在 1 m,最高2～4 m;最大堆积高度超过 8 m。

黄海北部,冰期 3 个月左右,海冰一般分布在 20 m 等深线以内,距岸 15～25 海里,浮冰量达 5 级,冰厚 20～30 cm。异常寒冷年份,海冰可距岸 30 海里以上,冰厚可达 80 cm。

黄、渤海区冰情,每年大致分为初冰期,严重冰期和融冰期三个阶段。11—12 月为初冰期,1 月上、中旬进入严重冰期,2 月下旬至 3 月上、中旬为融冰期。

近 80 年来,黄、渤海区曾出现 4 次较大的冰封,分别在 1936、1947、1957 和 1969 年,尤以1969 年最重。1969 年 2—3 月出现有记载以来特别严重的冰情,终冰期较常年晚 20 多天,2月 27 日—3 月 15 日渤海海面几乎全被海冰覆盖,沿岸都有堆积冰,一般堆积高度为 2 m,最高达 9 m,大沽口外形成了小冰山,黄海北部结冰范围到 30 m 等深线附近。

第三节　海岛气候

一、气温

(一)气温的年、月分布

辽宁海岛绝大部分集中在黄海。从年平均温度的变化可得出两种趋势:一是从北向南温度逐渐增高,如最北的大鹿岛年平均温度为 9.1℃,而处于最南端的海洋岛却为 10.8℃,偏高1.7℃;二是距离陆地远近形成温度差异。大鹿岛离陆地最近,海洋岛最远,两岛年平均温度相差 1.7℃(见表 1.2)。

气温的季节变化分别以 1、4、7、10 月各代表冬、春、夏、秋四季。

4 月、7 月常代表春、夏季。此时,太阳已越过赤道直射北半球,气温明显上升,并逐步进入

---

① 　1 海里＝1.852 km,下同。

全年气温最高时期。由于夏季风影响,又因受海洋影响,海岛升温缓于沿岸,沿岸又缓于内陆。沿海的等温线逐步由冬季的纬向分布转向夏季的沿海岸线分布,出现内陆气温高于沿岸而沿岸又高于海岛的温度分布格局。4月平均气温黄海各岛在8～9℃,渤海升温较快。7月随着太阳直射点的北移,辽宁省沿海进入盛夏,黄海各岛平均气温在22～23℃间,渤海较高为24～25℃。

10月、1月平均气温分布表示秋、冬季气温变化特点。秋分以后,太阳已进入南半球,日照时数普遍减少,纬度越高,日照时数减少越明显,加之不时有强冷空气侵袭,此时黑潮暖流退缩,偏北风使海洋不明显的高温作用减弱。10月是秋冬的过渡季节,气温逐步下降,黄海各岛平均气温降至13～15℃,渤海在12℃。1月平均气温降至最低,黄海各岛在−6.6～3.0℃,渤海在−7℃。

表1.2 各海岛平均温度变化 (单位:℃)

站点	1月	2月	3月	4月	5月	6月	7月	8月	9月	10月	11月	12月	全年
大鹿岛	−6.6	−4.9	1.3	8.1	13.8	18.3	22.2	23.7	19.5	12.7	4.1	−3.5	9.1
大长山岛	−4.7	−3.2	1.9	8.0	13.5	17.9	22.0	23.8	20.4	14.2	6.0	−1.3	9.9
小长山岛	−4.4	−2.9	2.0	7.8	13.1	17.7	21.9	23.8	20.6	14.3	6.2	−1.1	9.6
海洋岛	−3.2	−2.0	2.7	9.0	14.6	18.9	22.9	24.6	20.6	14.7	7.1	0.2	10.8

表1.3 大长山岛与北京气温年月平均日较差比较 (单位:℃)

站点	1月	2月	3月	4月	5月	6月	7月	8月	9月	10月	11月	12月	全年
大长山岛	6.3	5.9	6.0	6.5	6.8	5.3	4.6	4.8	5.6	6.0	6.3	6.3	5.9
北京	10.7	10.8	11.6	12.7	13.6	12.7	9.5	9.4	11.7	12.1	10.6	10.4	11.3

（二）气温年、日较差与气候大陆度

气温年较差系全年最热月与最低月平均气温之差。若冬冷夏热相差悬殊,气温年较差大,表示气候大陆度强,年较差小,则表示海洋性程度明显,年较差黄海各岛在25～30℃,渤海在30℃,全年日平均最高气温与日平均最低气温之差为日较差。其性质与年较差一样,受季风影响,气温年较差显然大于日较差。与同纬度陆地相比,沿海岛屿年较差小,日较差也小。大长山岛年较差在29℃,年平均日较差5.9℃,全年各月平均日较差都小于10℃,在5～7℃之间变化。而位于大陆的北京年平均日较差在11.3℃,1—12月的月平均日较差值除7月、8月接近10℃外,其余各月均超过10℃,最高月5月达13.6℃为最大(见表1.3)。为便于表明各地气候受海陆影响的程度,常用气温年较差计算的气候大陆度进行相互比较。戈尔琴斯基大陆度公式如下:

$$大陆度 = \frac{1.7 \times 气温年较差}{\sin\varphi} - 20.4$$

式中 φ 为该地所在纬度,通过系数取值使大陆度变化范围在0～100之间,以50作为海洋性气候与大陆性气候分界。经计算辽宁省海岛大陆度都在50以上,如大长山岛和同纬度的内陆比较,大陆度偏小,但仍大于50。与同纬度的地点相比,辽宁省沿海大陆度明显偏高。如辽宁省的丹东(40°03′N)大陆度为62,美国纽约(40°12′N)大陆度仅为12。

上述原因主要是我国冬季大陆地面冷高压极其强盛。高空又处于西风带东亚大槽后部,强冷空气频繁南下,由陆向海的冬季风极为强大,使辽宁省沿海气温比同纬度的其他地区明显偏低,由于冬季气温偏低,使年较差显著增大,从而大陆度普遍加大,这是辽宁省气候的特点之一。

（三）极端温度和高、低温日数

辽宁省沿海极端最高气温沿海岸线自陆向海递减,如皮口(33.9℃),大长山岛(33.4℃)、小长山岛(33.4℃)、海洋岛(31.1℃)。沿海地区极端最高温度一般出现在盛夏的 7、8 月份,海岛都出现在 8 月份。极端最低气温分布是自陆向海递增,如皮口(－21.9℃)、小长山岛(－19.9℃)、海洋岛(－18.4℃)。因受海洋调节,海岛极端最低气温较同纬度陆地的北京、天津站偏高 3℃(见表 1.4)。

表 1.4　大长山岛与同纬度陆地气温比较　　　　　　　　　　　　(单位:℃)

站点	纬度	年平均气温	年较差	极端气温		大陆度
				最高	最低	
大长山岛	39°16′	9.8	28.6	33.4	－22.5	56.4
北京	39°48′	11.5	30.4	40.6	－27.4	61.4
天津	39°06′	12.2	30.4	39.7	－25.9	61.5

高温、低温日数是表示当地冷热状况的又一指标,也反映海陆影响的大小,海洋性气候显著,高、低温日数就少。长海县各岛 30 年平均高于 30℃的日数全年仅为 1 天,低于－20 ℃的低温日数也很少出现,这充分体现海岛夏无酷暑,冬无严寒的特征。

（四）界限温度始终期与累积温度

日平均气温高于 0℃,土地解冻,草木复苏,故通常称日平均气温稳定大于 0℃时期为农耕期。日平均气温高于 10℃是水稻、棉花等喜温作物适宜生长界限温度,为喜温作物生长期,其平均初终日持续期及相应时段的累积温度等,是衡量当地农业生产热量资源的重要指标。

≥0℃的初终日及积温,黄海各岛比渤海来的早,结束晚,黄海积温也比渤海多;≥10℃的初日渤海来的比黄海早,积温都在 3300～3450℃之间(见表 1.5)。

表 1.5　日平均气温稳定 0、5、10、15℃初终期及积温

站点	≥0 ℃				≥5 ℃			
	初日 (日/月)	终日 (日/月)	初终间日数 (天)	积温 (℃)	初日 (日/月)	终日 (日/月)	初终间日数 (天)	积温 (℃)
大长山岛	9/3	28/11	264.7	3929.5	3/4	15/11	227.1	3808.5
小长山岛	6/3	1/12	271.0	3943.0	31/3	17/11	231.6	3819.5
菊花岛	15/3	17/11	247.6	3877.7	2/4	3/11	218.4	3770.6
大鹿岛	11/3	26/11	261.0	3805.6	4/4	5/11	216.5	3663.4

站点	≥10 ℃				≥15 ℃			
	初日 (日/月)	终日 (日/月)	初终间日数 (天)	积温 (℃)	初日 (日/月)	终日 (日/月)	初终间日数 (天)	积温 (℃)
大长山岛	30/4	28/10	182.4	3437.8	1/6	11/10	133.2	2783.6
小长山岛	30/4	25/10	179.4	3380.9	31/5	15/10	138.0	2842.5
菊花岛	21/4	15/10	177.2	3448.5	15/5	27/9	135.7	2899.7
大鹿岛	23/4	20/10	178.4	3324.4	29/5	9/10	133.4	2742.8

注:菊花岛资料采用兴城市气象站记录。

（五）霜期

霜的形成除因纬度引起季节或温度升降的早迟,还受地形、大风、降水等条件的影响。初霜期自北向南、由内陆向沿海逐渐推迟,渤海在10月上旬,黄海在10中旬。终霜期与初霜期相反,自南向北,由沿海向内陆提前结束。渤海结束在4月中旬,黄海在4月初,海岛是初霜推迟,终霜提前,霜期缩短。

二、降水

（一）降水量

辽宁省沿海及岛屿地处欧亚大陆东岸,受季风影响,降水主要在夏季。在降水量的分布上,由于受海陆分布影响,形成大陆降水多于海上及岛屿的明显特点。这是海陆热力属性不同及动力因素差异综合影响的结果,表现为降水等值线在许多岸段与海岸平行,并由沿岸向海上递减。如皮口(岸)、大长山岛、小长山岛至海洋岛一线降水量呈明显递减趋势(见表1.6)。

表1.6　年降水量比较

站名	皮口	大长山岛	小长山岛	海洋岛
类型	沿岸	海岛	海岛	海岛
年降水量(mm)	695.8	616.7	605.9	642.7

海岛降水比邻近陆地少,这是因为岛屿面积小,受海洋影响,大气层比陆地稳定,对流发展受到抑制,岛屿地形起伏小,地形雨难以形成,再加上降水系统在海上移动快。停留时间短所致。

降水量的季节变化,由于受季风影响有明显差异,这种差异主要表现在降水的集中程度、雨季的迟早和长短不同。另外,纬度相近的海上和陆地,由于季风进退的影响相同,因此,雨季的迟早和长短是一致的,但由于海陆热力及动力性质的差异,使各季降水量占年降水量的百分比略有不同。一般来说,春夏季降水量占年总量的百分比,海岛略低于陆地,而秋季相反,海岛略高于陆地。黄、渤海雨季大部分从6月下旬至8月下旬,年雨量高度集中在夏季(6—8月)。秋季次之,冬季最少。黄、渤海沿海,夏季降水量占全年降水量60%～70%,秋季占13%～20%,春季只占8%～14%,冬季只占2%～5%。各月降水量以7月最多,8月次之,1月最少。

降水量的年际变化由于季风的明显影响,东亚季风进退的迟早和势力强弱逐年变化较大,使降水量的年际变化也较大,常导致严重的旱涝灾害。气候上常用降水变率来衡量一地降水量的年际变化程度。年降水相对变率是指各年降水量距平的平均除以平均年降水量的百分数。辽宁省沿海各岛的年降水相对变率在20%～25%。各月降水相对变率比年变率大,一般是降水多的月份变率较小,而降水量少的月份变率大。辽宁省沿海及岛屿月降水变率以7—8月最小,大部分在35%～60%,12月至翌年1月最大达80%～110%。

（二）降水日数

降水日数是指日降水量大于0.1 mm的日数。辽宁省沿海及海岛的年降水日数的时空分布趋势与年降水量分布相似,一般降水量大的地区,降水日数也多,降水集中的季节,降水日数也较多。渤海在60～70天,黄海在70～80天。

（三）降雪和积雪

降雪出现在 11 月至来年 3 月。黄、渤海年降雪日在 10～15 天。积雪日数和降雪日数分布相似,全年在 15～20 天。最大积雪深度与当地地形有很大关系,渤海沿岸在 15～20 cm,黄海各岛在 20～30 cm,其中以 1971 年 3 月 2 日大长山岛站的 33 cm 为最深。

三、湿度

辽宁省沿海及岛屿年平均相对湿度分布规律大致是从高纬向低纬递增,从沿岸向海上递增。黄、渤海年平均相对湿度在 60％～70％,黄海各岛在各月变化上比渤海大,如 8 月长海相对湿度可高达 9％,而渤海的菊花岛只有 84％。

四、蒸发

蒸发量是用直径为 20 cm 的蒸发皿在观测场测得的值。年蒸发量渤海各岛在 1600～1900 mm,黄海各岛在 1400～1500 mm。渤海西岸的锦西年蒸发量高达 1900 mm。蒸发量的大小是日照、温度、湿度、风等因素综合作用的结果,蒸发量大值区常与降水少、湿度小、气温高、光照多的地区相吻合。蒸发量的年变化,黄、渤海大部以 4—6 月蒸发量最多。这是因为气温上升快,风大、少阴雨天等原因所致。冬季最小,月蒸发量只有 40～55 mm。

五、风

（一）风向的季节变化

辽宁省沿海及岛屿位于太平洋与欧亚大陆之间的海陆过渡带上,海陆之间的温度梯度和气压梯度的季节变化比其他任何地区都明显,所以季风强盛,冬季盛行偏北风,夏季盛行偏南风,春秋过渡季节,风向多变。

四季盛行风向的变化:冬季以 1 月份为代表,渤海以西北或北为最多风向,黄海各岛以西北为最多风向,说明冬季风很强。春季以 4 月份为代表,渤海盛行西南风,黄海盛行南到东南风。夏季以 7 月份为代表,渤海盛行南风,黄海以东南风为主。秋季以 10 月份为代表,渤海已被北或西北风控制,黄海南风和北风均衡,北风略多于南风。

四季风向变化,主要是由大气环流、地形、海陆走向等因素的影响造成的。冬季亚洲大陆为强大的冷高压控制,夏季亚洲大陆为热低压控制,因此,在黄、渤海为东南风。

（二）风速的时空分布

由于海面平滑,摩擦力小;陆面粗糙,摩擦力大,因而在同样的气压梯度力下,海上风力比陆上大。当风从陆面吹向海面时,风力将逐渐增大;风从海面吹向陆面时,风力将逐渐减少。这种增大或减少都是有一定限度的。

由于海陆两种下垫面性质不同,不论冬季或夏季在海岸附近都存在温度的水平差异,这种差异导致了气压梯度力的产生。辽宁海岛陆域面积都不大,对风的影响效果不明显,只体现出海风的特点。年平均风速黄海各岛为 5～6 m/s,渤海沿海因观测点少,只能使用"渤海七号"石油平台及葫芦岛资料,两站风速在 5～6 m/s。

表 1.7　各月平均风速变化　　　　　　　　　　（单位：m/s）

海区	站点	1月	2月	3月	4月	5月	6月	7月	8月	9月	10月	11月	12月	全年
黄海	大鹿岛	7.0	6.8	6.2	5.8	5.1	4.4	4.5	4.7	5.2	6.1	6.7	6.6	5.8
	大长山岛	6.2	6.0	5.6	5.5	4.8	4.3	4.2	4.3	4.9	5.8	6.5	5.9	5.3
	小长山岛	6.4	6.2	5.8	5.5	4.9	4.3	4.3	4.3	4.8	5.9	6.8	6.4	5.5
	海洋岛	7.1	6.7	6.3	6.7	5.5	4.7	4.7	4.6	4.9	5.9	7.4	7.3	6.0
渤海	葫芦岛	5.4	6.0	6.4	6.8	6.7	5.3	4.8	4.7	5.2	6.1	5.9	5.2	5.7
	"渤海七号"平台	6.3	5.9	6.3	7.1	6.0	6.1	5.6	5.4	5.7	6.6	6.7	6.4	6.3

平均风速的季节变化：从表 1.7 的月平均风速变化可以看出，渤海海岛风速 1 月 5.4～6.3 m/s，4 月 6.8～7.1 m/s（比 1 月份大有增加），7 月 4.8～5.6 m/s，10 月 6.1～6.6 m/s。黄海各岛风速 1 月 6.2～7.1 m/s，4 月 5.5～6.7 m/s，7 月 4.2～4.7 m/s，10 月 5.8～6.1 m/s。从黄海各岛风速比较，可以看出风速随入海远近有关，如海洋岛远离陆地，平均风速就大。

（三）风的日变化

由于各种下垫面热效应的不同，地面上存在着各种不同的冷热源，而冷热在垂直方向上的影响制约着空气的稳定度，这样就存在着不同的空气水平流动和垂直输送。所以，下垫面不同，风的日变化也不同。

由于海陆热力效应的明显差异，因此，在白天和夜间，海陆分别起着不同的冷热源的作用。白天陆地空气增温快，成为热源，空气也变得相对不稳定，而海上为冷源，空气相对稳定；夜间变化相反，海为热源，陆地为冷源。这种海陆冷热源的变化，一方面导致风速不同的日变化，另一方面又导致空气的局部水平流动，如海陆风。

陆地风速日变化量最大值出现在 13：00—14：00，最小值出现在上半夜及早晨，而海上风速最大值出现在零点后的下半夜，最小风速出现在 12：00—14：00，与陆地比较正好反相（见图 1.3）。

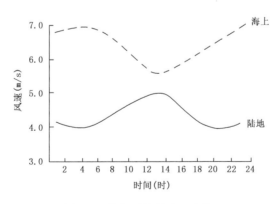

图 1.3　渤海平均风速日变化

海陆风速日变化反相与海上站点距离陆地的远近有关，随着海上观测点离陆地距离缩短，海陆间风速日变化反相趋势越不明显，当海上观测点很接近陆地时，受海的影响很小，风速日变化基本与陆地一致。

（四）海陆风

海陆风是一种有一定周期规律的局地小环流天气现象,这里所指的陆是指海岛而言。海陆间的温度日变化,夜间陆地为冷源,海面为暖源,由海陆温度梯度而产生的气压梯度,使空气自陆面流向海面;白天陆地为热源,海上为冷源,由海陆间温度梯度而产生的气压梯度,使空气自海面流向陆面,即在 24 小时昼夜交替出现的离岸或向岸风,这种变化叫海陆风,离岸风叫陆风,向岸风叫海风。

海陆风在一年四季中都能观测到,但由于太阳辐射的季节变化,各地各季海陆风日数是不一样的。据观测分析,海陆风以 7 月份发生最多,12 月份最少。

海陆风在一日中的出现时间(见表 1.8),经多年观测发现 1 月份海风开始在 14:00,终止在 19:00,累积 5 h,而陆风开始在 00:00—01:00,终止在 09:00,累积 9 h。7 月份海风开始在 13:00,终止在 22:00,累积时间 9 h,陆风开始在 04:00,终止在 09:00,累积 5 h。

表 1.8　海陆风日变化

月份	1 月			7 月		
风型	开始	终止	累积时间(h)	开始	终止	累积时间(h)
海风	14:00	19:00	5	13:00	22:00	9
陆风	01:00	09:00	9	04:00	09:00	5

（五）风压

风压是建筑结构的基本设计荷载之一。其取值大小对建筑工程,尤其对高层建筑和高耸构筑物的经济与安全有着密切关系。

1. 沿海风压的计算。所谓风压,系指与风向垂直的建筑物表面单位面积承受最大风速的压力,单位是 Pa。如果最大风速取值为空坦地面上高 10 m 处 30 年一遇的 10 min 平均最大风速,测得的是基本风压,基本风压的计算公式为

$$W_0 = \frac{r}{2g}U^2$$

式中:r 为空气重度(9.8Pa),g 为重力加速度(m/s^2),U 为 10 min 平均最大风速(m/s)。

2. 沿海风压的取值建议。用上式计算得到的数值可作为基本风压的基础,为付诸生产使用,须综合分析天气系统、地形地貌、使用经验和现行规范的规定,最后以 9.8Pa 为进位分级,提出沿海的建议风压值。

3. 海面和海岛风压。海面和海岛基本风压计算,当缺乏实际资料时,按邻近陆地上基本风压乘以表中调整系数即可(见表 1.9 和表 1.10)。建筑物如属高层建筑,还需进行高度调整,调整系数见表 1.11。

表 1.9　海面和海岛风压调整系数

海面和海岛距海岸距离(km)	调整系数
30 以内	1.2~1.3
30~50	1.3~1.5
50~100	1.5~1.7

表 1.10　主要沿海台站风压值　　　　　　　　　（单位：kg/m²）

地点	资料年数	30年一遇计算值取值范围	建议风压值
丹东	25	51～61	50
庄河	20	37～46	50
皮口	20	55～67	55
长海	15	78～99	70
大连	25	64～73	55
复县	19	43～19	50
熊岳	25	31～36	45
营口	25	45～55	50
锦州	25	59～70	50
兴城	25	35～42	45
绥中	19	33～38	45

表 1.11　山间和山顶基本风压调整系数

山间地形类型	调整系数
山间盆地、谷地等闭塞地形	0.75～0.85
与大风方向一致的谷口、山口	1.2
山顶高度为 50 m	1.5
山顶高度≥500 m	3.2

第四节　综合评述

一、海岸带资源评述

海岸带的开发利用，是在广大自然空间进行的，必然与气候条件有着密切的联系。我们主要围绕合理开发和充分利用的目的，在实地调查的基础上，根据海岸带不同类型的自然条件，结合气候资源分四个岸段进行评述。

（一）东庄岸段

本岸段地处黄海北岸，包括东沟、庄河两县。全区大部分属于河口三角洲平原海岸，部分为港湾海岸。本岸段滩涂宽展，气候温和湿润，大农业资源丰富、潜力很大。经多年开发，本岸段已成为辽宁省第二大苇、稻、鱼综合商品生产基地。水产养殖近年来发展很快，特别是人工养虾的产量和质量居全省首位。

从气候条件看对本岸段的开发有下列几点优势：

1. 建立以港养虾为主的对虾、贝类养殖基地

本岸段滩面平坦，适宜于港养对虾及贝类养殖的发展。本区域气候温和、热量和光照较充足，≥10℃的积温为 3250～3350℃，是辽宁海岸带降水最为充沛、水热条件配合最好的地区。充分利用这些有利的气候资源发展港养对虾，是今后东庄岸段的方向。同时也应注意冬季寒冷，本岸段气温≤0℃的日数为 138～142 天，又因冬季浮冰严重，冰期长达 4 个月，不适宜

浮筏养殖,这决定了其海水养殖要以港养对虾为主。

2. 建立芦苇和水稻为主的综合农业基地

(1)苇田:东沟现有苇田 16 万亩[1],有海拔 1.5 米左右的高滩地 12 万亩未围垦,这些滩地地势较高,长期干枯,土壤含盐量高,缺乏有机质,瘠薄僵冷不宜种稻,而可植苇发展芦苇资源。东沟地区年≥10℃的积温在 3300℃,生长期为 175 天以上,年降水量为本省最好的地区,即发展芦苇有充足的水源,目前主要是提高单产。

(2)稻田:东庄岸段有较优越的气候条件,年平均气温 8～9℃,无霜期为 170 天,年降水量 900 mm,是辽宁海岸带降水最为丰沛的地区,这一区域水热条件较好,在改良品种、提高单产、兴建农田水利设施的基础上就可建成以商品稻谷为主、综合发展的农业基地。

3. 丰富的风能资源

本区属风能利用丰富区,年有效风能密度在 110～150 W/m²,特别是大鹿岛风能资源更为丰富。辽宁气象科研所在 1984 年对大鹿岛风能资源及风力发电机选址进行了分析,得出:驻岛炮兵连点平均风能密度为 129 W/m²,而有效风能密度 176～198 W/m²,全年有效风力出现时数为 7000 小时,可见岛上风能资源是极为丰富的。目前在岛上已建成大鹿岛风力发电试验场,先后安装大小风力发电机 10 多台,从而为开发海岛,利用新能源积累了经验。

(二)辽东半岛南部岸段

辽东半岛南部岸段包括黄海沿岸的碧流河口和渤海沿岸复渡河口以南的海岸带地区以及长海诸岛,本区海岸线全长 1000 km,岛屿岸线长 428 km。无论历史或现在,这一岸段在政治、经济、军事地位都极为重要。本岸段的地质结构为多基岩海岸,因此,适宜建港及发展工业。

1. 海水不淤不冻适宜建港

辽东半岛南部港口资源十分丰富,据普查有 13 处可建深水港。年平均气温在 9～10℃,为全省最高值,再加上黑潮暖流作用致使海水终年不冻,这为海岸工程提供了优越的资源条件。在开发利用中,特别是港口建设、工程设计等都涉及到气象设计参数,如风况、风压及灾害性天气。本岸段多大风,≥6 级风全年日数在 150～170 天,最大风速可达 30 m/s 以上,风压为 55～60 kg/m²。主要灾害为台风、寒潮等,台风在本岸段登陆较多,危害大,有时寒潮可形成或加重冬季的海冰,严重影响工程及航运,这些在开发规划中都应重视。

2. 气温适宜、旅游资源丰富多彩

本岸段丘陵起伏,山海相间,夏无酷暑(≥30℃全年只有 6～9 天),温度适宜,再加上海滨的自然风光优美,并有近代和古代的历史遗迹,因此,是理想的旅游避暑疗养胜地。本旅游区夏季重点是海水浴场,春秋是旅顺风景区及金县、蛇岛自然保护区等。长海县诸岛无论是气候还是环境都有特色,因受海洋影响,夏季湿润凉爽,7 月平均气温比北京、大连等地都低,是理想的疗养避暑胜地。

3. 海湾众多,适宜浅海养殖

本区沿海多为基岩海岸,港湾水深在 5 m 以上,加之属冬季暖水区不淤不冻,适宜有经济价值的底栖动植物生长,尤其是被称为"辽南三珍"的刺参、鲍鱼、扇贝等占全国产量的一半。

―――――――――――

① 1 亩＝1/15 公顷,下同。

长海诸岛已被确定为我国海珍品生产基地。

4. 气候条件优越，有利于果树生产

本区地处暖温带半湿润季风气候区，气候温和、热量条件优越。太阳年辐射总量为 5442.8 J/m²，≥10℃的积温在 3600～3700℃，全年日照时数达 2700～2800 小时。光照和温度条件完全适于多种温带水果的生长。

本区全年降水量在 500～600 mm，而蒸发高达 1600～1700 mm，加之春秋两季风多雨少，日照充足，很适宜盐业生产。目前在本岸段主要的矛盾是缺乏淡水资源。

5. 风能发电为海岛造福

本区风能资源为全省最丰富的地区，有效风能密度在 190～220 W/m²，有效时数占全年时数的 70%～80%。辽宁海岸带及岛屿能源缺乏，应充分发展风能发电为海岛造福。

（三）营口、盘锦岸段

本岸段基本属于辽河三角洲地区，包括营口、盘锦等岸段。辽河三角洲的农业、水产、芦苇、浅海油气等资源极为丰富，特别是辽东湾浅海石油及天然气资源更是国家极为宝贵的财富。在开发中应充分利用气候资源，防御灾害性天气。

1. 滩涂宽广，资源丰富

营口、盘锦岸段由于地处河口下游，为冲积海平原，地势平坦、土壤肥沃，为发展农业提供了丰富的土地资源。本岸段为辽宁的主要产稻、苇区。近年来由于淡水资源缺乏，严重影响了稻、苇的发展，今后应大力推广和采用节水灌溉技术，改良品种，扩大种植面积。

2. 石油资源丰富，开采中应防御灾害性天气

本区陆地部分为辽河油田，储量极为丰富。辽河三角洲浅海石油是陆上油脉向海上的延伸，约有 20 亿吨储量。因而本岸段将是石油化工为主的工业岸段，在尚未开采前应对经常发生的灾害性天气给以防御。经过近百年来的资料分析，辽河三角洲每年平均受台风影响 1～2 次，当台风经过时可造成暴雨或大雨，还可出现大潮，致使海水倒灌，给油田生产带来损失。暴雨往往给人们财产造成极大危害。由于辽河三角洲特有的地形及地处九河下梢等原因，再加上南来天气系统多经过此地，因而极易造成暴雨成灾。如 1985 年盘锦油井被洪水淹没停产，造成重大损失。另外，辽东湾的海冰最重，冰期可达 4 个月，严重年海面全部结冰，致使交通断绝，推倒钻井平台。

3. 水产资源丰富

辽河三角洲浅海及滩涂地区年平均温度为 9℃，比同纬度海岸要高，春季温度回暖快，因此历来是多种经济鱼、虾、贝、蟹类产卵索饵的场所。辽东湾是著名的渔场之一，双台河口盛产的中华绒螯蟹是出口的主要水产品。

（四）辽西岸段

辽西岸段包栝锦西、锦县、兴城、绥中等县的岸段，海岸线 300 km 之多。辽西岸段地理条件优越，依山面海，地处辽西走廊，是沟通关内外的交通要道和历代兵家必争之地。战略地位极为重要。

1. 建港势在必行，应充分考虑气象灾害

辽西地理位置优越，矿产资源丰富，工农业生产发展潜力巨大，但由于没有港口，物资只能从秦皇岛或绕道大连出口，因此，辽西岸段建港显得非常重要。

辽西港工建设任务繁重,应充分考虑气候条件。本区沿海冬季气温低,冰情严重,海岸带开发利用受到一定限制。冬季极端最低气温为$-26.0 \sim -25.0℃$,$\leqslant 0℃$的日数全年为150天。冬季海冰极为严重,结冰期长,冰情重,给海上作业带来极大困难。

2.充分利用气候资源,发展旅游、疗养事业

锦州岸段气候适宜,夏季凉爽,极宜旅游和疗养。本区旅游资源丰富,有著名的明代古城——兴城,还有菊花岛和"天下一绝"的大笔架山。应集中力量抓好兴城这一疗养区的开发,把古城、浴场、温泉、首山四个方面的资源结合起来进行综合开发。

二、海岛气候的综合评述

气候资源是海岛最根本的而且也是首先要开发和利用的自然资源。辽宁省海岛光热资源丰富,水资源也较充沛,并雨热同季,这对发展农业、渔业生产是有利的。

(一)充分利用海岛渔业气候资源

辽宁省海岛及近海由于季风气候的季节性变化,给经济鱼类的季节性洄游提供了有利条件。从而构成了春夏和秋季两大渔汛,形成较大的渔场。

气温和水温是海水养殖的决定性因素。海水养殖一般适应$10 \sim 30℃$的水温,水温太低或太高都会危及养殖物的生命安全。辽宁省海岛众多、海域广阔、气候温暖、雨量适中、水生动物品种数量多,发展水产生产的自然条件优越,增产潜力较大。在搞好和加强近海渔场建设与管理的同时,加强冷暖水团的消长、路径等活动规律的研究是十分必要的。

(二)夏季凉爽,宜发展海岛旅游业

辽宁省海岛地处北温带,又受季风气候的影响,致使夏季凉爽,高温日数少,很适合发展旅游业。特别是长海县诸岛气候宜人,夏凉冬暖,旅游资源丰富,大有开发利用价值。闻名全国的海王九岛风景秀丽,奇山异石星罗棋布,沙滩广布,海水透明度高,形成特殊的海岛旅游业。大鹿岛不但具有海岛风光,更具有历史古迹甲午海战战场及沉船等,是进行爱国主义教育的好场所。

(三)开发利用气象能源

风既以其巨大的威力给人类社会造成严重的破坏,有时甚至是灭顶之灾的危害,又以其独有的功能——风能无偿地造福于人类。风能的能量密度虽只及水能密度的1/816,而且其利用率实际上只有40%,但对能源贫乏的海岛来说,风能作为一种取之不竭的非常廉价能源,很有开发利用价值,辽宁省海岛风能资源相当丰富,应把气象能源和非气象能源统一规划,逐步开发,综合利用、多能互补。例如太阳能、风能、波浪能、潮汐能等诸能统筹考虑,联合运用,互补余缺。

(四)建立和加强灾害性天气的监测和预防系统

海岛及其海域的天气气候规律,尤其是灾害性天气的监测和预报,是当前开发海岛的迫切任务,气候资源的利用,防灾避害等应用,要从宏观转为微观研究。建立以卫星—雷达—天气图—计算机为手段的三维监测系统是至关重要的。

第二章　海洋水文

辽宁省沿海是中国纬度最高、水温最低的海域。辽东半岛西侧为渤海,东侧为黄海北部,其中,丹东、大连东部位于北黄海沿岸,大连西部、营口、盘锦、锦州、葫芦岛位于渤海沿岸。该海域的海洋水文要素特征表现为:水温年较差较大,冬季水温较低,夏季水温较高,多年平均表层水温为 11~12℃。海区的盐度除了受制外海高盐水和沿岸低盐水的消长运动外,还受到径流、降水、蒸发、潮流运动等因素的影响。因此,沿岸浅水海区的盐度分布与变化,既有区域性差异,又有明显的周日和季节变化。辽宁省沿岸的多年平均表层盐度为 27.64~30.92。

辽宁海域潮汐大多属正规半日潮。自渤海海峡沿复州湾及辽东湾东、西岸段直至绥中团山角附近沿岸属非正规半日混合潮,新立屯至秦皇岛沿岸属正规全日潮,绥中娘娘庙沿岸属非正规全日混合潮。黄海北部沿岸潮差由鸭绿江口向渤海海峡递减。前者平均潮差最大,如鸭绿江西水道,平均潮差 4.2 m,最大可能潮差可达 8.1 m。辽东湾东、西沿岸潮差呈对称分布,湾顶平均潮差偏大,老北河口平均潮差达 2.7 m,最大可能潮差 5.5 m。绥中芷锚湾为 1.65 m,秦皇岛附近的宁海平均潮差最小,仅为 0.1 m。

辽宁沿岸海域的实测最大潮流流速均小于 100 cm/s,一般为 65~70 cm/s。大部分地区的潮流流速为中层大,表层次之,底层最小。北黄海的丹东—大连东部沿岸海域表层为正规半日潮流区,底层从丹东南部—大连南部的老铁山沿岸海域属于不正规半日潮流区,大连西部—营口南部沿岸海域从表层到底层都为正规半日潮流区,营口北部到葫芦岛沿岸,表层为正规半日潮流区,底层则为不正规半日潮流区。潮流除在石城岛附近为旋转流外,其他地区的沿岸多为往复流:余流的流速大多为夏季大于春季,表层大于底层,浅水区大于深水区。丹东的鸭绿江口外海、大连的长兴岛附近和葫芦岛的菊花岛西南海域的余流始终较大。

辽宁省沿岸海域风浪出现频率较大,丹东—大连东部沿岸的常浪向是在东南面几个方位,大连西部、营口、盘锦、锦州、葫芦岛近岸的常浪向均在南或南偏西几个方位之内。除盘锦—大连西部近岸以及葫芦岛北部强浪向为 N 及 ENE 向与常浪向不一致外,其他地区的强浪向都与常浪向一致。海区的最大波高极值,亦即大浪区域多发生在外海处,其中最强的发生在海峡区域。丹东—大连沿岸、锦州—葫芦岛沿岸夏季最大波高较大,盘锦—大连西部沿岸,则冬季最大波高较大;外海波浪的平均周期大于近岸,丹东—大连东部沿岸,从北向南平均周期渐增,大连西部的长兴岛沿岸周期平均值较辽东湾内的其他地市沿岸要大。辽宁省沿岸海域是常受到风暴潮侵袭的地区之一,风暴潮引起的减水次数远多于增水次数。

辽宁省沿岸的平均含沙量为 0.01~0.55 kg/m³。含沙量等值线除在河口地区成弧状外凸以外,其他基本上与岸线平行。含沙量除锦州和葫芦岛是近岸低、外海高外,其他水域均由近岸向外海递减。大部分海区的含沙量是上层低,下层高,且具有冬季高于夏季,春、秋两季界于冬、夏之间的特点。

第一节　水　温

　　春季,辽宁沿岸水温在7.7~19.4℃范围内变化,水温地区差较小,最低水温出现在大连西部沿岸,其值为7.7℃,最高水温出现在大连东部沿岸的碧流河口,达19.4℃。辽宁省沿岸表层水温的等值线走向基本与岸线一致,近岸水温高于外海。低温区在辽东湾内,高温区均出现在河口附近。底部水温的分布与表层相似,但温度值比表层略低。

　　夏季水温为全年最高,沿岸表层水温为18~28℃,比春季高10℃左右。近岸水温明显高于外海,近岸区水温均在25℃以上,尤其在河口区,如大连东部沿岸的碧流河河口和丹东的大洋河河口附近,水温均高达28℃以上。底层水温分布趋势与表层基本相似,不同的是由于外海低温水在深层的势力较强,底层水温水平梯度明显。

　　秋季水温迅速下降,由于陆地降温迅速,使得沿岸海水降温较外海快,从而形成了近岸水温远低于外海的分布特征。丹东和大连东部沿岸水温分布较均匀,其变化范围在19~21℃,大连西部、营口、盘锦、锦州、葫芦岛等地沿岸的等温线走向大致平行于岸线,水温在11~19℃。底层水温的分布趋势及其量值,与表层基本一致。

　　冬季水温降至全年最低,加上受陆地温度的影响,使近岸水温明显低于外海;由于沿岸低温径流和融冰水的注入,致使海区沿岸出现结冰现象。在大连东岸的碧流河河口和丹东沿岸的大洋河河口近岸有两个低于0℃的低温区,大洋河河口的最低水温值可达−1.8℃,在岸边出现结冰现象。位于辽东湾岸段的大连西部、营口、盘锦、锦州、葫芦岛沿岸水温与位于北黄海岸段的大连东部和丹东沿岸的水温相差不大,辽东湾岸段的最低水温达到海冰冰点温度,出现在盘锦市沿岸的辽河河口。

　　辽宁海域水温日变化最大,日较差达5.01℃,表层与底层的日较差一般在大连东部沿岸和丹东沿岸较大,其他海域小,春、夏季的日变化大,秋、冬的日变化小。水温年变化方面,7—8月水温最高,多年月平均水温最高为26.3℃,1—2月水温最低,多年月平均水温最低为−1.4℃,最大年较差为26.9℃。辽宁省沿岸水温多年月平均值见表2.1。

表2.1　辽宁省沿岸定位站水温多年月平均值

岸段	站名	资料年限	多年月平均水温(℃)												年较差
			1月	2月	3月	4月	5月	6月	7月	8月	9月	10月	11月	12月	
辽宁	大鹿岛	24	−1.3	−0.9	2.3	7.8	13.8	19.1	23.3	25.0	21.7	15.3	7.1	0.7	26.3
	小长山岛	24	0.9	0.0	2.3	6.3	11.1	16.2	20.9	23.8	22.8	17.4	11.4	5.1	23.8
	葫芦岛	17	−1.1	−0.9	2.0	7.5	14.3	20.2	24.8	25.8	22.0	15.3	7.7	0.9	26.9
	芷锚湾	24	−1.4	−0.7	2.7	8.9	15.1	20.0	23.9	25.2	21.4	14.5	6.6	0.2	26.6

第二节　盐　度

　　春季,丹东市沿岸海域有鸭绿江、大洋河等注入淡水,因此,沿岸盐度低于外海。鸭绿江口近岸为低盐区,表层最低盐度为22.99,盐度的分布具有东低西高的特征。石城岛以东沿岸盐度变化范围为23~29,以西沿岸盐度变化范围在29~32,老铁山外海盐度可达32以上。营口、盘锦和锦州沿岸的河口区,近岸盐度小于 32.2,外海盐度大于 32.8,盐度水平梯度不大。大连西部、营口和葫芦岛沿岸的盐度均变化在 32.2～32.6,相差不大。底层的盐度分布与表层相似,但河口附近的盐度值略有增高。

夏季正值江河的丰水期,大量径流入海,使沿岸的盐度显著下降,水平盐度差普遍加大,全区盐度呈现近岸低外海高的特征。河口区盐度下降最明显,丹东沿岸海域有鸭绿江、大洋河等河流注入大量淡水,此两河的河口为低盐区,盐度梯度大,鸭绿江河口的最低盐度为 17.66,大洋河口最低盐度值为 22.59。丹东至大连东部沿岸盐度自东向西递增,表现出河口低盐水进入黄海北部海域后沿丹东—大连沿岸自东向西流动的趋势。注入辽东湾内的河流有辽河、双台子河、大凌河、小凌河等,大量径流注入湾内,使湾内盐度下降。辽东湾北部河口区有一盐度小于 29 的低盐水舌向外伸展。从低盐水舌的伸展趋势看,该低盐水舌似有偏于辽东湾西岸流动之势,致使营口、大连西部沿岸的盐度分布与锦州、葫芦岛沿岸的盐度分布有明显的差异。辽东湾东岸海域,在营口的鲅鱼圈近岸有一盐度值大于 32 的高盐区,大连西部沿岸盐度一般小于 32。辽东湾西岸的锦州、葫芦岛沿岸的盐度一般小于 32。区内底层盐度分布特征与表层相似。

秋季江河入海流量较夏季明显下降,各海区的盐度随之普遍升高。由于秋季风与浪的作用开始增强,表、底层盐度分布逐步趋于一致。丹东—大连东部沿岸海域的最低盐度值为 23.48,石城岛以东海域盐度变化范围在 24～31.2,石城岛以西海域盐度变化范围为 31.2～32。鸭绿江和大洋河淡水入海对黄海北部湾底附近海域的盐度变化影响较大,位于辽东湾北部的盘锦、锦州沿岸的河口区为盐度小于 31 的低盐区,辽东湾两岸的大连西部、营口、锦州、葫芦岛沿岸海域盐度有显著差别,营口—大连西部沿岸除局部海域盐度为 32 左右外,大部分海域盐度小于 31,而锦州—葫芦岛一带沿岸海域的盐度大于 32.4。

冬季为江河枯水期,入海径流急剧下降,各海域的盐度较夏季显著上升。由于受风浪的搅拌以及对流混合的作用,表、底层的盐度分布一致。丹东沿岸的鸭绿江河口附近仍为低盐区,平均为 27.74。石城岛以东海域盐度值为 27～31,以西海域盐度为 31.2～32.4。大连西部、营口、盘锦、锦州、葫芦岛沿岸海域等盐线大致与岸线平行,盐度由东向西递增,表明辽东湾沿岸低盐水有顺海湾东岸流动趋势。受此沿岸低盐水的影响,锦州—葫芦岛与营口—大连一线的盐度有明显的差异,营口—大连沿岸海域的盐度较低,其值在 30.2～32.8,而锦州—葫芦岛沿岸海域完全被大于 32.8 的高盐水盘踞。

盐度日变化方面,表层的日较差均大于底层。从季节上看,日较差的平均值和最大值都出现在 8 月份。从地理位置上看,盐度日较差较大的地区多半出现在河口区沿岸。盐度年变化方面,最低值大部分发生在江河汛期的 8 月份,盐度的最高值大部分出现在冬季的 12 月至翌年 2 月,辽宁沿岸盐度的最大年较差为 8.48。辽宁省沿岸多年平均表层盐度值见表 2.2。

表 2.2　辽宁省沿岸定位站多年月平均表层盐度统计表

站名	多年月平均盐度											
	1 月	2 月	3 月	4 月	5 月	6 月	7 月	8 月	9 月	10 月	11 月	12 月
大鹿岛	29.90	30.30	29.31	28.32	27.74	27.25	25.38	23.42	26.59	27.54	27.64	28.36
小长山岛	31.37	31.60	31.86	31.75	31.30	30.65	29.84	29.07	29.92	30.83	31.31	31.47
葫芦岛				30.57	30.64	30.64	29.77	27.98	28.45	28.98	29.25	29.07
芷锚湾	30.59	30.38	30.68	30.84	30.92	30.84	30.05	29.12	29.48	29.69	30.04	30.47

第三节　海　流

一、潮汐

辽宁省从旅顺起至丹东鸭绿江口的黄海沿岸属于正规半日潮,从旅顺起到葫芦岛团山角的辽东湾沿岸,为不正规半日潮。

丹东—旅顺东部的黄海北部沿岸,最高高潮位在 4～8 m,最低低潮位在 −1.5～1 m;从旅顺到长兴岛的辽东湾东部沿岸最高高潮位在 1.5～3 m,最低低潮位在 −2.5～0.6 m;锦州—葫芦岛沿岸和瓦房店市的长兴岛以北的沿岸最高高潮位在 4～5 m,最低低潮位在 −1.6～0.1 m。

丹东—大连东部沿岸,平均潮差由旅顺向丹东鸭绿江口递增,如旅顺平均潮差为 1.71 m,到了鸭绿江口的西水道内,平均潮差可达 4.23 m。位于辽东湾东岸的营口—大连西部沿岸的平均潮差和位于西岸的锦州—葫芦岛沿岸的平均潮差呈对称分布,潮差一般在 0.7～1.2 m,营口北部、盘锦和锦州潮差较大,其值为 2.0～2.4 m。

二、潮流

丹东鸭绿江口到大连老铁山沿岸,表层大致以大连境内的庄河至石城岛一线为界,底层大致以丹东大鹿岛至大连大长山岛一线为界,其东海域属于正规半日潮流,向东半日潮流逐渐增强;其西则属于不正规半日潮流区,向西潮流逐渐减弱。大连老铁山至葫芦岛一带的表层为正规半日潮流,底层自葫芦岛至营口鲅鱼圈一线以北的湾顶海域为正规半日潮流,其余海域为不正规半日潮流。

丹东—大连东部沿岸,自大窑湾向东潮流旋转性明显增加,直至石城岛,从石城岛向东到鸭绿江潮流旋转性减小,长轴方向大致与岸线平行,往复流性质明显,到鸭绿江口内长轴方向指向江口,这是由入海径流所致。在老铁山水道附近长轴方向与岸线一致,表现为典型的往复流。辽东湾内表现为明显的往复流。

老铁山水道和成山头外海的强流区,曾经实测到最大流速分别可达 300～350 cm/s 和 200 cm/s 以上。鸭绿江外海、长兴岛—鲅鱼圈的外海,实测最大流速约为 100 cm/s,可能最大流速为 120～140 cm/s。辽宁近岸海域的实测最大流速均小于 100 cm/s,一般为 65～70 cm/s。大鹿岛以西海域和金州湾等地流速最小,其可能最大流速只有 20～40 cm/s。潮流流速垂直结构普遍表现为中层流速大,表层次之,底层流速最小。

三、余流

余流是指从实测流中除掉潮流后剩余的部分。相对潮流而言,余流一般较小,但它是海洋中细颗粒物质的净输送者。

(一)夏季余流特征

丹东—大连东部沿岸海域表层主要受风的影响,而河口区则随入海径流而变化。在离岸较远的深水区,表层余流流速自东北向西南逐渐减小。鸭绿江口外海域为 17 cm/s,流向为西北偏西;中部大鹿岛海域为 14 cm/s,流向为西南偏西;里长山水道与旅顺之间外海均为 10 cm/s 以内,流向则自东向西由北偏西向转为西南向。底层余流流速普遍较表层小,一般均在

5 cm/s 左右,流向无规律。近岸浅水区,表、底层余流流向分布各异,其流速普遍较深水区大,表层在 10～26 cm/s,底层只及表层的一半。在鸭绿江口余流流向为东北,大连平岛附近海区余流流向为东南,其余各海域流向均为西南。

大连西部—葫芦岛沿岸海域表层余流流速近岸浅水区较大,为 15～33 cm/s,以辽东湾东海岸的大连长兴岛附近最大,为 33 cm/s,营口盖平角以西海域为 25 cm/s;西海岸以葫芦岛的菊花岛西南海域流速最大,为 12 cm/s;其他海域流速均在 5 cm/s 左右,底层流速亦在 5 cm/s 左右,甚至更小。东、西两岸表层大多数为偏南流;底层除东岸长兴岛以南海域流向不定外,其余均为偏北向流。本海域夏季余流特点是,余流流速东岸大于西岸,余流流向则是表层流出湾口,而底层流向湾顶。

(二)春季余流特征

丹东—大连东部沿岸海域深水区余流的表层流速流向不一致,流速值以里长山水道附近海域最大,为 15 cm/s,鸭绿江口外海域为 11 cm/s,其余海域在 10 cm/s 左右。除鸭绿江口外海域为东南偏南外,其余均为西南偏南向。底层余流流速小于表层,皆为 5 cm/s 左右,流向分布较乱。近岸浅水区,表层以大鹿岛至碧流河口和鸭绿江口附近海域的余流流速最大,在 10～16 cm/s,流向分别为东北及东南向,其余海域余流流速在 5 cm/s 左右,底层以旅顺外海流速最大,为 13 cm/s,流向偏西。

锦州—葫芦岛海域,在远离岸边的深水区,以葫芦岛的菊花岛西南海域表层余流流速最大,为 24 cm/s,流向东。近岸浅水区,表层余流流速为 10 cm/s 左右,流向东北,底层流速小于表层,约为 5 cm/s,流向与表层一致。在营口—大连西部近岸浅水区余流流速以大连长兴岛近岸表层最大,为 32 cm/s,流向东南。底层流速较小,为 8 cm/s,流向西南偏南。复州湾西北近岸海域,表、底层流速分别为 13 cm/s 和 18 cm/s,流向偏西。在东海岸离岸较远的深水区,余流一般小于 10 cm/s,流向大多为西北和西北偏北。

第四节　海　浪

辽宁省沿岸海域风浪出现频率较大。丹东—大连东部沿岸海域,自东北向西南,渐次由以风浪为主,转为风浪和涌浪频率相当。如大鹿岛风浪与涌浪出现频率之比为 1∶0.6,小长山为 1∶0.7,而至老虎滩处则为 1∶1。位于辽东湾内的大连西部、营口、盘锦、锦州和葫芦岛沿岸的风浪出现频率多于涌浪 50% 以上,尤其是大连西部、营口、盘锦、锦州沿岸,其中盘锦和锦州沿岸更甚,大连的长兴岛站风浪与涌浪之比为 1∶0.3,而营口的鲅鱼圈为 1∶0.05,葫芦岛的葫芦岛站和芷锚湾站分别为 1∶0.4 和 1∶0.5。

丹东—大连东部沿岸的常浪向是在偏南几个方位。如:丹东的大鹿岛站常浪向为 SE－S、大连的小长山为 S－SW,老虎滩为 SW、SE、SSE。位于辽东湾内的大连西部、营口、盘锦、锦州、葫芦岛近岸的常浪向均在南或南偏西几个方位之内。如大连的长兴岛站常浪向为 SW,营口的鲅鱼圈为 SW,葫芦岛为 S－SW,葫芦岛的芷锚湾为 S－SW。综上所述,丹东—大连近岸的常浪向在 S 向方位,这主要是由于外海开阔,风区较长,涌浪可直接传至本区,另外,偏南风作用在该区域也易生成风浪;位于辽东湾内的大连西部、营口、盘锦、锦州、葫芦岛近岸的常浪向多为 SW 向,该湾位于渤海之东北,不易受外海通过海峡来浪的影响,而主要受控于西南风的作用。

　　丹东—大连东部沿岸强浪向与常浪向趋于一致(SE),盘锦—大连西部近岸以及葫芦岛北部强浪向为 N 及 ENE 向,芷锚湾站近岸强浪向和常浪向分别为 SE 和 SW 向。盘锦—大连西部以及锦州沿岸受外海浪影响不大,盘锦—大连西部主要受北向风的作用,锦州沿岸主要受南向风的作用。

　　丹东—大连沿岸最大波高在 E—SW 方向较大,大连的老虎滩测得 SE 向为 5.0 m,SW 向为 8.0 m。盘锦—大连西部近岸以 N—NNE 向波高较大,大连的长兴岛处最大波高可达 4.2 m(N 向)。葫芦岛沿岸海域最大波高由北向南逐渐减小,方向为 SSE—SE,其中北部的葫芦岛站最大波高 4.6 m(SSE 向),南部的芷锚湾站最大波高 3.6 m(SE 向)。可见海区的最大波高极值,亦即大浪区域多发生在靠近外海处,其中最强的发生在海峡区域。丹东—大连沿岸,夏季最大波高较大,且其值由东北至西南渐次增大。8 月份,丹东的大鹿岛、大连东部的小长山和老虎滩依次为 4.0 m,5.5 m,8.0 m。盘锦—大连西部沿岸,则冬季波高较大,11 月份大连西部的长兴岛、营口的鲅鱼圈最大波高分别为 4.2 m、2.6 m;锦州—葫芦岛则于夏季波浪较大,葫芦岛、芷锚湾最大波高值分别为 4.6 m、3.5 m,均系东南向浪。

　　丹东—大连东部沿岸,平均波高下半年较大。丹东的大鹿岛、大连东部的小长山和老虎滩站平均波高的极值分别为 0.6 m(7 月)、0.4 m(4 月、10—12 月)、0.5 m(7—8 月、10—11 月)。盘锦—大连西部 11 月份波浪较大,平均波高极值为 0.5 m,锦州—葫芦岛沿岸海域各月波浪均较大,平均波高极值在 0.5～0.7 m 之间(见表 2.3)。葫芦岛的芷锚湾沿岸平均浪高最大,10—11 月份可达 0.7 m。辽宁省沿岸各观测站各流向多年平均波高和周期的具体数值见表 2.4 和表 2.5。

表 2.3　辽宁省沿岸海区多年月平均波高统计表　　　　　　　　(单位:m)

月份 岸段	1	2	3	4	5	6	7	8	9	10	11	12
大鹿岛				0.5	0.5	0.5	0.6	0.5	0.5	0.5	0.5	
小长山岛	0.3	0.3	0.3	0.4	0.3	0.2	0.3	0.3	0.3	0.4	0.4	0.4
老虎滩	0.4	0.4	0.4	0.4	0.4	0.4	0.5	0.5	0.4	0.5	0.5	0.4
长兴岛				0.4	0.5	0.3	0.4	0.5	0.7	0.9		
鲅鱼圈				0.4	0.3	0.2	0.2	0.3	0.4	0.4	0.5	
葫芦岛				0.5	0.6	0.6	0.6	0.5	0.5	0.5	0.5	
芷锚湾			0.6	0.6	0.6	0.6	0.6	0.6	0.6	0.7	0.7	

表 2.4　辽宁省沿岸各站各向多年平均波高统计表　　　　　　　　(单位:m)

波向 岸段	N	NNE	NE	ENE	E	ESE	SE	SSE	S	SSW	SW	WSW	W	WNW	NW	NNW
大鹿岛	0.5	0.5	0.5	0.5	0.5	0.5	0.6	0.6	0.6	0.6	0.5	0.5	0.4	0.4	0.4	0.5
小长山岛	0.2	0.3	0.4	0.4	0.4	0.4	0.4	0.5	0.5	0.6	0.7	0.7	0.5	0.3	0.2	0.2
老虎滩	0.3	0.3	0.4	0.4	0.4	0.5	0.5	0.6	0.6	0.6	0.6	0.6	0.5	0.3	0.2	0.3
长兴岛	1.0	1.0	0.9	0.5	0.4	0.5	0.5	0.5	0.5	0.6	0.6	0.7	1.0	1.1	1.3	0.7
鲅鱼圈	0.6	0.6	0.5	0.4	0.3	0.2	0.2	0.3	0.3	0.3	0.3	0.4	0.3	0.4	0.4	0.5
葫芦岛	0.3	0.4	0.4	0.5	0.6	0.7	0.7	0.7	0.7	0.7	0.7	0.5	0.2	0.3	0.3	0.3
芷锚湾	0.5	0.7	0.8	0.7	0.6	0.6	0.6	0.6	0.6	0.7	0.7	0.7	0.6	0.5	0.4	0.4

表 2.5　辽宁省沿岸各站各向多年平均波周期统计表　　　　　　（单位：s）

波向 岸段	N	NNE	NE	ENE	E	ESE	SE	SSE	S	SSW	SW	WSW	W	WNW	NW	NNW
大鹿岛	2.4	2.4	2.4	2.5	2.5	2.7	3.2	3.5	3.3	2.8	2.6	2.4	2.4	2.4	2.4	2.4
小长山岛	1.4	2.3	2.5	2.5	2.5	3.2	3.1	3.3	3.3	3.4	3.4	3.4	2.7	2.0	1.3	1.7
老虎滩	2.1	2.6	2.7	3.1	3.2	3.5	4.0	3.8	3.6	3.6	3.4	3.3	3.1	2.7	2.1	2.1
长兴岛	3.9	3.2	3.5	2.7	2.5	2.6	2.3	3.2	3.3	3.1	3.5	3.4	3.6	4.4	4.3	3.3
鲅鱼圈	2.7	2.7	2.6	2.3	1.9	2.0	2.0	2.0	2.1	2.2	2.4	2.4	2.2	2.6	2.7	2.6
葫芦岛	2.6	2.8	2.8	2.9	2.9	3.0	3.0	3.3	3.3	3.2	3.0	2.5	2.3	2.2	2.5	
芷锚湾	2.7	3.1	3.2	3.2	3.0	3.0	3.1	3.1	3.1	3.0	3.1	2.9	2.7	2.5	2.6	

　　丹东—大连东部沿岸波浪平均周期最大值不超过 4 s，较大值均集中出现在南向几个方位上。辽东湾内的大连西部—葫芦岛沿岸除大连西部的长兴岛站北向几个方位平均周期较大（最大为 4.4 s）外，其余均在 3 s 左右。

第五节　海水含沙量

　　辽宁省沿岸的平均含沙量为 $0.01 \sim 0.55$ kg/m³，含沙量等值线除在河口地区成弧状外凸外，其他基本上与岸线平行。含沙量除锦州和葫芦岛是近岸低、外海高外，其他水域均由近岸向外海递减，通常至 $20 \sim 30$ m 深的水域，含沙量显著降低。

　　河口、海湾等物质来源丰富的海域往往含沙量较高，例如丹东的鸭绿江口含沙量大于 0.07 kg/m³，盘锦市的辽河河口含沙量大于 0.15 kg/m³。河口内外含沙量季节变化有显著差别，口内含沙量受径流影响，表现为洪高枯低；而口外含沙量则受风浪影响较为明显，风浪大，含沙量高，反之亦然。

　　各海域的含沙量冬季高于夏季，春、秋两季界于冬、夏之间。锦州和葫芦岛沿岸冬、夏季的含沙量分别为 1.3 kg/m³ 和 0.5 kg/m³，大连西部、营口和盘锦沿岸冬、夏季的含沙量分别为 0.04 kg/m³ 和 0.02 kg/m³。一般大潮流速大，含沙量高，小潮流速小，含沙量低，含沙量上层低，下层高。

第二篇

海洋资源

第三章　海洋空间资源

第一节　海　域

一、海域面积与分布

辽宁海域广阔,辽东半岛的西侧为渤海,东侧临黄海。临近海域面积 15×10^4 km²,近海海域面积 37644.7 km²,为全省陆域面积的 1/4。其中位于渤海的 12046.3 km²,占全省海域面积的 32%,位于黄海的 25595.2 km²,占全省海域面积的 68%。

(一)沿海各市海域面积分布

在辽宁省沿海各市中,大连市海域面积最大,为 29372 km²,占全省的 78%;葫芦岛海域面积为 3008.6 km²,占全省的 8%;营口海域面积为 1059 km²,占全省的 2.8%;丹东海域面积为 1754.3 km²,占全省 4.7%;锦州和盘锦海域面积最小,分别为 1231.3 km² 和 1218.6 km²,各占全省 3.3%和 3.2%(见表 3.1)。

表 3.1　辽宁省沿海城市海域面积分布

城市	海域面积(km²)	占全省海域面积百分比(%)
丹东	1754.3	4.7
大连	29372.0	78.0
营口	1059.0	2.8
盘锦	1218.6	3.2
锦州	1231.3	3.3
葫芦岛	3008.6	8.0

(二)不同水深海域分布

辽宁省海域水深较浅,平均只有 13.7 m。最大水深在老铁山水道,最小在辽东湾和黄海北部淤泥质海岸附近。海域等深线基本顺岸分布,10 m 等深线离岸距离在黄海北部自东向西变小,在辽东湾由湾口两侧向湾顶加大。

不同水深海域面积分别为:0~2 m 水深海域面积为 1265.3 km²,占总面积的 3.4%;2~5 m 水深海域面积为 2317.3 km²,占 6.2%;5~10 m 水深海域面积为 3474.9 km²,占 9.2%;10~20 m 水深海域面积为 5900.5 km²,占 15.7%;20~50 m 水深海域面积为 13964 km²,占 37.1%。全省不同水深海域面积分布见表 3.2。

表 3.2　辽宁省不同水深海域面积分布

水深(m)	面积(km²)	占全省海域面积百分比(%)
<0	2654.1	7.1
0~2	1265.3	3.3
2~5	2317.3	6.2
5~10	3474.9	9.2
10~20	5900.5	15.7
20~50	13964	37.1
>50	8068.6	21.4
小计	37644.7	100.0

1. 丹东

丹东海域水深小于 20 m,其中,小于 0 m 水深的海域面积占 30.3%,0~2 m 占 9.3%,2~5 m 占 12.3%,5~10 m 占 18.7%,10~20 m 占 29.4%。

2. 大连

大连海域水深小于 70 m,其中,小于 0 m 水深的海域面积占 3.9%,0~2 m 占 1.6%,2~5 m 占 3.3%,5~10 m 占 5.5%,10~20 m 占 11.2%,20~50 m 占 47%,大于 50 m 占 27.5%。

3. 营口

营口海域水深小于 50 m,其中,小于 0 m 水深海域面积占 9.63%,0~2 m 占 10%,2~5 m 占 21.24%,5~10 m 占 36.75%,10~20 m 占 22.23%,20~50 m 占 0.15%。

4. 盘锦

盘锦海域水深小于 20 m,其中,小于 0 m 水深的海域面积占 31.2%,0~2 m 占 22.6%,2~5 m 占 30.9%,5~10 m 占 11.2%,10~20 m 占 4.1%。

5. 锦州

锦州海域水深小于 20 m,其中,小于 0 m 水深的海域面积占 30.5%,0~2 m 占 9.6%,2~5 m 占 25.1%,5~10 m 占 33.6%,10~20 m 占 1.2%。

6. 葫芦岛

葫芦岛海域水深小于 50 m,其中,小于 0 m 水深的海域面积占 4.5%,0~2 m 占 2.9%,2~5 m 占 7.3%,5~10 m 占 20.2%,10~20 m 占 59.8%,20~50 m 占 5.3%。

二、滩涂分布

(一)滩涂类型、面积与分布

辽宁省滩涂面积为 2654.1 km²,约占全国滩涂面积 9.5%,居全国第 6 位。辽东湾滩涂面积为 1592.5 km²,约占全省的 60%,有近百万亩和万亩以上连片滩涂 10 余处,主要分布在辽河、双台子河、大凌河、小凌河入海口两侧。辽东湾东岸滩涂集中分布在普兰店湾和长兴岛四周;辽东湾西岸只在锦州湾及兴城有少量分布。黄海北部滩涂面积为 1061.6 km²,约占全省的 40%,其中丹东有 531.3 km²。从鸭绿江口向西面积逐渐减少,滩面宽度从 3~5 km 减至 2~3 km。

根据滩涂的物质组成可细分为粉砂淤泥质滩、砂质海滩、砾石滩、基岩岸滩四种类型。其中,砂质海滩面积为 1368.5 km²,占 51%;粉砂淤泥质滩面积居中,面积约 1235.0 km²,占 47%;基岩岸滩和砾石滩面积很小,分别为 19.5 km² 和 31.8 km²,均占 1%。

(二)沿海各市滩涂类型面积与分布

辽宁沿海各市拥有滩涂类型因海岸类型的不同,其分布面积存在较大差异(见表 3.3)。其中:大连市滩涂面积为 1129.9 km²,占全省滩涂总面积的 42.6%;丹东市、盘锦市和锦州市的滩涂面积分别为 531.3 km²、380.3 km²、350.5 km²,各占 20.0%、14.3% 和 13.2%;葫芦岛市和营口市的滩涂面积均略小,分别为 160.5 km² 和 102.5 km²,各占 6.0% 和 3.9%。其中:盘锦市和锦州市的滩涂类型相似,主要为粉砂淤泥质滩,并分布少量的砂质海滩;葫芦岛市的滩涂面积略小,但其类型丰富,有基岩岸滩、砂质海滩、粉砂淤泥质滩和砾石滩四种潮间带类型;大连市的砂质海滩面积最大,占辽宁省砂质海滩总面积的 57.9%;盘锦市的粉砂淤泥质滩在省内面积最大,占全省粉砂淤泥质滩总面积的 27.2%。

表 3.3　辽宁省沿海各市滩涂面积统计表　　　　　　　　(单位:km²)

行政区	基岩岸滩	砂质海滩	粉砂淤泥质滩	砾石滩	合计	面积百分比(%)
丹东	0.0	304.0	227.3	0.0	531.3	20.0
大连	16.7	792.8	289.0	31.4	1129.9	42.6
营口	0.2	24.6	77.7	0.0	102.5	3.9
盘锦	0.0	44.9	335.4	0.0	380.3	14.3
锦州	0.0	66.0	284.4	0.0	350.5	13.2
葫芦岛	2.5	136.2	21.4	0.4	160.5	6.0

辽宁省沿海各市的滩涂类型以砂质海滩和粉砂淤泥质滩为主(见表 3.4),其中:丹东市、大连市和葫芦岛市的砂质海滩面积分别占各市滩涂总面积的 50% 以上,葫芦岛市达到 85%;盘锦市和锦州市的滩涂类型比较单一,粉砂淤泥质滩均占两市滩涂面积的 80% 以上。

表 3.4　辽宁省沿海各市滩涂面积统计　　　　　　　　(单位:%)

行政区	丹东	大连	营口	盘锦	锦州	葫芦岛
基岩岸滩	0.0	1.5	0.2	0.0	0.0	1.6
砂质海滩	57.2	70.1	24.0	11.8	18.8	84.9
粉砂淤泥质滩	42.8	25.6	75.8	88.2	81.2	13.3
砾石滩	0.0	2.8	0.0	0.0	0.0	0.2

(三)滩涂开发

据统计,辽宁省滩涂开发利用面积共 1035 km²,利用率达 39.0%。其中:大连地区滩涂利用率最高,达 48.3%,锦州利用率其次,为 47.2%,丹东、营口、盘锦、葫芦岛分别为 22.7%、35.8%、30.4%、31.8%,见表 3.5。

表 3.5　辽宁省沿海各市滩涂利用率统计表　　　　　　　　(单位:km²)

类型 ＼ 地区	葫芦岛	锦州	盘锦	营口	大连	丹东	合计
原始滩涂面积	160.5	350.5	380.3	102.5	1129.9	531.3	2655.0
已开发滩涂面积	51.0	165.5	115.8	36.7	545.5	120.7	1035.4
利用率(%)	31.8	47.2	30.4	35.8	48.3	22.7	39.0

　　滩涂开发利用类型主要有围海养殖、底播养殖、渔港、旅游基础设施、海水浴场、航道、锚地、港地、城镇建设用海、科研教学用海、盐业用海等类型,其中围海养殖、底播养殖、盐业用海使用面积分别 43483.5 km²、32130.2 km²、25737.3 km²,占全省滩涂利用总面积的比例分别为 42.0%、31.0%、24.9%,其他用海类型及占滩涂总面积的比例见表 3.6。

表 3.6　辽宁省滩涂利用统计分析表　　　　　　　　　　　　　　　　（单位:km²）

用海类型＼地区	葫芦岛	锦州	盘锦	营口	大连	丹东	合计	占滩涂总面积的比例
围海养殖	1094.5	8511.0	8015.6	1620.7	24138.6	103.1	43483.5	42.0%
底播养殖	2384.2	1799.9	3318.9	1732.8	11205.6	11688.8	32130.2	31.0%
工厂化养殖	0	31.8	0	11.0	0	0	42.8	0.0%
渔港	157.3	10.8	3.8	34.3	66.1	85.2	357.5	0.3%
盐业用海	968.4	6136.4	127.3	78.7	18426.5	0	25737.3	24.9%
电缆管道用海	6.1	2.4	0	0	0	92.1	100.6	0.1%
港口工程	0	0	0	0	72.6	0	72.6	0.1%
港口建设用海	0	0	117.7	0	290.0	11.2	418.9	0.4%
城镇建设用海	365.4	0	0	26.1	92.8	0	484.3	0.5%
旅游基础设施	1.8	11.0	0	0	167.4	0.2	180.4	0.2%
海水浴场	122.6	45.6	0	164.5	18.3	103.0	454.0	0.4%
其他用海	0	0	0	0	74.8	0	74.8	0.1%
合计	5100.3	16548.9	11583.3	3668.1	54552.7	12083.6	103536.9	100.0%

第二节　海岸线

　　海岸线是大潮平均高潮线所形成的水陆分界线。自然岸线由海陆相互作用形成的岸线,如沙质岸线、粉砂淤泥质岸线、基岩岸线和生物岸线等。人工岸线是指由永久性人工构筑物组成的岸线,如防潮堤、防波堤、护坡、挡浪墙、码头、防潮闸、道路等挡水(潮)构筑物组成的岸线。

　　根据辽宁省海岸线调查结果,大陆岸线全长 2110.14 km,在沿海各省中居全国第五位,其中渤海大陆岸线长度为 1235.15 km,黄海大陆岸线长度 874.99 km。海岛海岸线全长约 901.3 km,海岸线全长 3011.4 km。

一、大陆岸线类型与分布

　　辽宁省海岸线自然类型由基岩岸、砂砾岸和淤泥岸三种类型组成。其中:基岩海岸线长 452.02 km,占大陆岸线的 21.42%,分布在辽东半岛南段的东西两侧,大连湾、大窑湾、小窑湾、黄咀子湾、龙王塘湾、双岛湾等是典型的基岩港湾海岸;粉砂淤泥岸线长 964.5 km,占大陆岸线的 45.71%,主要分布东港—庄河岸段和辽东湾顶部,平原淤泥岸以鸭绿江、大洋河、辽河、双台子河、大凌河等河口处最为典型,岬湾淤泥岸在海洋红、青堆子、庄河口、皮口、石河、复州湾、兴城曹庄等最为发育;砂砾岸线长 693.62 km,占大陆岸线的 32.87%,岬湾砂砾岸在杏树屯、黄龙尾、金州湾、太平湾、孙家湾(锦州)、炳家湾(兴城)等地较发育,其滨岸堆积体以弧形单一斜坡海滩占优;岸堤砂砾岸以熊岳、绥中两地最为典型,规模较大,分布连片,绥中六股河西岸最多,分布 6 条岸堤。

辽宁省自然岸线长 535.4 km,占全省海岸线的 25.37%,人工海岸长 1574.74 km,占全省海岸线的 74.63%。淤泥质岸线因为历史上已大部分开辟围海养殖和盐田,人工岸线占较大比例,主要分布于东港、庄河、普兰店、瓦房店市南部岸段、营口市、盘锦市、锦州市。砂砾岸线中的人工岸线比例接近于 70%,主要是近年来养殖围海的增长,致使岸线人工化进程加快。基岩海岸人工岸线比例接近 50%,主要的人工化岸段是港口、工业区、城市岸段等,主要分布于大连湾、大窑湾、小窑湾等岸段。自然岸线主要为基岩陡崖岸段和部分砂质岸段,主要分布在大连市南部海域、瓦房店市北部海域、葫芦岛兴城、绥中海域。辽宁海岸类型及海岸线长度见表 3.7。

表 3.7　辽宁海岸类型及海岸线统计表　　　　　　　　　　　　　　　　　　(单位:km)

海岸类型		分布	岸线长度(km)	占大陆岸线比例(%)	人工岸线长度	人工岸线占岸线长度比(%)
基岩港湾岸		金州城山头－老铁山－甘井子黄龙尾	452.02	21.42	233.26	51.6
淤泥岸	平原淤泥岸	鸭绿江口－大洋河口	90.6	15.5	9.6	100
		盖州西崴子－锦州市小凌河口	236.03		233.52	98.94
	岬湾淤泥岸	大洋河口－金州老鹰咀	412.98	30.2	333.15	80.67
		石河北海－瓦房店仙浴湾	224.89		218.65	97.23
		金州老鹰咀－金州城山头	44.45		36.67	82.5
砂砾岸	岬湾砂砾岸	甘井子黄龙尾－石河北海	143.79	23.7	114.31	79.5
		瓦房店仙浴湾－瓦房店太平湾	109.05		64.99	59.6
		小凌河口－兴城－六股河	202.78		133.3	65.74
	岸堤砾岸	瓦房店太平湾－盖州西崴子	88.58	9.2	50.49	57
		六股河－山海关	104.99		65.79	62.66

沿海各市海岸线及其类型如下:

(一)丹东市

丹东市大陆岸线长 125.41 km,均为粉砂淤泥岸线,占全省大陆岸线的 5.94%,占全省淤泥岸线的 13%。

(二)大连市

大连市大陆岸线长 1371.34 km,占全省大陆岸线的 64.99%。其中基岩岸线 452.02 km,全省的基岩海岸大多数集中在此;砂砾岸线长 316.26 km,占全市的 23.06%,占全省砂砾海岸的 45.6%;淤泥岸线 603.06 km,占全市淤泥岸线的 43.98%,占全省淤泥岸线的 62.53%。

(三)营口市

营口市大陆岸线长 121.4 km,占全省大陆岸线的 5.75%。其中砂砾岸线长 69.6 km,占全市大陆岸线的 57.33%,占全省砂砾岸线的 10.03%;淤泥岸线长 51.81 km,占全市淤泥岸线的 42.68%,占全省淤泥岸线的 5.37%。

(四)盘锦市

盘锦市大陆岸线长 107.36 km,且均为淤泥海岸,占全省大陆岸线的 5.09%,占全省淤泥岸线的 11.13%。

(五)锦州市

锦州市大陆岸线长 123.95 km,占全省大陆岸线的 5.87%。其中砂砾岸线长 47.09 km,占全市大陆岸线的 37.99%,占全省砂砾岸线的 6.79%;淤泥岸线长 76.86 km,占全市大陆岸线的 62.01%,占全省淤泥岸线的 7.97%。

(六)葫芦岛市

葫芦岛市大陆岸线长 260.67 km,均为砂砾海岸,占全省大陆岸线的 12.35%,占全省砂砾岸线的 37.58%。

二、大陆港址岸线分布

按水深大小、离岸距离及水下坡度三因子评价的方法,将辽宁岸线划分为深水岸线、中水岸线、浅水岸线和滩涂岸线四类,其中,深水岸线作为优先考虑的港址岸线,中水岸线在经济和社会条件适合的情况下,可作为港口岸线开发。辽宁省深水岸线、中水岸线、浅水岸线和滩涂岸线分布情况如下:

(一)深水岸线

辽宁省深水岸线(离岸 3 km、水深大于 10 m)约有 400 km,主要分布于辽东半岛南部的城山头至黄龙尾的基岩岸段。此外,在西中岛至长兴岛西侧、瓦房店市红沿河至将军石岸段、葫芦岛角至望海寺、长山寺、石河口东岸也有少量深水岸段分布。

深水岸线具体分布如下:城山头至许家屯岸段,长度约 17.90 km;葛家屯至小窑海湾东部岸段,长度约 22.83 km;大窑湾西部至小坨子岸段,长度约 35.11 km;碧海山庄附近岸段,长度约 3.84 km;大连港至西港岸段,长度约 83.42 km;西港至邵家村岸段,长度 84.45 km;猴儿石咀至黄龙尾岸段,长度约 18.66 km;西中岛西侧横山前至龙王庙岸段,长度约 17.96 km;长兴岛西侧葫芦山咀至小礁岸段,长度约 24.81 km;小孙屯至将军石岸段,长度约 34.13 km。

(二)中水岸线

辽宁省中水岸线总长度约 450 km,主要分布在大窑湾、小窑湾、大连湾、大潮口、葫芦岛龙湾、六股河口等岸段。具体分布如下:许家屯至葛家屯岸段,长度约 13.99 km;小窑湾东部至大窑湾西部岸段,长度约 36.12 km;小坨子至碧海山庄岸段,长度约 13.35 km;碧海山庄至大连港岸段,长度约 56.63 km;邵家村至望渔山岸段,长度约 21.02 km;黄龙尾咀至石灰窑岸段,长度约 22.70 km;钓鱼咀至大后海屯岸段,长度约 8.21 km;黄石礁至毛礁岸段,长度约 11.44 km;长兴岛西部小礁至鲍鱼肚岸段,长度约 20.23 km;仙浴湾至小孙屯岸段,长度约 18.76 km;将军石至洪石咀岸段,长度约 28.94 km;仙人岛至营口新港岸段,长度约 30.38 km;葫芦岛港至兴城岸段,长度约 40.20 km;长山寺湾至方安堡岸段,长度约 9.50 km;天龙寺至大赵屯岸段,长度约 54.46 km;辽东湾至最西边,长度约 71.44 km。

(三)浅水岸线

辽宁浅水岸线总长度约 820 km,主要分布在青堆子湾、城山头、金州湾与普兰店湾、仙人岛、金州湾、兴城近岸等岸段。具体分布如下:大东港东部岸段,长度约 12.29 km;南台子至韭菜坨子岸段,长度约 26.99 km;猴儿石至城山头岸段,长度约 50.12 km;西港岸段,长度约 13.85 km;望渔山至猴儿石咀岸段,长度约 11.73 km;石灰窑至钓鱼咀岸段,长度约 71.19 km;大后海屯至黄石礁岸段,长度约 189.05 km;毛礁至横山前岸段,长度约 44.10 km;龙王庙至仙浴湾岸段,长度约 79.23 km;长兴岛东部葫芦山咀至鲍鱼肚岸段,长度约 84.88 km;洪石咀至仙人岛岸段,长度约 56.87 km;营口新港至光辉屯岸段,长度约 23.45 km;锦州孙家湾至葫芦岛港岸段,长度约 85.01 km;老滩至长山寺湾岸段,长度约 30.43 km;方安堡至天龙寺岸段,长度约 36.08 km;辽东湾岸段,长度约 20.00 km。

（四）滩涂岸线

辽宁滩涂岸线总长度约 790 km,主要分布在鸭绿江、双台子河等河口区域。具体分布如下:鸭绿江至大东港附近,长度约 64.55 km;大东港至南台子岸段,长度约 196.44 km;韭菜坨子至猴儿石岸段,长度约 188.59 km;盖州光辉屯至锦州孙家湾岸段,长度约 323.25 km;兴城至老滩岸段,长度约 18.33 km。

三、海岛岸线类型与分布

由表 3.8 可以看出:辽宁省海岛海岸线长 901.3 km,其中:基岩岸线长 663 km,占全省海岛岸线总数的 73.6%;砂质岸线长约 84 km,占全省海岛岸线的 9.27%;粉砂淤泥质岸线长约为 5 km,仅占全省海岛岸线的 0.57%;人工岸线 149.3 km,占全省海岛岸线的 16.56%。

有居民海岛和开发类海岛人工岸线占全省海岛岸线的 20.04%,比重最大的为干岛子,占全省海岛岸线的 52.7%。

沿海各地市中,大连市海岛岸线最长,为 818.6 km,占全省海岛岸线总长度的 90.82%,人工岸线占海岛岸线的比例为 17.42%,明显高于其他地市。全省沿海各市海岛岸线情况见表 3.8。

表 3.8　辽宁省沿海各市海岛岸线基本情况一览表

		丹东市	大连市	锦州市	葫芦岛市	全省
海岛岸线长度(km)		42.4	818.6	3.5	36.8	901.3
占全省总数比例(%)		4.70	90.82	0.39	4.08	
已利用	人工岸线	5.38	142.59	—	1.35	149.3
	利用率(%)	12.69	17.42	—	3.67	16.56

四、海岸线利用现状

截至 2007 年,全省有未利用岸线 317.7 km。已利用岸线中:渔业养殖岸线 832.57 km,盐业利用岸线 355.25 km,港口利用岸线 223.5 km,工业利用岸线 191.24 km,旅游利用岸线长度为 189.88 km,具体情况见表 3.9。

表 3.9　辽宁省海岸线利用情况　　　　　　　　　　　　　　（单位:km）

	港口利用	工业利用	养殖业	旅游利用	盐业利用	自然岸线
辽宁省	223.5	191.24	832.57	189.88	355.25	317.7
大连市	135.23	101.66	486.22	139.88	305.78	202.56

	港口利用	工业利用	养殖业	旅游利用	盐业利用	自然岸线
丹东市	8.5	14.17	98.18	4.55		
营口市	31.43	56.13	12.82	10.3		12.15
锦州市	19.4		61.41	5.21	26.73	11.2
盘锦市	1.69		67.03			37.21
葫芦岛市	27.25	19.28	106.9	29.93	22.74	54.57

五、海岸线开发中存在的问题

(一)自然生态和景观岸线缩减

绥中砂砾岸是辽宁省最为成熟的岸堤群堆积岸,从陆向海依次分布冲海积平原—沙嘴涡湖—沿岸沙堤—海滩—水下沙坝等若干地貌子系统十分发育。在沙体规模、外部轮廓、沉积结构、稳定加积等动力修复与塑造中,具有鲜明典型性、原生性和多样性。但是,目前绵长的完整岸堤被众多人工设施阻断,海岸自然系统的完整性和自营性被破坏。

锦州大笔架山"天桥"系连结陆地与笔架山海岛的连岛坝。因其独特的形成机制、外部形态和物质组成而驰名于世,近年,由于人工构筑物的影响,岛坝体变矮增宽,出现潮沟,人行受阻,通过时间缩短延后,连岛坝的地质形态破坏严重。

围海造地、围海养殖等也使众多景观价值和研究价值较高的海岸褶曲、断裂、海蚀地貌等地质遗迹丧失。

(二)海岸侵蚀

不合理的岸线利用引发海岸侵蚀,导致海岸工程、建筑、公路等基础设施损坏和土地流失、海防林带受损等诸多问题。盖州和绥中两地砂砾岸普遍遭受海岸侵蚀。自 20 世纪 60 年代至今,海岸侵蚀强度不断加剧。熊岳岸段(30 km 左右)以 2~4 m/a 的速度后退,最大可达 10 m/a,当年的水边线已没入距岸 100 m 的水下。绥中新立屯岸段侵蚀速率也有 1~2 m/a。

(三)河口排洪受阻

全省沿岸诸多河口海域被盐池、虾池和参池阻割,如葫芦岛市老河的口门,20 世纪 60 年代宽 2000 m,而现在宽度不足 400 m,一旦遇到特大洪涝灾害,势必影响泄洪。大洋河、碧流河、清水河、大沙河、兴城河等主要河流也存在类似问题。

(四)岛礁坨数量减少

调查表明,全省已有 57 个岛坨与陆地相连,部分海岛灭失,不少工程改变了原岛陆、岛基、岛坡、环岛水域的海岛生态系统。

(五)海湾束窄或丧失

1953 年版的海图标识全省有 36 个海湾,因人际活动部分海湾丧失或水域面积萎缩。兴城长山寺湾(海滨乡)、连山湾、太平湾、复州湾、葫芦山湾、普兰店湾、金州湾、双岛湾、龙王塘湾、大窑湾、青堆子湾等均有程度不等的面积束窄或丧失。

(六)滩涂湿地面积减小

近些年来,盐田、虾池、参池的开发使滩涂面积逐年减缩。辽河苇田由 1700 km² 减至不足

400 km²。双台河—大凌河湿地多被虾池和参池占据。营口、庄河、兴城、瓦房店、普兰店、东港等滩涂萎缩也非常普遍。

（七）海岸风沙

辽东湾东西两岸的绥中与盖州砂砾岸因大规模开挖破坏了海滩沙生植被，形成光裸的沙盖地，遇偏南大风扬沙四起，流沙向内陆蔓延，耕地表面形成 3～5 cm 的沙土层，降低了土地质量。

第三节 海 湾

海湾是深入陆地形成明显水曲的海域，湾口两个对应岬角的连线是海湾与其外侧海域的分界线。辽宁省海岸线绵长，岬湾相见，曲折多变，海湾众多（见图 3.1）。据统计，全省共有海湾 52 个，丹东 1 个，大连 44 个，营口 2 个，锦州 2 个，葫芦岛 3 个，现将主要海湾介绍如下。

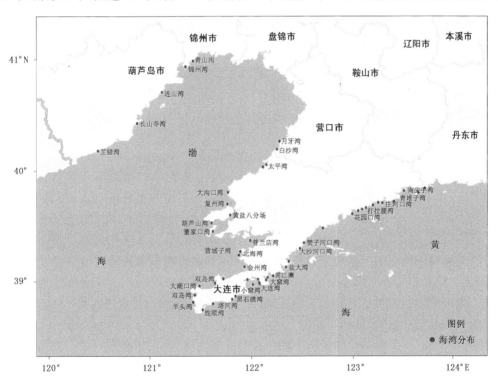

图 3.1 辽宁省海湾分布示意图

一、青堆子湾

青堆子湾位于庄河市青堆子镇东南，地理坐标：123°11′41″～123°26′06″E，39°41′59″～39°49′31″N，全湾总面积为 156.8 km²，其中大于 0 m 水深面积为 26.8 km²，潮滩面积为 130 km²，岩礁面积为 1.8 km²。湾口朝向东南，宽约 13 km，西北向纵深约 9 km，岸线长 130 km。最大水深在口门处，0 m 等深线距口门 0.5～3 km。

青堆子湾潮流性质属于正规半日潮流，潮流的运动形式表现为往复流型，旋转规律比较明显,表层流速大于底层流速,湾内流速较大,一般为 30～40 cm/s。湾内以砂质和粉砂质沉积物为主,地貌类型属于堆积型的水下浅滩,其外侧与浅海堆积平原呈平缓过渡。海底地势平坦单调,东西两端坡度为 $1×10^{-3}$,中部为 $0.5×10^{-3}$,由黏土质粉砂组成。

青堆子湾滩面平坦宽广,且有三条淡水河流注入,带来丰富的营养盐,是良好的天然渔场,其中砂质滩涂适宜养殖文蛤,泥质滩涂宜于白蚬子生长和砂蝴子栖息,其中,中高潮位经沿堤垦田种稻或港养对虾和海参。

二、常江澳

常江澳位于大连市金州区境内,地理坐标:122°01′18″～122°04′49″E,39°04′01″～39°08′27″N,海湾呈喇叭形朝向大海,岸线长度为 27 km,面积为 18 km²,其中大于 0 m 水深面积12.5 km²,海滩面积5.5 km²,岩礁面积1.1 km²,该湾是发育在典型基岩港湾型海岸上的一个构造湾。

常江澳的湾口开敞,指向东南,湾内海流以潮流为主,属于非正规半日潮流。潮流的运动形式表现为旋转流型,流速较小,一般为 10 cm/s。该湾的海底地貌属于堆积型的水下浅滩,沉积物以黏土质粉砂和细砂为主。

常江澳主要开展滩涂和浅海水域的水产养殖,同时也进行港养对虾。金州区的海水养殖业是从 20 世纪 70 年代后才逐渐发展起来的,1976 年养殖产量开始超过捕获产量,现阶段主要发展围海养殖和底播养殖。

三、小窑湾

小窑湾位于大连市金州区,大窑湾东侧,地理坐标:121°52′06″～121°57′42″E,39°01′09″～39°04′43″N。口门朝向东南,宽约 4 km,岸线长度为 26 km,海湾总面积 19 km²,其中大于 0 m水深面积 12.8 km²,海滩面积 6.2 km²,岩礁面积 1.5 km²,湾内水深自西北到东南递增到10 m。

小窑湾的潮流性质属于正规半日潮,潮流的运动形式除湾口为旋转流型外,其余皆为往复流型,潮流底层的旋转方向为逆时针,而表层却有部分海域为顺时针。最大流速为 50 cm/s,方向北。湾内海底地貌类型属于水下浅滩,水深 0～12 m,其地形坡度平均为 $0.24×10^{-3}$。湾内主要沉积物类型有细砂、黏土质粉砂。

小窑湾历史上主要以滩涂和浅海水域的水产养殖为主,现阶段主要开发利用为港口建设用海和城镇建设用海。

四、大窑湾

大窑湾隶属大连市金州区,位于金州城东南约 13 km 处,地理坐标:121°49′06″～121°54′48″E,38°59′14″～39°02′57″N。湾口朝向东南,宽约 4 km,纵深 8 km,岸线长约 24 km,海湾总面积 33 km²,其中大于 0 m 水深面积 28.7 km²,海滩面积 4.3 km²,岩礁面积 2.0 km²。

大窑湾岸形曲折,湾口朝向东南,湾内海流以潮流为主,潮流性质属非正规半日潮。运动形式表现为往复流型,潮流的旋转方向因地而异,因层而异。潮流分布以湾口最强,一般为 30～60 cm/s,湾的中部次之,而以湾内两侧最弱,湾内流速一般为 10～30 cm/s。潮流的流速由表层向底层递减。该湾海底地貌类型属于水下浅滩,水深均在 10 m 以内。湾内沉积物类型主要有粘土质粉砂和黏土—砂—粉砂。

大窑湾为浅海半封闭式构造湾,水深条件优良,该湾是港口密集区。随着港口码头的建设,近年来水产养殖已日趋减少,湾内也有部分海域开展城镇建设。

五、大连湾

大连湾位于辽东半岛南部,是一个半封闭型的天然海湾,三面为陆地所环抱,仅东南面与黄海相通。地理坐标:$121°34'48''\sim121°49'41''$E,$38°54'12''\sim39°03'18''$N。岸线曲折,长约 125 km,湾口宽度为 11.1 km,纵深为 17 km,海湾总面积 174 km^2,其中大于 0 m 水深面积 164 km^2,海滩面积 10 km^2,岩礁面积 3.7 km^2。

大连湾岸形曲折,湾口向东南敞开,湾内海流以潮流为主,潮流性质为非正规半日潮。潮流的运动形式绝大部分为往复型,只有海湾中部的部分海域为旋转型,旋转很有规律,表层和底层皆为逆时针旋转。湾内潮流流速不大,湾内最大流速为 $20\sim40$ cm/s,只有湾口处部分海域流速稍大,湾口最大流速达 70 cm/s。一般表层及中层流速较大,底层流速较小。湾内海底地貌类型有水下浅滩和浅海堆积平原,水深 $0\sim20$ m,主要沉积物类型为黏土质粉砂。

大连湾内海域主要开发方式为港口建设、工业、旅游、城镇建设等。湾内有我国北方重要港口—大连港,除大孤山乡、南关岭镇和大连湾镇所辖的水域进行了海水及底质养殖外,其余水域和岸段主要被辟为航道、锚地和码头。

六、营城子湾

营城子湾位于大连市甘井子区营城子镇西侧,地理坐标:$121°15'35''\sim121°18'45''$E,$38°58'12''\sim39°00'37''$N。湾口朝向西北,为一原生湾,基岩岸和砂质岸均有分布,岸线长 13.6 km,湾口宽度为 5.7 km,纵深 3.8 km。海湾总面积 15.9 km^2,海滩面积 2.9 km^2,礁岛面积 0.4 km^2。

营城子湾海流以潮流为主,属于正规半日潮,潮流形式介于旋转流和往复流之间,潮流的旋转规律十分明显,各层皆按逆时方向旋转,湾内潮流速度较小,一般都小于 20 cm/s。湾内余流较弱,各层余流方向大体一致,指向东北,主要受地形和季节影响。湾内海底地貌类型属于水下浅滩,海底地形单调、平坦,未发现其他地貌形态,整个地势由东向西微倾,水深 $0\sim7$ m。主要沉积物类型有黏土—粉砂—砂和细砂。

该湾滩涂面积较小,大部分为浅水沙滩,海滨多为低注盐碱地,为海盐生产、养殖业提供了方便条件,湾内开发利用现状主要是围海养殖和盐田,也有少量底播养殖。

七、金州湾

金州湾位于金州西部约 2 km 的渤海水域,地理坐标:$121°22'25''\sim121°34'50''$E,$39°03'30''\sim39°11'42''$N。岸线长 65.7 km,湾口宽度为 23.4 km,纵深 13.6 km。海湾总面积 342 km^2,海滩面积 17 km^2,礁岛面积 4.2 km^2。

湾内流以潮流为主,属于非正规半日潮,潮流速度较小,一般小于 15 cm/s。运动形式多为旋转流,旋转方向十分明显,各层皆按逆时针方向旋转。湾内余流很弱,一般为 2 cm/s 左右,湾口流向 NEN,湾内流向 E,余流受地形和季风影响。湾内海底地貌类型为水下浅滩,海湾呈椭圆形,湾口朝向西北,水深均在 $5\sim8$ m 范围内,坡度约为 0.3×10^{-3},海底地形平坦。

主要沉积物类型为砂—黏土—粉砂、黏土质粉砂。

该湾滩涂广阔,为养殖业的发展提供了良好的自然条件,湾内大部分海域利用为农渔业区,以设施养殖为最主,也有大量底播养殖和围海养殖。该湾岸线曲折,小湾比比皆是,有部分为渔港所用。

八、普兰店湾

普兰店湾位于金州西北 20 km 的渤海水域,地理坐标:121°34′50″～121°23′30″E,39°11′42″～39°21′36″N。海湾为深入陆地的喇叭状溺谷海湾,湾口朝向西南,该湾为基岩、淤泥质岸上的一个原生湾,岸线长 193 km,湾口宽度为 24.6 km,纵深 37 km。海湾总面积 530 km²,滩涂面积 208 km²,礁岛面积 9.2 km²。

湾内海流以潮流为主,潮流性质介于正规与非正规半日潮之间,半日潮流占主导地位,湾内主要为往复流,湾口潮流以旋转流为主,旋转方式多为逆时针。最大流速达 7.7 cm/s,其中湾口流速较小。湾内余流速度较小,多为 3 cm/s 左右,流向很有规律,基本都是沿着湾形指向湾顶。湾内海底地貌属于水下浅滩,水下地貌较为复杂,有深水槽分布,槽内水深达 15～18 m,坡度甚陡。湾内主要沉积物类型为粘土质粉砂、砂质粉砂、黏土—粉砂—砂。

该湾历史上主要开展盐田和养殖开发,早期是大连市重点产盐之地。随着普湾新区的建立,目前该湾的开发利用逐渐转变为城镇建设用海和临海工业用海。

九、董家口湾

董家口湾在瓦房店市西南的渤海海域,地理坐标:121°18′55″～121°16′00″E,39°22′40″～39°22′18″N。海湾呈长方形,湾口朝向正南,该湾为淤泥质基岩岸线上的一个连岛湾,岸线长 30 km.湾口宽度为 5.2 km,纵深 11.5 km。海湾总面积 44.4 km²,滩涂面积 26.7 km²,礁岛面积 0.7 km²。

董家口湾湾形狭长,湾口朝向南偏西,湾内海流以潮流为主,潮流性质为正规半日潮,运动形式以旋转流为主,各层次流向皆按逆时针方向旋转。该湾的余流流速较小,一般为 5 cm/s 左右。湾内海底地貌类型属于水下浅滩,水深较浅,从 0 m 变化至 5 m 左右。其坡度为 2×10⁻³。主要沉积物类型为细砂、粉砂质砂、砂质粉砂。

该湾主要是利用其优越的自然条件发展盐业生产,在湾顶部的低平地建有大面积盐田。海水捕捞及养殖也占很大的比重,养殖方式多为围海养殖和少量底播养殖。另外,该湾西南岸建有通水沟渔港。

十、葫芦山湾

葫芦山湾在瓦房店市西南的渤海海域,地理坐标:121°14′36″～121°12′14″E,39°24′48″～39°30′50″N。湾口朝向西略偏南,该湾为基岩及淤泥质岸上的一个连岛湾,岸线长 62.1 km,湾口宽度为 10.5 km,纵深 21.5 km。海湾总面积 127.5 km²,滩涂面积 45.4 km²,礁岛面积 1.5 km²。

葫芦山湾湾口朝西敞开,湾内海流以潮流为主,潮流性质为正规半日潮,运动形式为往复型,该湾的余流很弱,流速一般为 3 cm/s 左右,流向各层次介于 ESE—SSE 之间,余流的影响因素为地形和季风。该湾海底地貌类型为水下浅滩,其外侧为浅海堆积平原,水深由 0 m 变化至 12 m,坡度为 $1.8 \times 10^{-3} \sim 2.0 \times 10^{-3}$,由口门向外海倾斜。湾内主要沉积物类型有细砂和粉砂质砂。

该湾沿岸大面积滩涂被辟为盐场和虾池,其余沿岸多为围海养殖。另外,在湾北岸八岔沟处有一自然形成的小港,停靠一些小渔船。近年来,随着大连长兴岛经济技术开发区的成立,湾内修造船业、临港工业发展迅速。

十一、复州湾

复州湾位于瓦房店市之西的渤海海域,地理坐标:$121°18'10'' \sim 121°27'24''$E,$39°35'04'' \sim 39°44'39''$N。湾口朝向西北,该湾为砂质海岸上的一个原生湾,岸线长 92 km,湾口宽度为 20.7 km,纵深 16.4 km。海湾总面积 223.6 km²,滩涂面积 55.1 km²。礁岛面积 2.5 km²。

复州湾湾口向西北敞开,湾内海流以潮流为主,潮流性质为正规半日潮流,运动形式为往复型。该湾的潮流旋转较有规律,各层次潮流流向皆按逆时针方向旋转,最大涨潮流速 39 cm/s,最大落潮流速 43 cm/s。该湾的余流较弱,一般为 5 cm/s 左右,余流流向各层次均介于 E—S 之间,余流的影响因素为地形和季风。湾内海底地貌类型为水下浅滩和水下堆积平原,水深 0～12 m。主要沉积物类型有粉砂质黏土和细砂。

20 世纪 50 年代至 60 年代起,复州湾大片滩涂辟为盐田,发展成现今的复州湾八岔盐场。80 年代海滩海贝类、虾类、海参等港养活动方兴未艾。近年来仙浴湾海滨度假区的开发,旅游业发展较为迅速。

十二、太平湾

太平湾在瓦房店市北偏西的渤海海域,地理坐标:$121°48'45'' \sim 121°49'30''$E,$39°58'18'' \sim 40°01'32''$N。湾口朝向西,该湾为砂质海岸上的一个原生湾,岸线长 22.7 km,湾口宽度为 6.4 km,纵深 6.6 km。海湾总面积 29.2 km²,滩涂面积 15.7 km²,礁岛面积 0.9 km²。

太平湾湾口向西敞开,湾内海流以潮流为主,潮流性质属于正规半日潮,运动形式为往复流,潮流的旋转规律较为明显,各层次潮流流向皆按逆时针方向旋转,最大涨潮流速 27 cm/s,最大落潮流速 28 cm/s。该湾的余流较弱,一般为 5 cm/s 左右,流向介于 NNF—ENE 之间。湾内海底地貌类型属于水下浅滩,水深很浅,最深 3～4 m,地形坡度 $1.2 \times 10^{-3} \sim 1.6 \times 10^{-3}$。主要沉积物类型细砂和粉砂质砂。

湾内从 20 世纪 80 年代以后开始开展滩涂贝类养殖和盐业,底播养殖则多分布在海湾中部,盐田多集中在海湾顶部。

十三、锦州湾

锦州湾位于锦州和葫芦岛交界的渤海海域,地理坐标:$121°48'45'' \sim 121°49'30''$E,$39°58'18'' \sim 40°01'32''$N。湾口朝向东南,该湾为基岩和泥沙海岸上的一个原生构造湾,岸线长 61.5 km,湾口宽度为 10 km,纵深 12.8 km,滩涂比较平缓,湾口水深在 5 m 以上。海湾总面积 151.5 km²,滩涂面积 62 km²,礁岛面积 2.8 km²。

锦州湾湾口开敞,朝向东偏南,湾内海流以潮流为主,运动形式多以往复流为主,只有北侧湾口附近以旋转流为主,潮流的旋转方向皆按逆时针方向旋转,湾内余流具有明显的环流特征,自湾口北部伸入湾内的余流,随湾形按逆时针方向流动,经湾口中部及南部流出。该湾海底地貌类型属于水下浅滩,水深介于 $0\sim5$ m。海底地形平缓,坡度为 0.6×10^{-3},总趋势由西北渐向东南倾斜。底质以淤泥质粉砂和粉砂质泥为主,多含贝壳;在大笔架山和湾内呷角附近分布有角砾,磨圆度较差。水下地形简单,仅在葫芦岛大酒楼附近,水较深,地形坡度较陡些,为 5×10^{-3} 左右。

锦州湾开发早期以制盐业为主,20 世纪 80 年代起,养殖(港养)业十分活跃,海参养殖占据半壁江山。之后,盐业萎缩,被临港工业和城镇开发所替代。湾内有辽宁省重点发展的北方区域性枢纽港口——锦州港,吞吐能力近 5000 万吨,成为中国东北西部和内蒙古东部最便捷的海上进出口通道。以锦州湾为中心的锦州经济技术开发区和以葫芦岛港为主导的临港工业区建设十分兴旺。

第四章　海　岛

辽宁省海岛呈弧形分布在黄海北部及辽东湾东、西两侧的浅海内陆架上,是我国北方主要的海岛分布区。其分布的地理坐标为119°53′50″～123°59′22″E,40°34′19″～40°52′32″N,东西横跨约 340 km,南北纵跨 250 km。最东边的海岛为东港市近岸海域的东老母猪礁,地理坐标:123°53′21.96″E,39°47′00.86″N;最西边的海岛为绥中县的孟姜女坟岛(即碣石),地理坐标:119°53′50.48″E,39°59′36.00″N;最南边的海岛为遇岩,地理坐标:121°38′21.59″E,38°34′18.80″N;最北端的海岛为锦州的小石山礁,地理坐标:121°07′17.22″E,40°52′31.95″N,也是我国纬度最高的海岛。

截至 2008 年,辽宁省沿海地区 6 个地级市中只有营口市、盘锦市管辖海域内没有海岛。

第一节　海岛数量与分布

一、海岛数量

根据 908 专项调查结果,辽宁省管辖海域共有 402 个海岛(其中有人居住的海岛 43 个)。海岛总数比《全国海岛名称与代码》中的辽宁省海岛总数增加了 137 个。

被列入《全国海岛名称与代码》的 265 个海岛中,已有海茂岛、硫坨子、沙坨子、韭菜坨子 4 个无人居住的海岛灭失。它们都位于大连市辖海区内大连湾至大窑湾近岸,均因港口工程及堆(货)场的建设将海岛炸平、填埋。

二、海岛地理与行政区分布

辽宁省管辖海域的海岛呈弧形分布于濒临北黄海及辽东湾东、西两侧的浅海内陆架上。辽东湾海岛数量少,共计 119 个,占海岛总数的 29.97%,分布零散;北黄海海岛数量多,共计 283 个,占海岛总数的 70.07%,分布较密集,与东南、东北向主体构造方向一致,近岸海岛岩性亦与大陆岩性相同。有居民岛主要分布于黄海北部海区(主要是长山群岛),辽东湾东南部近岸海区及辽东湾西部海区。

由表 4.1 可以看出,辽宁省大部分海岛位于距大陆 10 km 之内的近岸海域,占全省海岛总数的 63.3%。离大陆最远的海岛为长海县的南坨子岛,距大陆约有 67 km;距大陆最近的海岛为东港市大孤坨子,不足 10 m。距大陆海岸 1 km 以下的海岛共有 124 个,占全省海岛总数的 30.4%;距大陆海岸 1～5 km 的海岛共有 85 个,占全省海岛总数的 21.4%;距大陆海岸 5～10 km 的海岛共有 46 个,占全省海岛总数的 11.5%;距大陆超过 10 km 海岛共有 147 个,占全省海岛总数的 36.7%。

表 4.1 辽宁省海岛分布特征

距大陆距离	<1 km	1~5 km	5~10 km	10~50 km	>50 km
海岛数(个)	124	85	46	133	14
占总数百分比(%)	30.4	21.4	11.5	33.2	3.5

辽宁沿海各市海岛数最分布很不均匀,大连市海域分布的海岛最多,共有 346 个海岛,占总数的 86.0%;营口市、盘锦市海域没有海岛,详见表 4.2。

表 4.2 辽宁省沿海各地市海域海岛数量一览表

地级市	海岛总数	有居民岛	无居民岛	备注
丹东市	34	3	31	含丹坨子
大连市	346	39	307	不含丹坨子
营口市	0	0	0	
盘锦市	0	0	0	
锦州市	3	0	3	
葫芦岛市	19	1	18	
合计	402	43	359	

三、有居民海岛分布

辽宁省海岛以无居民岛居多,有 357 个,占全省海岛总数的 88.8%。有居民海岛 43 个,占全海岛总数的 11.2%。

辽宁省有居民海岛中,有县级岛 1 个(长海县)、乡级岛 9 个、村级岛 20 个、自然村岛 13 个,具体分布见表 4.3。

表 4.3 辽宁省各级别有居民海岛一览表

地市	县市	总数	县级	乡镇级	村级	自然村	备注
丹东市	东港市	3	0	0	3	0	
	庄河市	5	0	2	1	2	
	长海县	18	1	4	11	2	
大连市	普兰店市	2			1	1	
	金州区	6			1	5	
	瓦房店市	8		2	3	3	
锦州市		0					
葫芦岛市		1		1			
全省合计		43	1	9	20	13	

四、无居民海岛分布

辽宁省无居民海岛总共有 358 个,分布在辽宁省的丹东市、大连市、锦州市和葫芦岛市。其中大连市最多,有 306 个。

无居民海岛按空间分布可分为人陆近岸海岛和人陆远岸海岛两人类。人陆海岸线 500 m 范围内无居民海岛有 85 个,占无居民海岛总数的 21.5%;1 km 范围内为 116 个,占无居民海岛总数的 30%;5 km 范围内 193 个,占无居民海岛总数的 48.5%。

由表 4.4 可以看出:辽宁省无居民海岛面积一般较小,其中小于 500 m² 海岛有 45 个,占全部无居民海岛的 12.6%,面积最大的无居民海岛是大三山岛,2.7 km²,超过 1 km² 的无居民海岛有 2 个。

表 4.4　辽宁省无居民海岛面积分布情况　　　　　　　　　　（单位:km²）

地市	县市	<0.0005	0.0005<S≤0.1	0.1<S≤1	1<S≤5	合计
丹东市	东港市	1	30	0	0	31
大连市	庄河市	16	66	4	0	86
	长海县	3	76	7	0	86
	普兰店市	1	6	1	0	8
	大连市	10	67	13	2	92
	瓦房店市	9	24	1	0	34
	小计	39	239	26	2	306
锦州市	锦州市	0	2	1	0	3
葫芦岛市	葫芦岛市区	1	2	0	0	3
	兴城市	3	6	4	0	13
	绥中县	1	1	0	0	2
	小计	5	9	4	0	18
辽宁省	合计	45	280	31	2	358

注:东港市和庄河市海域界岛暂列入东港市统计

第二节　海岛资源

一、空间资源

(一)岛陆

辽宁省 402 个海岛的面积总和约为 501.49 km²,平均岛陆面积为 1.2506 km²;最大海岛为长兴岛,岛陆面积约为 219.11 km²,为我国第五大海岛、长江以北第一大海岛,若不包括长兴岛,则海岛平均面积仅为 0.7059 km²。

按照面积大于 2500 km² 为特大岛,面积介于 100~2500 km² 为大岛,面积介于 5~100 km² 为中岛,面积介于 0.0005~5 km² 为小岛,面积小于 0.0005 km² 为微型岛之分类方法,辽宁省共有大岛 1 个,中岛 10 个,小岛 345 个,微型岛 46 个,占全省海岛总数的 11.44%,详见表 4.5。

按海岛面积进行分级统计结果,占全省海岛总数仅 7.23% 的岛陆面积大于 1 km² 的海岛,其累计岛陆面积占全省海岛总面积的 95.9282%;占全省海岛总数的 92.77% 的岛陆面积小于 1 km² 的海岛,累计岛陆面积仅占全省海岛总面积的 4.0718%;占全省海岛总数的 81.55% 的岛陆面积小于 0.1 km² 的海岛,累计岛陆面积仅占全省海岛总面积的 0.7624%。

可见,辽宁省多数海岛面积"狭小"。

表 4.5 辽宁省海岛按面积大小分布情况 （单位:个）

海区	微型岛	小岛	中岛	大岛	合计
黄海北部	31	245	7		283
辽东湾东部	10	84	2	1	97
辽东湾西部	5	16	1		22
合计	46	345	10	1	402
占全省总数(%)	11.44	85.82	2.49	0.25	

(二)海岸线

辽宁省海岛均为基岩岛,拥有海岛岸线总长 901 km。其中基岩岸线长 663 km,占全部岸线的 73.58%;砂质岸线长 84 km,占全部岸线的 9.32%;粉砂淤泥质岸线仅有 5 km,占全部岸线的 0.55%;人工岸线长 149 km,占全部岸线的 16.54%。海岛岸线总体比较稳定,仅在局部人类活动较为活跃区域,由于海岛养殖池、盐田和码头等人工设施的建设造成海岛岸线发生一定程度的变化。

(三)潮滩间带

辽宁省海岛共有潮间带面积约 321.8 km²(沿岸海岛潮间带面积尚包括部分大陆海岸潮间带,下同),其中大连市海岛潮间带面积最大,为 229.3 km²,占全省海岛潮间带面积总数的 71.26%;其他地市海岛潮间带情况见表 4.6。

由表 4.6 可以看出:辽宁海岛潮间带面积中,已有 148.5 km² 被围海开发利用,占全省海岛潮间带总面积的 46.15%,绝大多数分布在大连市海域,占全省被围海利用总数的 77.44%,围海利用率为 50.15%,为全省最高。海岛滩涂围海主要用于池塘养殖,其次还有少量盐业开发。沙滩普遍保存较好,得到了有效的保护。

表 4.6 辽宁省沿海地市海岛潮间带基本情况一览表

	地市	丹东市	大连市	锦州市	葫芦岛市	全省
	潮间带面积(km²)	83.5	229.3	0.3	8.7	321.8
	占全省潮间带面积总数比例(%)	25.95	71.26	0.09	2.70	
已利用	面积(km²)	33.4	115.0	—	0.1	148.5
	使用率(%)	40.00	50.15		1.15	46.15
	占全省比例(%)	22.49	77.44		0.07	

二、矿产资源

辽宁省海岛的矿产资源比较贫乏,特别是金属矿类,除石城岛铁矿略有开采价值外,其他多为矿化点,如金矿化点、铜矿化点等。矿产资源主要分布在较大的岛,并且多集中于长海县各乡本岛。非金属矿主要有大理石、硅石和黏土矿等。

(一)金属矿(化)

辽宁省的海岛中金属矿仅以铁矿为代表,分布比较零星,产于太古界鞍山群中,但在青白口系钓鱼台组底部,矿体规模较大,主要见于石城岛。石城岛矿石基本达到了高炉富矿的边界品位。该矿在日伪时期和解放初期曾有过开采历史,但仅限于浅部(埋藏小于 5 m)的富矿。

金矿化点仅见于广鹿岛西南老铁山主锋的东侧一级海蚀阶地上,属构造破碎蚀变型。矿体位于钓鱼台组一段中,呈北东 60°～80°方向舒缓波状展布。矿石中金的粒度经光片鉴定,为 0.0075 mm× 0.065 mm,品位变化较大,含金量一般为 0.11～0.86 kg/t,最高为 9.36 kg/t,且矿化范围狭小,品位变化较大,不具工业开采价值。

(二)非金属矿

①大理石:主要分布于广鹿岛、小长山岛、蚆蛸岛、塞里岛和石城岛,产于浪子组和大石桥组,岩石的整体性较好,容易开采。

②硅石矿:主要分布于广鹿岛、大长山岛、格仙岛、大王家岛、交流岛、长兴岛及石城岛。矿体主要产于青白口系钓鱼台组和震旦系桥头组,地质储量相对较大,一般硅石质量达到一定的工业要求。

③膨润土(白土):主要分布在长兴岛、交流岛、凤鸣岛和西中岛。矿体主要产于上元古界桥头组、南芬组、钓鱼台组地层中之白色黏土夹层,层薄者几米,其间伴有粉砂岩。

④黏土矿:在大长山岛中部和东部、小长山岛中西部,以及广鹿岛山麓前缘有一定规模。在海洋岛西北的老姜家屯有一脉状黏土矿(白土),解放前曾土法开采过,矿体长为 100 m,厚为 3～5 m,主要由 52%伊利石、43%高岭石、5%蒙脱石及显微状的石英等组成。其他海岛零星分布,开发意义小。

另外,在广鹿岛、瓜皮岛和菊花岛等有花岗岩矿分布,以菊花岛面积最大。面积较大的海岛,一般有海岸砾石分布,以大长山岛、大王家岛储量较大。

三、植被资源

辽宁海岛植物种类丰富,共有野生和栽培维管束植物(包括观赏植物)116 科,421 属,814 种(包括亚种、变种及变型)。海岛种子植物中,裸子植物有 4 科,6 属,9 种,其中松科为最多,其次为柏科,其他科大都为 1 属 1 种。被子植物有 100 科,403 属,784 种。以菊科种数为最多,共有 109 种;其次,禾本科有 108 种;种数在 40～80 的有豆科、蔷薇科;种数在 20～40 的有莎草科、百合科、蓼科、十字花科和唇形科;种数在 10～20 的科有 10 个,即藜科、石竹科、伞形科、玄参科等;也有 1 种 26 科的。

四、土地资源

(一)土壤类型与分布

辽宁海岛的土壤包括 5 个土类、8 个亚类、20 个土属。其中,5 个土类为棕壤、草甸土、风沙土、沼泽土和海滨盐土,绝大部分为棕壤,面积约为 171.0 km²,占陆地调查面积的 94%;草甸土为 6.63 km²,占 3.7%;风沙土为 2.25 km²,占 1.3%;沼泽土为 0.3 km²,占 0.2%;海滨盐土为 45.3 km²。

由于各岛屿的地质、地貌、水文等局部环境的差异,辽宁海岛的土壤具有明显的区域性土壤分布特征。

1.深水岛

海洋岛、獐子岛、乌蟒岛等较远离大陆的深水岛屿,岛陆多基岩裸露,地势高,坡度陡急,滨海平原和滩涂狭窄。土壤类型和分布较为单一,主要由各类岩石风化物发育以幼稚棕壤性土为主,而潮棒壤、草甸土、盐土等类型比重极小。土层浅薄,耕作型土发育有限。

2. 浅水岛

石城岛、大长山岛、广鹿岛、菊花岛、长兴岛、凤鸣岛、西中岛、交流岛等靠近大陆的浅水岛,地势较低、坡度平缓、滨海平地及滩涂较宽广。受地形和母质变化影响,土壤类型较复杂。在海拔高度 40~50 m 以上的丘陵坡地上部和顶部为各类岩石残积母质发育微弱的棕壤性土;在丘陵中部和下部为坡积棕壤、坡洪积潮棕壤和潮棕壤;在靠近海岸的山间、沟口和滨海平地上发宵有草甸土、草甸沼泽土和少量风沙土;潮间滩涂海相沉积物上发育有潮滩盐土。从丘陵顶部至海滨,其土壤发育依次为:棕壤性土—棕壤—坡洪积潮棕壤—淤积潮棕壤—草甸土—盐化草甸土—潮滩盐土。

(二)土地利用类型及其分布

从土地利用现状出发,依据土地利用的地域分布规律,土地用途、土地利用方式,将辽宁省海岛地区的土地利用状况划分为 12 类。

水域及水利设施用地包括沿海滩涂用地,由于沿海滩涂用地与潮间带一致,故在土地利用调查中未包括滩涂用地。12 种土地利用类型在辽宁省海岛都有分布,辽宁省有居民海岛总共土地面积 484.468 km²,土地利用类型主要为耕地、林地、草地及住宅用地四大类,面积为 457.239 km²,占到总面积的 94.38%。其他土地利用类型面积较小,其中商服用地、公共管理与公共服务用地、特殊利用土地三种土地利用类型与住宅用地通过遥感解译无法区分,仅能从实地调查解译出部分这三种土地利用类型;另外,工矿仓储用地与其他土地遥感也无法区分。辽宁省海岛的园地面积较小,一般零散分布在居民地、耕地和林地之间,很多园地与林地解译过程无法进行区分,故较多的园地被划分到林地里面,并且最近几年随着退耕还林政策的实施,很多园地都有所荒废。

1. 耕地

辽宁省海岛耕地都是旱地,其中又以滨海耕地为主。由于辽宁省海岛丘势较高,坡度较大,海岛中耕地面积较小,耕地一般分布在坡度小于 15°的临岸地带的坡洪积扇群、坡洪积台地上,住宅用地周边。随着海岛主体产业的发展,海岛居民的粮食供应主要由大陆运输到海岛,很多离岸较远的海岛退耕还林,耕地面积逐年降低;较小的海岛,特别是匠坡较陡的海岛,几乎没有耕地。耕地面积大于 1 km² 以上的海岛有广鹿岛、石城岛、菊花岛、大长山岛、小长山岛、长兴岛、西中岛、凤鸣岛、交流岛和小平岛,其中长兴岛、西中岛、凤鸣岛和小平岛都是陆连岛。有居民的海岛中,长坨子、井坨子、獐岛、蚍螺坨子、獐子岛、葫芦岛、小耗子岛、西蚂蚁岛、后大连岛、于家坨子和马家坨子岛在本次海岛遥感调查中未解译出耕地。耕地最多的海岛是长兴岛,面积为 98.398 km²;在辽宁省海岛中耕地面积占总面积比率大于 10% 的海岛有广鹿岛、石城岛、菊花岛、大长山岛、小长山岛、小岛、干岛、平岛,其余各岛耕地面积比率都很小。辽宁海岛耕地面积总和为 172.841 km²。

2. 园地

辽宁省海岛园地系指人工经营的各种果树园地,诸如苹果园、梨园及其他园地。主要分布在平地和缓坡丘陵地以及面积较大的岛屿台地上。经营规模小,并且粗放、产果量低。由于辽宁省海岛园地与林地分布较近,在遥感上无法将林地和园地进行区分,故本次海岛调查中只在大长山岛、长兴岛、西中岛和凤鸣岛 4 个海岛解译出,面积最大的为长兴岛,为 2.176 km²,大长兴岛、西中岛和凤鸣岛园地面积分别为 0.646 km²、0.107 km²、0.268 km²。这四个海岛的园地一般分布在住宅用地周边,坡度不大的地方。

3.林地

辽宁省海岛主要为有林地,有居民海岛林地面积 187.920 km²,占海岛总面积的 38.70%,林地一般分布在坡度大于 15°的丘陵山坡上。由辽宁省有居民各海岛林地占海岛的面积比,可以看出长海县的林地资源丰富,其中大长山岛镇、小长山乡、獐子岛镇和海洋乡的海岛林地占总面积比重较大,除砂珠坨子外,都超过了 50%,最大的为大耗子岛,林地占总面积的91.70%;广鹿岛乡林地面积占总面积比重低于 50%,林地面积占总面积比重最小的洪子东岛为 26.9%。大王家镇海岛林地面积比重也较大,其中大王家岛和寿龙岛超过 50%。其他较大的海岛中,除大鹿岛和菊花岛占的比重超过 60%外,其他如长兴岛、凤鸣岛等海岛基本低于40%,详见图 4.1。

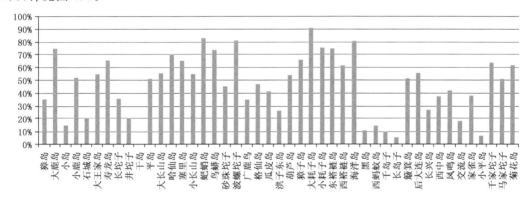

图 4.1　辽宁省有居民各海岛林地占总海岛面积比

4.草地

辽宁省海岛上的草地系指生长草本植物的土地,由于辽宁省海岛几乎没有畜牧等养殖产业,主要类型为其他草地。辽宁省海岛草地分布受海岛的地形地势、地质和人类活动影响。草地一般分布在丘顶及近岸部分,分布区域一般土层较薄,个别区域岩石零星裸露,并且以分布在丘坡的南坡为主。由于海岛土层受地质影响,北黄海海岛主要为太古界和元古界地层,海岛较为风化,土层较厚,而复州湾海域海岛,部分出露地层为古生界地层,海岛风化较差,土层较薄,故辽宁省海岛中辽东湾海岛分布面积较大,例如西中岛,草地面积占全部海岛面积的19.79%。辽宁海岛草丛植被大体上由禾草杂类草甸草原、茵陈蒿草甸草原、茶决明草甸和杂类草草甸等 4 个群系组成。草地占辽宁省中解译出草地的有居民海岛的岛陆面积的 9.61%,与第一次海岛调查相比较,草地占到岛陆总面积的比率基本没变,从土地系统生态保护性功能来看,有利于土地生态环境的改善。本次海岛调查中,格仙岛、洪子东岛、干岛和平岛未解译出草地土地利用类型。

5.商服用地

辽宁省海岛商服用地主要是随着近几年海岛旅游开发的兴起,在海岛上建设度假村及酒店等项目用地。这类用地在有居民海岛上一般选择在旅游区附近,例如大长山岛的饮牛湾浴场附近建设的酒店设施;大王家岛南海浴场东建设的度假村等。另一类为对小型海岛进行整体开发的项目,例如菊花岛北由葫芦岛隆泰房地产开发有限公司投资兴建的磨盘山国际度假岛、广鹿岛西南的葫芦岛。这类海岛一般都有大的开发商进行开发,并且给海岛起一个比较有特色的名字,其中葫芦岛改名为财神岛。这类海岛一般自然资源条件优越,植被覆盖较好。

6. 工矿仓储用地

辽宁省海岛建材、矿业开发基本上处于无序状态,并随着海岛经济的迅速发展而加剧。现以建材、矿点开发为例说明,岛上许多矿点的开发多为集体或个人,在通常情况下,他们是既无规划又无实施方案、开发规模,更无开发结果对环境构成影响的分析与评价,以及开发后的环境复建过程,一般都是急功近利、短期行为较为严重,采肥留瘦、乱开滥采、随意扩大开采面。以长海县几处砖厂为例,取土后地段基本没有给予复建,从而扩大了海岛水土流失面积。所幸海岛独立工矿用地面积相对较小,从保护海岛土地资源的角度出发,今后应慎重对待工矿用地的开发,制定相应的管理措施,以保护好海岛的生态环境。长兴岛由于有石灰石矿产资源,岛上有几个较大的石灰石矿坑。在复州湾附近海岛,例如交流岛、西中岛和凤鸣岛等附近盐田分布较多,部分为盐田堆场等。

7. 住宅用地

辽宁省海岛住宅用地,主要包括城镇用地和农村宅基地,其中又以农村宅基地为主,城镇用地主要分布在长山群岛几个镇级海岛和长兴岛上,分布面积较小。并且主要分布在坡度小于 15° 的地区。

8. 公共管理与公共服务设施用地

辽宁省海岛公共管理与公共服务设施用地主要是政府机关用地、教育用地和居民娱乐设施用地。该类用地都分布在有居民海岛。随着近几年海岛学校从小岛向大岛集中,其中村级有居民海岛其公共管理与公共服务设施用地是村办公楼、幼儿园和村民娱乐设施,例如东、西褡裢岛的幼儿园和村民活动场所,寨里岛的村中公园等。自然村有居民海岛一般无此类用地。县乡镇级海岛其公共管理与公共服务设施用地主要包括政府机关用地(乡镇级党委及各个部门)、文体娱乐用地、科教用地、医院用地、供电等公共设施用地、工业绿地和风景名胜等。辽宁省乡镇级及其以上海岛有大长山岛、长兴岛(现改制为长兴岛临港产业区)、石城岛、大王家岛、海洋岛、獐子岛、小长山岛、广鹿岛、凤鸣岛、菊花岛。本次海岛调查中,通过遥感解译出面积为 0.953 km²,其中长兴岛和大长山岛面积较大,分别为 0.501 km² 和 0.187 km²。

9. 特殊用地

辽宁省海岛特殊用地主要是指军事用地、宗教用地等。辽宁省海岛地处国家东部边疆,过去在海岛上建有大量的军事设施,随着近几年大量的部队撤防,大部分海岛的军事设施已无驻军,造成了房屋的搁置,而无法使破损的房屋得到维修。辽宁省海岛的军事设施基本分布在有居民海岛和边缘海岛上。现在海岛渔民还保持着敬奉海神娘娘等传统的风俗,故各个海岛基本都建有海神庙等宗教用地。

10. 交通用地

辽宁省海岛交通运输用地是以公路、港口用地为主要特征,在大长山岛有一处民用空港,目前仅可供民用(农用)小型飞机起降。由于相应的配套设施不完备,受气候变化影响很大,迄今尚不能全天候航行,仅能维持正常天气下的一般航行。辽宁省海岛交通运输用地面积 6.375 km²,占海岛总面积的 13.1%。

11. 水域及水利设施用地

辽宁省海岛水域及水利设施用地主要指岛陆水库、蓄水池、养殖池,由于海岛面积较小,水库等水利设施较少,仅在较大的海岛上建有水库,如獐子岛的东崖水库、广鹿岛的老铁山水库。辽宁省海岛水域及水利设施用地 6.088 km²,占海岛总面积的 1.25%,其中长兴岛和西中岛面积较大,分别为 2.296 km² 和 2.046 km²。

12.其他用地

其他用地是指以上 11 种类型以外的用地,辽宁省海岛其他用地包括空闲地、设施农用地和裸地。其中设施农用地占地比例比较大,主要是水产养殖的生产设施及其相应附属用地。辽宁省海岛其他用地面积 9.059 km²,占总面积的 1.87%。

五、旅游资源

海岛由于其美丽的自然景观、宜人的气候、平缓开阔的沙滩和浴场,能给旅游者带来一种回归自然的心理感受,已成为世界旅游热点地区。辽宁省海岛数量多,分布广泛,风景优美,人文历史久远,具有丰富的海岛旅游资源。辽宁海岛开发旅游业,主要集中在长海县各岛及大鹿岛和菊花岛。

第三节 濒危海岛

辽宁省海岛土地资源空间分布差异较大,特别是近岸海岛,常因人为采石、开挖、连岛等原因,造成海岛生态系统的破坏甚至海岛灭失。

一、东港市海岛

东港市沿岸海域共有海岛 34 个(包括东港—庄河分界岛),包括 3 个有居民海岛(自东向西为獐岛、大鹿岛、小岛)和 31 个无居民海岛。其中,有堤坝相连(海岛与大陆、海岛与海岛之间)的海岛 16 个,占无居民海岛总数的 51.6%。集中分布于大洋河口西侧菩萨庙镇南部的近岸海域,其中,小猯虎坨子、大猯虎坨子、韭菜坨子、西马坨子、二坨子、小坨子等岛人为破坏严重。

二、庄河市近岸海岛

庄河市管辖海区共有海岛 91 个,其中有居民海岛 5 个、无居民海岛 86 个。无居民海岛中,有堤坝相连(海岛与大陆、海岛与海岛之间)的海岛 31 个,占无居民海岛总数的 36%,主要集中分布近岸海域,约占庄河市近岸海岛(除石城列岛外)总数的 50% 以上。其中,青堆子湾内的头坨和五块石,庄河湾内的盘坨子、团坨子、人坨子、老金坨子(平坨子)、小孤坨子,以及狗岛、干岛、尖二坨子等海岛的岛体岛貌都遭受严重破坏。

三、普兰店市沿海海岛

普兰店市拥有的海岸线较短,其管辖海域仅有海岛 10 个,其中有居民海岛 2 个、无居民海岛 8 个。无居民海岛中,有堤坝相连(海岛与大陆、海岛与海岛之间)的海岛 6 个,其中,碧流河口海域的干岛、礁岛、黄瓜岛等,因在岛上开挖土石方或修筑养殖场房,岛体岛貌遭受严重破坏。

四、大连市区近岸海岛

大连市区管辖海区共有海岛 98 个(不含灭失的海岛),其中有居民海岛 6 个、无居民海岛 92 个。无居民海岛中,有堤坝相连(海岛与大陆、海岛与海岛之间)的海岛 11 个,占无居民岛总数的 12%,主要分布于普兰店湾的近岸海域。其中,除原来分布于大连湾—大窑湾沿岸的硫坨子、沙坨子、韭菜坨子和海茂岛已完全灭失外,普兰店湾南部近岸海域的里双坨子等,因开挖土石或修建养殖场房,岛体岛貌遭受严重破坏。

五、瓦房店市近岸海岛

瓦房店市所辖海区共有海岛 42 个,其中有居民海岛 8 个、无居民海岛 34 个。无居民海岛中,有堤坝相连的海岛 15 个(其中 1 个海岛位于养殖池内),占无居民海岛总数的 44.1%,主要集中分布长兴岛至普兰店湾的近岸海域。其中,里坨子、线麻坨子、苇莲坨子、看牛坨子、大连岛、好坨子等,因在岛上开挖土石方或修筑养殖场房,致使岛体岛貌遭受严重破坏。

大连岛位于长兴岛南侧近岸,地理坐标为北纬 39°30′20.1″,东经 121°24′10.2″,距长兴岛最近点约 0.7 km、距大陆海岸线最近点约 3.4 km,岛的北侧海域都为养殖池塘,可驱车抵达岛上。该岛主要由元古界石英砂岩等构成,地表土层薄,目前岛上多被人工挖掘改造。

第四节　海岛保护区

辽宁省及沿海各级政府注重生态保护建设,已在沿岸地区和海域建立了一批保护区。其中,涉及到海岛的保护区主要包括:大连长海海洋珍贵生物国家级自然保护区、大连城山头海滨地貌国家级自然保护区、辽宁蛇岛—老铁山国家级自然保护区、大连海王九岛海洋景观市级自然保护区、大连三山岛海珍品资源增养殖市级自然保护区、大连老偏岛海洋生态市级自然保护区等,初步统计结果,上述保护区内共有 32 个无居民海岛。

一、蛇岛—老铁山自然保护区

蛇岛—老铁山自然保护区位于大连市旅顺口区西部,为 1980 年经国务院批准建立的野生动物类型保护区,是环保系统建立的第一个国家级自然保护区。保护区由蛇岛和老铁山地区两部分组成,总面积 14595 hm²,其中蛇岛面积 155 hm²(包括蛇岛周围 200 m 海域)。主要保护对象为蛇岛黑眉蝮蛇、蛇岛特殊的生态系统以及东北亚候鸟。1993 年首批被纳入"中国生物圈保护区网络"单位。

蛇岛又名蟒岛,小龙山岛,位于大连旅顺口区双岛镇大甸子西北 7 海里处的渤海中,距大陆最近点双岛湾镇西湖咀约 13 km。海岛呈不规则长方形,面积 0.63 km²。呈单面山状,西南陡峭,略向东倾斜,主峰海拔 216.9 m。岛上出露的岩石均为震旦亚界中部的硅质岩,与辽东半岛陆地上所见的岩石相似。

蛇岛的四周海蚀地貌和重力地貌十分发育。典型的海蚀地貌有海蚀崖、海蚀沟、海蚀柱、海蚀阶地等。地层皱褶与断裂十分发育,又在现代强烈的融冰风化、海蚀作用下,裂缝纵横,洞穴遍布,为岛上的蝮蛇提供了良好的生态环境。岛的周围除东南有一片砾滩外,均为悬崖峭壁。

蛇岛上的地带性土壤为棕壤,绝大部分是发育在石英岩类风化壳上的棕壤性土,坡积棕壤面积较小。土体厚度平均在 75 cm 左右,最深达 1 m 以上,分布不均,比较厚的土层为蛇岛上的蝮蛇休眠提供了有利条件。

蛇岛植物组成属于华北植物区系。共记录有 65 科 210 种野生维管束植物。由于受强烈海风的作用,岛上的乔木林多变为矮林状态,形成独特的海岛矮林,其外貌特征表现在有明显的主干,但是高度一般在 3～4 m。

蛇岛独特的海岛生态系统造就了蛇岛蝮蛇特殊的生活习性,蛇岛蝮蛇主要以南北迁徙的小型候鸟为食,一年有两个活动高峰期,5 月为第一个活动高峰期,9 月上旬到 10 月上旬是第二个活动高峰期,在炎热的夏天和寒冷的冬天则进入"夏眠"和"冬眠"。

蛇岛蝮蛇为卵胎生,即卵留在母蛇子宫内孵化,最后产出幼蛇。每年 5 月、8 月至 10 月在岛上均可见蝮蛇交尾现象,一般都在树上,有时两雄一雌在一起。怀卵期 3 个半月,8 月下旬开始产仔,9 月中、下旬幼仔的数量明显增多,蛇岛蝮蛇的产仔期为 8 月下旬至 10 月下旬,每一条雌蛇产仔为 1～8 条。交尾一次,可持续 3～4 年不用交尾而产仔,但不是每年都产仔。

蛇岛已记录到的鸟类有 16 目 36 科 125 种。其中雀形目鸟类 73 种,非雀形目鸟类 52 种。已记录的昆虫有 58 科 117 种。岛上还有少量的褐家鼠、蝙蝠等哺乳动物。老铁山地区除了鸟类之外,还有一些其他动物,属于两栖纲的有黑斑蛙、大蟾蜍等;属于爬行纲的有丽斑麻蜥、白条锦蛇、虎斑游蛇等 14 种;属于哺乳纲的有刺猬、野兔、蝙蝠等 16 种。

蛇岛上修建有陆岛交通码头、蛇岛生态监测管理站及其他相关设施。

二、城山头海滨地貌自然保护区

大连城山头海滨地貌国家级自然保护区位于金州区大李家镇东南沿海,1989 年 4 月经金州区政府批准建立区级自然保护区,1996 年 12 月经大连市人民政府批准晋升为市级自然保护区,1998 年 12 月经省人民政府批准晋升为省级自然保护区。主要保护对象为海岸潮间带海滨喀斯特石林、10～13 m 海岸阶地和阶地土层下的埋藏喀斯特石林。

该保护区属自然遗迹类地质遗迹类型,总面积 1350 hm²,其中核心区 210 hm²、缓冲区 60 hm²、实验区 1080 hm²,海域面积 750 hm²,陆地面积 600 hm²。蛋坨子岛以其群鸟飞翔等景观具有独特的观赏性被划定为保护区的核心区。

蛋坨子岛位于金州区大李家镇东南海域,地理坐标为 39°09′N,122°10′E,距大陆最近处城山头 1.8 km。岛长 300 m,宽 90 m,面积 2.7 hm²,岛体由石灰岩构成,地表基岩裸露,植被稀疏,地势陡峭,岛周多为海蚀悬崖,仅西岸略缓可攀,崖下激流旋涡。春秋两季,候鸟群栖于岛上,鸟粪堆积,遂成沃土。

蛋坨子岛是鸟儿的王国。许多海滨水域鸟类群和低山灌木林丛鸟类群都在这里栖息和繁衍。其中有国家一级保护鸟类东方白鹳 1 种;二级保护鸟类海鸬鹚、黄嘴鹭等 12 种;喜鹊、大山雀、黑尾鸥、环颈雉等常年在这里栖息;苍鹭、白鹭、峰鹰、苍鹰、长耳鸮等春秋二季在这里歇脚。

三、长海海洋珍贵生物自然保护区

大连长海海洋珍贵生物自然保护区位于长海县小长山乡东南海域,1985 年 4 月经长海县政府批准建立县级自然保护区,1987 年 9 月经大连市人民政府批准晋升为市级自然保护区,

1998 年 12 月经省人民政府批准晋升为省级自然保护区。保护区为野生生物类、野生动物类型,主要保护对象为刺参、皱纹盘鲍、栉孔扇贝,其他海洋珍贵生物如大连紫海胆、紫石房蛤、红螺、褶牡蛎、六线鱼等。

该保护区总面积 5170 hm²,其中核心区 370 hm²、缓冲区 2000 hm²、实验区 2800 hm²,由核大坨子岛、核大二坨子岛、核大三坨子岛及其周围海域组成。

四、老偏岛海洋生态自然保护区

大连老偏岛海洋生态自然保护区于 2000 年 8 月经大连市政府批准建立市级自然保护区。保护区为海洋生态系统类型,主要保护对象是:刺参、皱纹盘鲍、紫海胆、紫石房蛤、香螺、魁蚶、马尾藻及周围海洋生态系统;老偏岛的喀斯特地貌,玉皇顶及大坨子、二坨子、三坨子、四坨子的海蚀地貌景观。该保护区总面积为 1580 hm²,其中核心区 270 hm²、缓冲区 1310 hm²,老偏岛及大坨子、二坨子、三坨子、四坨子等岛周海域及海岸线以上向陆部分,均为核心区范围。

五、海王九岛海洋景观自然保护区

大连海王九岛海洋景观自然保护区位于庄河市南部大王家岛镇,2000 年 8 月经大连市政府批准建立市级自然保护区。保护区为海洋生态系统类型,主要保护对象为岛礁型基岩海岸、海蚀柱、海蚀洞等海滨地貌和白鹭、海鸥等鸟类及海岸景观。

该保护区总面积 2143 hm²,其中核心区 461 hm²。保护区内主要无居民海岛包括:东南坨子、黑白礁、元宝坨、牛心坨、三杆礁、小草坨子、小南坨子、三棱礁、棺材坨子、坛坨子、荞麦礁、黑石礁、白石礁、西大礁等。

六、三山岛海珍品资源增养殖自然保护区

大连三山岛海珍品资源增养殖保护区位于大连湾东南部海域,1986 年经大连市人民政府批准建立市级自然保护区。保护区为野生生物类野生动物类型,主要保护对象为皱纹盘鲍、刺参、紫海胆、魁蚶、栉孔扇贝等海珍品。

该保护区总面积约为 1103 hm²,其中陆域 302 hm²。保护区内主要无居民海岛包括:大三山岛及周边 4 个无名岛、小三山岛等。

第五章　滨海湿地

湿地是全球环境变化的缓冲区,具有调蓄洪水、涵养水源、净化水质、调节气候、防止盐水入侵等多种功能,被称为"地球之肾",是沿海地区生态安全的重要保障和屏障。同时,湿地又具有较高的景观资源价值,也是食物生产的重要区域,对沿海地区的社会经济发展具有重要的意义。广义的滨海湿地是指低潮时水深浅于 6 m 的水域及其沿岸浸湿地带,包括水深不超过 6 m 的永久水域、潮间带(或洪泛地带)和沿海低地等。本书所述滨海湿地主要指 0 m 等深线以上的潮间带区域以及近岸陆地区域人工湿地。

第一节　湿地现状

辽宁是我国沿海湿地纬度最高的省份。全省共有湿地面积 900 万 hm²,按《国际湿地公约》的分类,全省湿地分为:浅海水区域(包括河口水域),面积 640 万 hm²;潮间带滩涂,面积 47 万 hm²;河流面积 82 万 hm²;湖泊水库面积 61 万 hm²;稻田面积 50 万 hm²(主要集中在盘锦地区);各种沼泽面积 20 万 hm²,其中芦苇沼面积为 17 万 hm²。辽宁湿地类型繁多,蕴藏培育了极其丰富的生物资源。有浮游植物 280 余种,浮游及底栖动物 690 余种,水生动物 170 余种,鱼类 390 余种,两栖类 16 种,爬行类 9 种,鸟类 310 种,其中水禽 145 种,兽类 40 种,高等植物 230 种。

对湿地的利用,主要是水产养殖、盐场、苇田、石油开采及农业综合开发。其中浅海及滩涂养殖面积达 26 万 hm²;盐场 7 万 hm²;苇田 17 万 hm²。当前全省湿地面临着人口增加的干扰,以及污染、围垦、旅游、干旱和过度排放、不合理开发等的严重威胁,使其丧失原有功能,面积逐渐减少甚至消失。

辽宁省的湿地资源保护工作开始于党的十一届三中全会以后。20 世纪 80 年代以后,环保、林业、海洋、水利等部门陆续组织建立了一批湿地自然保护区,到 2003 年底,全省建立湿地自然保护区 23 处,总面积 424400 hm²,占全省湿地面积的 34.7%,占全省国土面积的2.86%。这些湿地自然保护区建立后,开展了资源本底调查和科学研究,编制了保护区总体规划,向周边群众进行了湿地保护宣传教育,加强了天然湿地资源的管理,有效地保护了全省大部分天然湿地及栖息于其中的生物物种资源,遏制了湿地破坏的趋势。1995 年 11 月,为强化湿地自然保护区管理,盘锦市政府将双台河口自然保护区内 4000 hm² 土地的使用权划拨给双台河口国家级自然保护区管理处。

1992 年以来,辽宁省与世界自然基金会、湿地国际协会等国际组织以及日本北九州黑嘴鸥研究会、新西兰米兰达基金会等一些国家和地区的湿地面积进行了湿地保护合作与工作交流,共同开展了辽宁黄渤海水鸟调查、黑嘴鸥繁殖数量调查以及鸟类环境志等工作。1996 年 4 月,双台河口和鸭绿江湿地两个国家级自然保护区被列为东北亚涉禽迁徙网络自然保护区。

1998 年 12 月,大连斑海豹国家级自然保护区被列为国际重要湿地。2002 年 10 月,双台河口自然保护区被列为国际鹤类迁徙网络自然保护区。2003 年,鸭绿江口湿地自然保护区与新西兰米兰达自然保护区缔结为姊妹自然保护区。

1993 年省林业厅牵头,会同省环保局、水产局等省直部门共同成立了全省湿地保护领导小组。2003 年 7 月,省政府成立了以主管农业的副省长为组长的辽宁省湿地保护工作协调领导小组,成员由省林业、海洋渔业、水利、国土资源、交通、环保、发改委、财政、农业等厅局和省军区的有关领导组成,协调小组办公室设在省林业厅,负责协调全省湿地保护的日常工作。

1995—2000 年,省林业厅按照国家林业局的部署,依据《全国湿地资源调查技术规程》,首次组织开展了全省湿地资源系统调查。通过调查,全面掌握了全省湿地资源的种类、分布、面积和在湿地中栖息、繁殖、生长的野生动植物种类状况,掌握了湿地的生境状况等基本情况,为湿地资源保护提供了科学依据,填补了全省湿地资源调查的空白。

2001 年,省领导到双台河口国家级自然保护区视察,就保护好碱蓬这一"红地毯"自然景观植物做了重要指示。2002 年 7 月,省领导带领省人大常委对野生动物保护法进行视察时,专门到大凌河口,就尽快划建这块湿地自然保护区提出了建议。

2002 年 10 月,省政府办公厅下发了《关于进一步加强全省湿地保护工作的通知》(辽政办发〔2002〕91 号),要求各级人民政府进一步重视湿地保护工作,对湿地进行抢救性的保护,抓紧划建一批湿地自然保护区,实施湿地可持续发展战略。由省林业厅牵头,协调发改委、环保、水利、海洋渔业等有关部门,编制《辽宁省湿地保护规划》;尽快制定湿地资源开发利用生态补偿办法;开展湿地资源监测和保护与持续利用等方面的研究。

2001 年,全省滨海湿地自然保护区建设及滨海湿地资源保护问题被纳入辽宁省碧海行动计划并组织实施。自 2002 年起,省环保局、林业厅、水利厅和沈阳市环保局多次争取协调解决康平卧龙湖省级湿地自然保护区湖水干涸问题。2003 年,林业厅组织编制《辽宁省湿地保护规划》(征求意见稿),省发改委批准实施了包括湿地保护项目在内的《辽宁省野生动植物保护和自然保护区建设工程总体规划》,其中包括丹东、盘锦市的 2800 hm² 退耕还湿地规划。

此外,全省各地充分利用"世界湿地日"、"国际生物多样性日"、"六五世界环境日"等节日和报纸、电台、电视台等新闻媒体广泛宣传了《湿地公约》和湿地及其主要的生态生产价值,宣传保护湿地的重要意义,普及湿地保护知识。

到 2003 年,局部地区的湿地面积和功能得到了恢复,增强了储碳功能,保护了大气臭氧层,提高了湿地生物多样性。全省大约有 800 万只涉禽在湿地上栖息、繁殖和迁徙停歇,辽宁省已成为世界上最重要的涉禽迁徙停歇地。许多濒危鸟类种群得以恢复和增殖,双台河口自然保护区的丹顶鹤数量由 1991 年的 300 只增加到 800 只,黑嘴鸥由 1990 年的 1200 只增加到 6000 余只。

第二节　大陆滨海湿地

滨海湿地分类采用自然湿地和人工湿地两大类,其中自然湿地包括基岩海滩、砂质海滩、粉砂淤泥质潮滩、三角洲湿地 4 种湿地类型;人工湿地包括养殖池塘、盐田、水库 3 种湿地类型(见表 5.1)。

表 5.1　辽宁省滨海湿地类型体系表

湿地类型		含义说明
自然湿地	基岩海滩	底部基质75%以上是岩石,盖度<30%的植被覆盖的硬质海岸,包括岩石性沿海岛屿、海岩峭壁。
	砂质海滩	潮间植被盖度<30%,底质以砂、砾石为主。
	粉砂淤泥质潮滩	植被盖度<30%,底质以淤泥为主。
	三角洲湿地	河口区由沙岛、沙洲、沙嘴等发育而成的低冲击平原。
人工湿地	养殖池塘	用于养殖鱼、虾、蟹等水生生物的人工水体,包括养殖池塘、进排水渠等。
	盐田	用于盐业生产的人工水体,包括沉淀池、蒸发池、结晶池、进排水渠等。
	水库	为灌溉、水电、防洪等目的而建造的人工蓄水设施。

一、湿地面积分布

由表 5.2 可以看出:辽宁省大陆自 0 m 等深线至海岸线向陆地 5 km 的范围内的滨海湿地面积约 3474.7 km²,其中自然湿地面积约 2060.5 km²,占滨海湿地总面积的 59.3%,人工湿地面积约 1414.2 km²,占滨海湿地总面积的 40.7%。

基岩海岸类湿地面积约 61.1 km²,占滨海湿地总面积的 1.8%;砂质海岸类湿地面积约 370.4 km²,占滨海湿地总面积的 10.7%;粉砂淤泥质海岸类湿地面积约 1373.5 km²,占滨海湿地总面积的 39.5%;三角洲湿地类湿地面积约 255.5 km²,占滨海湿地总面积的 7.4%;养殖池塘类湿地面积约 884.9 km²,占滨海湿地总面积的 25.5%;盐田类湿地面积约 491.0 km²,占滨海湿地总面积的 14.1%;水库类湿地面积约 38.2 km²,占滨海湿地总面积的 1.1%。

表 5.2　辽宁省滨海湿地面积统计表　　　　　　　　（单位:km²）

一级湿地类型	二级湿地类型	面积
天然湿地	基岩海岸	61.1
	砂质海岸	370.4
	粉砂淤泥质海岸	1373.5
	三角洲湿地	255.5
	合计	2060.5
人工湿地	养殖池塘	884.9
	盐田	491.0
	水库	38.2
	合计	1414.2
	总计	3474.7

辽宁省沿海各市滨海湿地类型分布和面积存在一定差异,丹东、盘锦、锦州和葫芦岛四市的自然湿地面积大于人工湿地面积,其中盘锦自然湿地面积是人工湿地面积的 5 倍,丹东和葫芦岛自然湿地面积约为人工湿地面积的 2 倍。大连和营口人工湿地面积大于自然湿地面积,尤其是大连市,人工湿地面积占到湿地总面积的 60%,这主要是由于大连市的海岸带养殖池塘和盐田的面积较大,见表 5.3。

表 5.3　辽宁省沿海各市滨海湿地面积统计表　　　　　（单位：km²）

湿地类型		丹东	大连	营口	盘锦	锦州	葫芦岛
自然湿地	基岩海岸	0	56	0	0	1	2
	砂质海岸	12	219	21	0	4	114
	粉砂淤泥质海岸	283	222	93	578	183	16
	三角洲湿地	32	0	0	223	0	0
	合计	327	496	114	801	188	133
人工湿地	养殖池塘	136	396	35	138	119	61
	盐田	0	330	106	0	56	0
	水库	0	16	1	21	0	0
	合计	136	741	142	159	175	62
总计		462	1238	256	960	362	194

二、滨海湿地分布及特征

（一）自然湿地

自然湿地是指在湿地环境形成过程中，自然因素起决定作用的区域，主要包括基岩海岸、砂质海岸、粉砂淤泥质海岸和三角洲湿地。

1. 基岩海岸

辽宁省岩石性海岸湿地的分布面积较小，不足滨海湿地总面积的 2%，但是其分布的范围比较广，所占海岸线长度较长。主要分布于大连区域，在庄河南尖头、黑岛、韭菜坨子、花园口和碧流河岸段有较大面积的分布，而从庄河石咀子至旅顺的大潮口岸段均有断断续续的基岩海岸分布；在盘锦的大笔架山岸段、锦州湾南段和兴城亮子沟岸段也有零星的基岩海岸分布。

基岩海岸宽度较窄，通常小于 150 m，岬角突出、深水逼岸、水下斜坡陡急、构造复杂。由于其向海一侧经常受到海水侵蚀、冲击，多海蚀穴、海蚀柱等地貌体发育，植被很难生长，主要以苔藓、地衣植被为主。

2. 砂质海岸

全省砂质海滩湿地分布的面积不大，占滨海湿地总面积的 10% 左右，但岸线分布较为广泛，主要分布在杏树屯至登沙河口、大连月牙湾至太平湾、大连复州湾至普兰店湾和锦州湾至兴城海滨湾等岸段，其中大连的砂质海岸面积达到 200 km² 以上，在沿海六市中所占的砂质海岸面积是最大的。

不同区域砂质海岸的面积和宽度有较大差异，葫芦岛周边岸段宽度较宽但岸线短，大连周边岸段宽度较窄却分布广泛。底质沉积物主要以细砂、粉砂质砂为主，沉积物分布由东向西逐渐过渡为砂质粉砂—粉砂—黏土质粉砂。

3. 粉砂淤泥质海岸

全省粉砂淤泥质海岸湿地是所有滨海湿地类型中面积最大的，约占总面积的 40%，集中分布于鸭绿江口至大洋河口、辽河三角洲地区。

粉砂淤泥质海滩地势平坦，岸线平直，微向海倾斜，呈带状沿海岸分布。湿地宽度较大，在盘锦的双台子河口区域最长距离达到约 10 km,在丹东的大洋河口和青堆子湾岸段多在 3 km 左右。淤泥质海滩组成物质较细,主要由淤泥质粉砂、砂质粉砂、粉砂质砂、细砂组成,且由高潮带向低潮带存在由细变粗的规律。辽宁省粉砂淤泥质海岸以鸭绿江、大洋河、大辽河、双台子河、大凌河等河口处最为典型,重要植被资源和珍惜鸟类资源也集中在这个区域。

4.三角洲湿地

辽宁省三角洲湿地面积分布不大,主要集中分布在盘锦的双台子河口、大洋河口、鸭绿江口附近。

(二)人工湿地

1. 养殖池塘

辽宁省滨海养殖池塘分布广泛,其面积约占滨海湿地总面积的 25%,达到近 900 km^2,在沿海各处均有分布,大连由于其海岸线较长,养殖池塘的总面积最大,锦州、盘锦和丹东的养殖池塘面积均超过 100 km^2。

养殖池塘通常通过水渠和闸门进行海水交换,在部分高位养殖池塘则需要利用抽水机进行水交换。养殖池塘周边土壤以滨海潮土为主,主要植被类型多为盐生植被和沙生植被。

2. 盐田

辽宁省滨海盐田湿地分布较为集中,其面积约占滨海湿地总面积的 15%,主要分布在锦州大凌河口西侧岸段、营口的四道沟至咸水河岸段、大连的长兴岛南侧岸段和普兰店湾的西侧岸段,另外,在大连的碧流河口至杏树屯岸段和庄河的韭菜坨子岸段也有一定面积的分布。

辽宁省沿海主要有复州盐场、金州盐场、旅顺盐场、营口盐场、锦州盐场等盐场,盐田多由黏土砖修砌而成,周围土壤较少且含盐度较高。在盐度较低的沉淀池和蒸发池中养殖虾等水生生物,在结晶池内无生物。盐田周边植被以碱蓬等盐生植被为主,植被覆盖率较低。

3. 水库

辽宁省水库湿地分布比较分散,其面积在滨海湿地类型中最小,仅占滨海湿地总面积的 1% 左右,其中盘锦的疙瘩楼水库和荣兴水库规模较大。

辽宁省水库敞水带常见浮游动物有 50 多个种类,其中 21 个种类极为常见。例如沙壳虫、萼花臂尾轮虫、龟甲轮虫、多肢轮虫、象鼻溞、剑水蚤和镖水蚤等。从种类上看,轮虫的生物量最大,占浮游动物总量的 45%;其次为挠足类,占浮游动物总量的 25%。原生动物占生物总量的 14%。

第三节　海岛湿地

辽宁海岛的湿地类型主要有自然湿地和人工湿地,其中自然湿地又包括浅海水域、基岩海岸、砂质海岸、粉砂淤泥质海岸、盐沼等类型,人工湿地包括内陆的水库、坑塘和滨海的养殖池、盐田等,湿地总面积 238.6 km^2。根据海岛位置和面积所反映的滨海湿地特征,将海岛划分为大岛型、濒岸型、远岸小岛型三种形态,各类海岛湿地类型与面积情况见表 5.4 和表 5.5。

表 5.4　根据滨海湿地进行统计的辽宁海岛情况表

地市	大岛型		濒岸型		远岸小岛型	
	数量	比例	数量	比例	数量	比例
东港市	/	/	33	100%	/	/
庄河市	25	29.4%	54	63.5%	6	7.1%
普兰店市	/	/	9	100.0%	/	/
长海县	84	82.4%	/	/	18	17.6%
大连市	46	50.0%	29	31.5%	17	18.5%
瓦房店市	2	5.4%	30	81.1%	5	13.5%
锦州和葫芦岛市	4	19.0%	16	76.2%	1	4.8%
总计	161	42.5%	171	45.1%	47	12.4%

表 5.5　辽宁海岛滨海湿地类型与面积统计　　　　　　　　（单位:hm²）

地(县)市		大岛湿地和远岸小岛湿地面积					濒岸海岛湿地面积				
		基岩海岸湿地	砂质海岸湿地	淤泥质海岸湿地	盐沼湿地	养殖塘	基岩海岸湿地	砂质海岸湿地	淤泥质海岸湿地	养殖塘	盐田
丹东市							102.6	18.5	4887.5	3070.7	272.5
大连市	庄河	784.4	395.8	138.4	2.4	368.7	311.1		1308.1	479.7	
	普兰店						28.8		197.1	98.6	
	长海县	876.4	1639.3			53.8					
	大连	515.9	65.2				53.9	108.9	15.1	627.4	
	瓦房店	26.1					149.3	4847.9		6228.9	3639.6
	小计	2202.9	2100.4	138.4	2.4	422.5	543.1	4656.8	1520.3	7434.6	3639.6
锦州市								28.1			
葫芦岛市		70.2	3.6				207.7	22.3	558.2	6.7	

一、大岛型海岛湿地

大岛型海岛指海岛距离大陆较远,潮间带不与大陆潮间带连接,岛陆面积较大,有较为完整的陆地生态系统和独立的滨海湿地系统。辽宁省大岛型海岛主要为石城列岛、大长山岛、小长山岛以及大连市的一些海岛。大岛型海岛通常一个岛有多种湿地类型,或多个相邻的岛礁潮间带相连,形成一个湿地系统,且以自然湿地类型(包括基岩海岸湿地、砂质海岸湿地)为主,淤泥质海岸和人工湿地较少。如大长山岛,其与周围的相邻岛礁水坨子、元宝坨子等组成一个湿地,从类型来看,有岩石性海岸湿地、沙砾质海岸湿地和人工湿地,还有小面积的内陆湿地。

二、濒岸型海岛湿地

濒岸型海岛指距离大陆很近,海岛潮间带与大陆潮间带折叠或海岛与大陆通过人工湿地相连,此类海岛的滨海湿地与大陆湿地连成一体,难以剥离。辽宁濒岸型海岛比例较多,共171 个,占海岛总数的 42.5%。东港市、普兰店市海岛全部为濒岸型海岛,庄河市、瓦房店市、锦州市和葫芦岛市海岛大多数为濒岸型海岛。濒岸型海岛以粉砂淤泥质海岸湿地和人工湿地为主,近岸线分布有砂滩或岩滩。如大鹿岛,主要湿地类型为粉砂淤泥质潮滩,潮滩广阔,北部与大陆潮滩连成一体,向南则延伸 1.4 km,而在海岛南部高潮滩有长约 2 km、面积 2 hm² 的砂滩湿地。一些濒岸型海岛由于离大陆太近且开发利用较早,目前通过养殖塘或盐田等人工湿地与大陆相连,其湿地类型也以人工湿地为主,如东港市小岛,以养殖塘为主要类型,而瓦房店市的家雀岛等则以盐田和养殖塘为主。长海县没有濒岸型海岛。

三、远岸小岛型湿地

远岸小岛面积较小,陆地生态系统特征不明显或几乎没有,不位于大陆潮间带上或紧邻大岛,将远岸小岛整体作为滨海湿地。远岸小岛因其面积较小,且均为基岩海岛,大多仅有一种湿地类型,即岩石性海岸湿地,少数小岛发育砂质海岸湿地。远岸小岛的岩石性海岸湿地一些为岩滩,一些则为陡崖峭壁,且海水逼岸。这些远岸小岛作为广阔海域的仅有陆地,多为鸟类的停歇地和觅食地,近岸水域为固着生物、游泳生物的优良生境。仅有 47 个海岛为远岸小岛,主要分布在长海县和大连市,如长海县的鸭巴坨子,大连市的遇岩等。

第四节 典型滨海湿地

一、双台子河口湿地

(一)湿地类型及分布

双台子河口湿地位于辽宁省辽东湾北部,距盘锦市区 35 km,其总面积约 800 km²,海岸线长度约 118 km。双台子河口湿地是辽河、浑河、太子河、饶阳河和大凌河 5 条河流下游的冲积海积型滨海平原,地势平坦、开阔,海拔高度为 0~4.0 m,地面坡降 0.1%,河道明显,多芦苇湿地和海域滩涂。该区域生态环境独特,物种资源丰富,是典型的滨海湿地生态环境,总体上可将其分为自然湿地和人工湿地两大类,湿地类型和分布见表5.6。

表 5.6 双台子河口滨海湿地类型和分布

类型		主要分布	基本特征
自然湿地	粉砂淤泥质潮滩	主要分布在沿海低潮位与高潮位之间的潮浸地带	河口区域的冲积平原,植被不发育
	芦苇湿地	主要分布在双台子河东西两岸	自然生芦苇地,潮水沟等经后期人为改造
	翅碱蓬湿地	主要分布在双台子河口潮滩	翅碱植被发育
人工湿地	养殖池塘	主要分布在海岸线附近区域	养殖池塘主要为鱼塘和虾池等,水库中以淡水水生植物为主
	水库、水塘	主要包括疙瘩楼水库和荣兴水库,以及零星分布的小型水塘	为人工后期挖掘建筑
	稻田	主要分布在双台子河口两岸	常与养殖池、苇田等相间分布

1. 粉砂淤泥质潮滩

粉砂淤泥质海岸地势平坦开阔,地面坡降 1.37‰,区内主要的沉积类型为砂、粉砂质砂、砂质粉砂、粉砂、黏土质粉砂、粉砂质黏土和砂—粉砂—黏土。滨海滩涂由于受潮汐的影响,分低潮滩、中潮滩和高潮滩,低潮滩常年被海水淹没,无植被生长分布,多见侵蚀挖坑等微地貌。

2. 翅碱蓬湿地

翅碱蓬是双台子河口区域最具代表性的典型盐生滩涂景观植物资源,每年秋天翅碱蓬植株通体变红,整个海滩一片红色,是湿地区域内重要的滨海景观旅游资源。区内翅碱蓬湿地一般分布在粉砂质淤泥潮滩的高潮位,一般盖度达 80% 以上,高度为 25 cm 左右。地形坡度在 1.00‰左右,滩面生物洞穴等微地貌发育,作为翅碱蓬生长过程中土壤盐分溶滤的水交换通道,常发育潮沟等大尺度地貌。近年来,由于受人类活动的影响,翅碱蓬湿地一直处于萎缩状态,目前仅双台子河口附近保存较好。

3. 芦苇湿地

芦苇是双台子河口湿地重要的植被资源和旅游资源,芦苇湿地也是区域内分布面积最大的湿地类型,主要分布在双台子河口两侧的高潮位附近,株高一般在 2 m 以上,盖度在 85% 以上。需要说明的是,目前区内原生苇塘较为少见,大部分苇塘都经过潮水沟疏通、堤坝修建等人为辅助工程的改造,因此,严格区分自然湿地和人工湿地比较困难,在本书中将芦苇湿地统一归入自然湿地大类。

4. 养殖池塘

在双台子河口湿地地区,养殖池塘占人工湿地的绝大部分面积,其总面积约为 26.2 km²,主要养殖品种有鱼、虾、蟹等,在养殖池塘的堤坝上,常生长有芦苇、碱蓬等。养殖池塘的面积变化受人类开发活动影响较重,近些年随着苇田、盐田、虾田和稻田的开发活动逐渐增加,养殖池塘的面积处于增加趋势。但人工湿地面积和分布的增加,使双台子河口湿地生态系统逐渐遭到破坏,从而导致自然湿地生态系统面积逐渐缩小,生物物种多样性降低,湿地生产力及生物量也下降。

5. 水库、水塘

在双台子河口湿地地区,主要有疙瘩楼水库和荣兴水库,总面积约 13.4 km²,尽管水库的总面积不大,但在灌溉、蓄洪和滞洪等方面,起到了重要的调节作用。此外,区内还零星分布有小型的人工水塘。

6. 稻田

稻田主要分布在双台子河口两侧的高潮位之上的区域,常与养殖池(主要是蟹池)相间分布。

(二)自然资源

双台子河口湿地是一个以保护丹顶鹤、黑嘴鸥等多种珍稀水禽及其赖以生存的滨海湿地生态环境为主的野生动物类型自然保护区。属暖温带大陆性半湿润季风性气候,四季分明,年平均气温为 8.4℃,年较差为 34.5℃;全年平均降水量为 623.2 mm,区内年平均蒸发量为 1669.6 mm,是年降水量的 2.7 倍,平均结冻日为 155d。海岸地带地势低洼,潮沟发育;地貌可划分为三个单元:即湿地平原、滩涂河口沙洲和水下三角洲。

水是构成保护区河口湿地主要生态因素,包括地表水和地下水,二者又直接或间接受海水和潮水的影响。地表水主要有由此流入辽东湾的大凌河、饶阳河、双台子河、大辽河水和潮汐水及河口外区域浅海水;地下水为埋于湿地0～1.1 m的咸水。

保护区内的土壤成土母质,是由海水冲积物和河流冲积物组成,质地黏细,在地表水和地下水的作用下,通过生物成土过程形成含有一定盐分的土壤,主要土类有滨海盐土、沼泽土、草甸土和水稻土。

双台子河口湿地属于河口湿地,湿地对防洪蓄水、调节辽宁中部地区气候、防止近海水体富营养化有着重要作用。湿地内保存完好的自然生态系统,是从事近海海洋研究、内陆湿地生态系统研究、内陆和海域交错带生态系统和物种生态研究的最佳基地。

1. 植被资源

本区植物区系特征属华北植物区,区内少有木本植物分布,偶见有零星的杨、柳、榆单株树,植物种类比较单一。分布有植物178种,呈优势分布的有30余种,建群植物不过10种。由于没有高地和天然的树林,植物区系仅限于盐沼和耐盐植物构组合,再加上淡水沼泽和干旷草地的种类。

保护区的植被由于受土壤、水、潮汐的影响,可划分为12个群系,即:柽柳群落,白刺、辽宁碱蓬复合群落,罗布麻群落,拂子茅群落,羊草群落,芦苇草甸,獐茅群落,翅碱蓬群落,芦苇沼泽,香蒲沼泽,眼子菜群落,穗状狐尾藻群落。

本区有浮游植物近百种,分为6个类群:

①淡水喜盐生态群落:分布在淡水和少盐水生境,优势种有颤藻、细藻、四角藻等。

②河口生态类群:分布在咸淡混合水生境,优势种有拟新月藻、卵形衣藻、绿裸藻。

③海水生态类群:分布在河口外海水生境,优势种有大螺旋藻、格孔盘星藻。

④沼泽生态类群:主要分布在芦苇沼泽,优势种有多变鱼星藻、小头菱形藻。

⑤滩涂生态类群:分布在滩涂及潮沟两侧,优势种有针杆藻等。

⑥稻田生态类群:分布在稻田水体中,优势种有北方鱼纹藻、裸藻。

2. 动物资源

(1)种类组成

辽东湾北部湿地动物种类丰富,在现有的808种动物中,有无脊椎动物412种、脊椎动物396种,其中:甲壳类49种,分属于5目22科,主要有天津厚蟹、颗粒关公蟹、中华绒螯蟹、对虾、中国毛虾等。昆虫有300种,隶属于11目77科。软体动物有63种,隶属于4个纲12目26科,主要有文蛤、四角蛤蜊、毛蚶等。鱼类有125种,隶属于19目57科,淡水种类38种,主要有鲤、草、鲢鱼等;海洋鱼类41种,主要有小黄鱼、带鱼、白姑鱼等;海、淡水间洄游鱼类16种,主要有黄鲻、鲈鱼、梭鱼等。两栖爬行动物有14种,两栖动物4种、爬行动物10种。兽类有21种,隶属于7目11科,主要有普通刺猬、狐、黄鼬、草兔、海豹和多种鼠类。鸟类有236种,隶属于17目46科125属。

(2)生态类群

1)浮游动物生态类群,可分为五个生态类群。

①淡水生态类群,主要生活在淡水或少盐河流中,优势种为绿草履虫、各种轮虫等。

②河口生态类群,主要生活在河口附近、咸淡水混合的少盐和多盐水河段中,优势种有爪猛水蚤、河壳虫。

③海水生态类群,主要生活在河口外多盐水或海水中,有眼点滴虫、变形滴虫、有孔虫等。

④沼泽生态类群,主要生活在沼泽的静水中,优势种有节鳞壳虫、长腹近剑水蚤等。

⑤稻田生态类群,主要生活在稻田水体中,主要有绿眼虫、舟形虫等。

2)无脊椎动物生态类群,按生境特点可分为淡水和海水两个生态类群。

①淡水生态类群,主要生活在不受海水影响的淡水湖沼中,代表种有萝卜螺和卵萝卜螺等。

②海水生态类群,主要生活在滩涂和海域,主要种类有天津厚蟹、泥螺、文蛤、海蛰、对虾和毛虾等。

3)脊椎动物生态类群,主要分为以下五种类群。

①芦苇沼泽鸟类生态类群,主要分布在本区占地面积最大的芦苇生长区,也是淡水、浅水水域广阔的地区,除生长有茂密的芦苇外,还分布有浮萍、三棱草、香蒲等,该区鸟类群的代表种有骨顶鸡、凤头麦鸡、斑嘴鸭、须浮鸥等,丹顶鹤于本区繁殖,大苇莺是夏季的优势种。

②滩涂碱蓬鸟类群,分布在较长的海岸线和大面积滩涂处,特别是河流入海处,除生长有碱蓬外,几乎没有其他植物生长分布,常见的种类有黑腹滨鹬、黑尾塍鹬、红嘴鸥、黑嘴鸥、苍鹭、雁鸭和其他鹬类等。红嘴鸥为本区代表种。

③农田草地鸟类群:分布在道路两旁、水田和荒草甸,代表种有田鹨、喜鹊、灰椋鸟、灰沙燕等。冬季有凤头百灵等。

④河沿沟渠鸟类群,主要分布在河流、渠道、水塘岸边。代表种有草鹭、白鹭、红脚鹬、青脚鹬等。

⑤居民点鸟类群,主要有麻雀、家燕、金腰燕、戴胜雀、金翅雀等。

(3)重要物种的分布

双台子河口湿地有脊椎动物396种,其中国家一级保护动物4种,即丹顶鹤、白鹤、鸥、白鹳、黑鹳;二级保护动物28种,主要有灰鹤、蓑羽鹤、大天鹅、白额雁、黄嘴白鹭、渤海斑海豹等。有中日候鸟保护协定规定保护的鸟类145种,中澳候鸟保护协定规定保护的鸟类46种;在国际、国内有重要保护意义的物种有丹顶鹤、白鹤、黑嘴鸥、震旦鸦雀、斑背大尾莺、渤海斑海豹等。本区既是我国野生丹顶鹤繁殖分布的最南限,也是世界上黑嘴鸥种群最大面积的繁殖地,同时,又是斑海豹在西北太平洋地区的7大繁殖区中在我国的唯一繁殖地。本区不仅是鸟类南北迁徙路线的主要停歇地,也是重要繁殖地,在分布的236种鸟类中,有夏候鸟53种、旅鸟165种、冬候鸟11种、留鸟7种;区内广阔的潮间带滩涂是在西伯利亚和东南亚(或澳大利亚)间长途迁飞涉禽良好的停歇与取食场所,因而在国际湿地和湿地生物多样性保护方面居于重要地位。

(三)湿地环境质量

双台子河口湿地浅水区水环境总体质量较差,主要污染物为有机污染物和营养盐,普遍为四类或劣四类水质区域,从污染物的空间分布特点分析,总体呈沿双台子河口外侧浅海区域向河道上游逐步增高的趋势,表明评价区域内海水水质主要受双台子河上游(新兴农场等地)排污控制,其次是受苇田施肥和养殖投饵等面状污染源的影响。重金属中除Pb外,其余重金属污染较轻微。

而区域内沉积物环境质量较好,绝大多数指标达到一类沉积物标准,只有少数站位油类污染达到二类沉积物标准,基本满足自然保护区管理要求。但是土壤养分含量普遍不高,基本为五类或四类土壤,表明土壤潜育化程度不高,普遍为盐渍土。

二、鸭绿江口滨海湿地

(一)自然概况及资源

1. 自然概况

辽宁鸭绿江口滨海湿地国家级自然保护区地处中国海岸线的最北端,区内陆地、滩涂、海洋三大生态系统交汇过渡,形成了包括芦苇湿地、沼泽、湖沼、潮沼及河口湾等复杂多样的生态系统类型,自然环境特殊、敏感、脆弱,湿地生态系统的形成与演变漫长而复杂。

鸭绿江口滨海湿地面积 1081 km^2,1987 年经原东沟县人民政府批准建立,1995 年晋升为省级自然保护区,1997 年被批准为国家级自然保护区,主要保护对象为滨海湿地生态系统。鸭绿江口滨海湿地国家级自然保护区是东北亚重要的鸟类栖息和迁徙停歇地,保护区的建立,为全球提供了一个永久性的滨海湿地生态环境的天然本底和野生生物的基因库,具有很高的经济、社会和环境价值。

鸭绿江口滨海湿地属暖温带湿润季风气候区,四季分明,雨热同季。年平均气温 9.8℃,降水量 1029 mm,全年日照时数 2368.6 h,无霜期 165d。本区保留了北半球原始濒海湿地的完整性,是中国重要的濒海湿地野生生物基因库。保护区主要保护珍稀物种和生态环境,同时具有蓄水调洪、调节气候和降解污染等多种功能。

2. 鸟类资源

鸭绿江口湿地保护区地处东北区和华北区交汇地带,生物多样性丰富。保护区鸟类资源最为丰富,共有鸟类 240 种,世界濒危鸟类有黑嘴鸥和斑背大尾莺,国家一级保护鸟类丹顶鹤、白枕鹤、白鹤、白鹳等 8 种,国家二级保护鸟类大天鹅、白额雁等 29 种,中日候鸟保护协定规定保护的 327 种鸟中,在保护区就发现 114 种,占总数的 35.2%,中澳候鸟保护协定中受保护的 81 种中,在保护区发现 43 种,占总数的 53%。鸭绿江口湿地为迁徙涉禽重要的停歇地,由于其位于中国海岸线最北端,是北迁涉禽最后的停歇地,每年 5—6 月,在这里停歇的鸟类十分壮观,数量可达 40 万只以上。

3. 鱼类资源

由于本区地处鸭绿江口、大洋河,两河水量充沛,夹带着大量营养盐分和有机物,使该地区浮游生物丰富,加上水文条件优越,水质状况良好,适合鱼类的生长与繁殖,形成了鱼类索饵和产卵的场所。因此,建立这个保护区为黄海北部地区的渔业资源持续发展,具有重要的意义。黄海北部有鱼类 265 种 38 目 107 科 197 属,占辽宁省鱼类的 82.6%,其中包括鸭绿江、大洋河淡水鱼 56 种,占总数的 2.1%,还有咸淡水鱼 3 种。本保护区有鱼类 88 种,主要经济鱼类有 35~40 种。

4. 生物资源

鸭绿江口滨海湿地无脊椎动物共有 7 门 13 纲 74 种,其中软体动物门有 2 纲 34 种,占总数的 38%;环节动物门 5 种;棘皮动物门 3 种;腔肠动物门 2 种;扁形动物门和拟软体动物门各 1 种。滩涂地区生物总量主要是贝类资源,以蛤仔、四角蛤蜊、文蛤、蛏、竹蛏为主,主要分布于大洋河口两侧,鸭绿江口西侧。

鸭绿江口滨海湿地有浮游藻类 55 种,其中硅藻门 21 种,占总数的 38.2%;绿藻门 16 种,占总数的 29.1%;蓝藻门 10 种,占总数的 18.2%;黄藻门 4 种,占总数的 7.3%;裸藻门 3 种,占总数的 5.4%;甲藻门 1 种,占总数的 1.8%(其中直链藻为优势种,约占 28.9%,其次是圆筛藻,约占 13%)。

浮游动物 54 种,其中原生动物 25 种,占总数的 46.2%;轮虫 9 种,占总数的 16.6%;枝角类 12 种,占总数的 22.3%;足类 8 种,占总数的 14.95%。浮游动物平均值的分布由东北向西南岸递减。最密集的区域出现在鸭绿口和大洋河口的近海海域,平均生物量均超过 500 mg/m³,个体生物量超过 1000 个/m³,浮游动物的季节变化见表 5.7。

夏季浮游动植物的密度和生物量最高,为本地渔业发展以及生态系统的良性循环创造了条件。浮游植物除冬季外,其平均生物量高于渤海地区,详见表 5.8。

表 5.7　海洋浮游动物的季节变化(1×10⁴ 细胞)

	海区	冬季	春季	夏季	冬季	年平均
湿生 (mg/m³)	黄海	121	61	204	80	117
	渤海	55	96	306	141	150
	平均	88	79	255	111	134
个体 (个/m³)	黄海	274	566	400	208	362
	渤海	69	340	450	94	237
	平均	171	453	425	151	299

表 5.8　海洋浮游植物的季节变化(1×10⁴ 细胞)

海区	冬季	春季	夏季	冬季	年平均
黄海	136	58	442	143	190
渤海	160	50	48	57	79

5. 植物资源

本区内植物资源丰富,共有植物 344 种,国家重点保护的植物有野大豆、银杏、云杉等。主要的植物类型有以下 4 类:

(1)湿生植物:主要代表植物有禾本科的芦苇、天南星科的菖蒲、香蒲科植物等,芦苇是湿地生物群落的主要优势种。

(2)水生植物:鸭绿江口滨海湿地是鸭绿江和大洋河等 12 条河流的入海处,有较多的池塘水面,这里生长着大量的浮水和沉水植物,水生植物的优势种为眼子菜科的龙须眼子菜和龙胆科的荇菜等。

(3)盐生植物:滨海湿地中生长着大片盐生植物,主要种类有 30 余种,其中优势种有藜科的碱蓬、禾本科的双稃草等,这些盐生植物都有积累盐分的作用,是改造盐碱地的植物。

(4)陆生植物:陆生植物主要分布于孤山,范围较大,代表植物为落叶松、红松等。

(二)主要生态环境问题

1. 湿地面积萎缩

20 世纪 80 年代以后,鸭绿江口地区开发速度加快,天然湿地被大面积开发为水田、虾田、公路和工业用地。以芦苇为例,80 年代芦苇面积为 82 km²,1989 年为 64 km²,随着东港市新经济开发区建设,华能电厂建设和黄土坎至孤山公路建设,到 1995 年芦苇面积仅为 40 km²,减少了 51.2%。

2. 湿地生物种类和数量明显减少

由多种多样的生境类型组成的自然湿地被改造为单一的稻田、虾田后,生境的多样性降低,依赖于湿地生存的生物种类将大大减少。按岛屿生物地理理论推测,湿地面积减少 50% 后,生物种类将减少 25%。由此推算鸭绿江口滨海湿地中现存的生物种类可能仅为原来的 75% 或更少。迁徙的鸟类数量也因栖息地和食物的减少而明显减少。

3. 环境污染日益严重

鸭绿江口滨海湿地地处鸭绿江入海口的下游,丹东市、东港市和岫岩县的部分工业废水和生活污水,经鸭绿江和东港市境内的 10 余条河流,进入浅海水域中,严重地影响了湿地的水环境质量。对浅海水域水质的评价结果表明,石油类已超过国家一级海水标准。据报道,1991 年在该地区已出现过小范围赤潮,1994 年由于海水污染严重而造成了对虾养殖、贝类养殖的严重减产。

4. 近岸水域滩涂资源开发利用不合理

以对虾养殖为例,由于缺少规划,至使虾池开发布局不合理,密度过大,这一方面给更新海水造成困难,导致了虾池的富营养化和虾池用水的恶性循环,使虾病大面积暴发,影响了对虾的产量。另一方面,由于虾池密度过大,超过了近岸海域的生产能力,破坏了生态平衡,使虾产量和质量下降。近岸海域经济鱼类和蟹类的捕捞强度过大,部分成鱼、幼鱼、成蟹、幼蟹,能捕则捕,能采则采,致使一些主要经济鱼类和蟹类大大减少,甚至绝迹。这种掠夺式经营方式造成了水产资源的枯竭和生态环境的破坏。

第五节　湿地开发与保护

一、湿地利用现状

辽宁海岛湿地类型多样,发挥着物质供给、休闲娱乐、生态涵养、防灾减灾等功能和作用,是海岛渔业发展的支撑。辽宁海岛滨海湿地的利用和保护历史悠久,目前辽宁海岛湿地利用有以下几个特点:

(一)远岸海岛湿地状态良好

辽宁海岛,尤其是远岸海岛以自然湿地为主,湿地类型有岩石性海岸湿地、砂质海岸湿地、淤泥质海岸湿地和浅海水域等。有居民海岛及其邻近岛礁的湿地开发利用较多,其中,基岩海岸多为自然采集和捕捞,部分地方发展垂钓旅游或风景观光旅游,开发利用强度低;砂质海岸湿地开发为滨海浴场,建设有旅游服务设施等,利用强度较小。淤泥质海岸湿地除被开发为养殖池外,基本处于自然状态。未开发利用的无居民海岛滨海湿地均保持自然状态,人类干扰少。

(二)近岸海岛湿地人工化程度高

受大陆海岸带开发利用活动的影响,近岸海岛,尤其是位于大陆潮间带的海岛开发强度大,自然湿地多转化为人工湿地,占用海岛、挖掘采石的现象普遍,如普兰店湾、东港市、庄河沿岸及复州湾海岛开发利用强度大,很多海岛成为养殖池堤坝的一部分或被围在养殖池中间,滨海湿地的自然景观荡然无存。近岸海岛湿地作为大陆滨海湿地的延伸,具有防灾减灾、保育生物多样性等重要的社会和生态作用,自然湿地向人工湿地转化给近岸海岛和大陆增加了生态风险。

（三）滨海湿地环境质量形势严峻

受陆源污染物排海、大陆及海岛地区经济发展和海水养殖快速增长的影响，海岛滨海湿地面临着环境恶化的挑战，环境质量形势严峻，不容乐观。本次海岛调查表明，目前，远岸海岛滨海湿地沉积物质量基本保持在一类标准水平，磷、氮污染指数高，均已超出了一类标准，海域有富营养化的风险。其次，铜、铬、锌、铅、镉等重金属，呈由岛陆向海浓度递减的变化趋势，在各岛区含量高于历史平均水平。

二、湿地保护与可持续利用建议

当前，滨海湿地保护面临最大的威胁是污染和大规模围填海，这是导致滨海湿地生物灭绝、生态环境恶化的主要原因。而要保护好滨海湿地，首先应保护好滨海湿地水环境，防止大量未经处理的污水直排海域影响水质。其次是要对围填海加强科学论证，严格禁止那些导致生态恶化、影响珍稀动植物生存环境的不恰当的围填海。具体保护管理对策如下：

（一）立足保护，严格限制重要湿地区域的围填海和排污

调查分析结果已经表明，围填海是湿地面积萎缩的最主要原因，而污染物排放则会直接造成湿地生态环境的恶化。目前，辽宁省重要的滨海湿地均已经建立了保护区，因此，做好湿地保护的重点和核心就是继续加强自然保护区建设，严格执行自然保护区管理有关法规政策。应当由政府牵头组织，协调海洋、环保、林业、土地等相关部门，落实管理责任制，作好国家政策法规的落实工作，严格限制重点湿地区域内的围填海和污染物排放。

此外，对于目前尚未建立保护的重要和典型湿地区域，应加快推进自然保护区的建设工作，挽救濒危湿地资源。

（二）因地制宜，作好滨海湿地的生态修复

1. 湿地水系恢复工程。湿地内修建的道路使区内沟渠、潮沟遭到堵塞，海水涨潮时不能顺利进入湿地，湿地排水也不通畅。应在现有道路与主要沟渠、潮沟交叉处增设桥涵，恢复天然湿地原有的水循环系统。

2. 人工湿地恢复工程。将保护区内废弃的虾、蟹田的塘坝、池埂以及排灌系统拆除，恢复为原来的天然湿地状态，在尽量避免人为干扰的前提下，通过湿地自营力逐步完成湿地的自我修复。

3. 有计划退耕还湿地。要充分认识到湿地在资源环境和社会经济方面的长远利益，制定保障政策，有计划地退耕还湿地，并严格限制湿地区域内新增的农业围垦。

（三）突出生态，实现湿地资源的可持续开发利用

以双台子河口滨海湿地和鸭绿江口滨海湿地为代表，辽宁重要滨海湿地不但有丰富的物质资源（生物资源、渔业资源等），而且自然景观独特、优美，资源价值亦十分突出。基于此，辽宁省滨海湿地的开发应突出"合理开发物质资源、大力发展生态旅游"的理念，大力推进湿地生态旅游区建设，完善旅游基础设施，提高旅游区知名度，并以旅游业开发为牵引，带动周边区域第三产业和区域经济的发展。同时，对芦苇、鱼类等湿地资源的开发应严格控制规模扩张，避免开发活动对湿地资源环境造成损伤，以达到资源可持续利用的目的。

第六章 海岸带植被资源

辽宁省海岸带气候属于暖温带湿润半湿润大陆性季风气候区。但由于受黄、渤海环绕的影响,又具有海洋性气候的特点。形成冬季寒冷、干燥、少雪,夏季高温、多雨,雨热同季。高温多在 8 月份出现,低温多在 2 月份出现。沿海 6 市(鞍山除外)年平均气温 7.0～10.5℃,全年无霜期为 140～180 天,年平均降水量为 550～1200 mm。区内气候具有光照充足、空气湿润、四季分明、降水适宜、雨热同季的特点。加之,发育棕壤、草甸土、风沙土、盐土、沼泽土和水稻土等诸多非地带性土壤,为植物生长提供了良好的条件。

第一节 植被类型与分布

一、植被类型

本章节以《中国植被》分类为依据,再结合辽宁省和辽东半岛植被的实际现状,将海岸带植被划分为如表 6.1 列出的几种类型。

表 6.1 植被分类系统

天然植被	Ⅰ.针叶林	1. 落叶针叶林
		2. 常绿针叶林
	Ⅱ.阔叶林	1. 落叶阔叶林
		2. 常绿阔叶林
	Ⅲ.灌丛	1. 落叶灌丛
	Ⅳ.草丛	1. 草丛
		2. 灌草丛
	Ⅴ.滨海盐生植被	1. 肉质盐生植被
		2. 禾草型盐生植被
		3. 杂类草型盐生植被
	Ⅵ.滨海沙生植被	1. 草本沙生植被
		2. 灌木沙生植被
	Ⅶ.沼生水生植被	1. 沼生植被
		2. 水生植被
人工植被	Ⅷ.木本栽培植被	1. 经济林
		2. 防护林
		3. 果园林
	Ⅸ.草本栽培植被	1. 农作物群落
		2. 特用经济作物群落
		3. 草本型果园

辽宁省海岸带植被按表 6.2 进行分类。

表 6.2　主要植被类型(天然植被、人工植被)

天然植被	Ⅰ.针叶林	1.落叶针叶林	
		2.常绿针叶林	油松林
	Ⅱ.阔叶林	1.落叶阔叶林	柞树林、榆树林、赤杨林、花曲柳林
		2.常绿阔叶林	
		3.针阔混交林	
	Ⅲ.灌丛	1.落叶灌丛	胡枝子、荆条、酸枣、其他灌木
	Ⅳ.草丛	1.草丛	苔草、玉竹、禾本科草类、蒿类、鹅冠草等
		2.灌草丛	白羊草灌草丛、黄背草灌草丛、野古草灌草丛、丛生隐子草灌草丛
	Ⅴ.滨海盐生植被	1.肉质盐生植被	碱蓬、盐角草
		2.禾草型盐生植被	
		3.杂类草型盐生植被	
	Ⅵ.滨海沙生植被	1.草本沙生植被	沙生植物有沙钻苔草、砂苦荬菜、无翅猪毛菜、肾叶打碗花、砂引草、海滨山黧豆、刺沙蓬等。
		2.灌木沙生植被	流动沙丘上的沙生植物以沙钻苔草、蒺藜等为主,并伴生小灌木。在半固定沙丘上,灌木增多,如黄柳、蒿柳、小叶锦鸡儿等。在固定沙丘上,有乔木树出现,如耐贫瘠的刺槐,还有小青杨,伴生有紫穗槐、兴安胡枝子等。
	Ⅶ.沼生植被	沼生植被	芦苇沼泽、水塘和水沟处,还有泽泻、慈菇、香蒲和雨久花
人工植被	Ⅷ.木本栽培植被	1.经济林	板栗、核桃、柞树、紫穗槐、胡枝子、酸枣、荆条、柠条及其他经济树种
		2.防护林	落叶松 红松组(红松) 油松组(油松林、赤松、日本黑松、其他针叶树) 樟子松组(樟子松) 云杉组(云杉) 冷杉组(冷杉) 柏树组(柏、圆柏、侧柏、杜松已无) 柞树组(柞树) 色树组(色树) 榆树组(榆树) 水曲柳组(水曲柳) 花曲柳组(花曲柳) 刺槐组(刺槐) 柳树组(柳树) 杨树组(杨树、小叶杨、速生杨、小钻杨、欧美杨) 杂木组(臭椿、梧桐、枫杨、山杏、板栗、火炬树、经济阔叶树其他阔叶树)
		3.果园林	苹果、梨、桃、李子、葡萄、枣、山楂、杏、樱桃等
	Ⅸ.草本栽培植被	1.农作物群落	玉米、冬小麦、大豆、高粱、花生、水稻、蔬菜
		2.特用经济作物群落	棉花、烤烟
		3.草本型果园	草莓

二、植被分布与生境条件

辽宁省海岸带的植被属于暖温落叶阔叶林地带。按上节中的主要植被类型中的天然植被和人工植被的顺序进行分述。这样天然植被包括：针叶林、阔叶林、灌丛、草丛、滨海盐生植被、滨海沙生植被、沼生水生植被。人工植被包括：木本栽培植被（防护林、经济林和果园林，其中的混交林在各优势树种中分述）、草本栽培植被。现分述如下。

（一）天然植被

1. 针叶林

（1）落叶针叶林

天然落叶针叶林在辽宁省海岸带中未有分布。

（2）常绿针叶林

油松属天然实生林，主要分布于庄河、金州，少量分布于葫芦岛龙港区。油松耐干旱瘠薄，是主要的造林树种，现在大多为人工油松纯林，大部分是解放后所营造。在阳坡半阳坡、阴坡半阴坡、脊部薄层土、山洼地、平地棕壤、平地黄土、褐土上皆能生长。

下木主要是盐肤木、胡枝子，草本植物是苔草、禾本科草类等。

2. 阔叶林

（1）落叶阔叶林

天然落叶阔叶林很少，主要在大连分布，又分天然实生和天然萌生两种。落叶阔叶林是典型的暖温带地带性植被类型，适宜在辽宁省沿海地区地理环境中生长，因此，分布最广，面积最大，由于人为干预，大多数天然落叶阔叶林被灌丛及人工植被所代替。现在尚存的落叶阔叶林主要有：

1）柞树

柞树属于壳斗科（Fagaceae）栎属的统称，为落叶或常绿乔木，少数为灌木。是一种以其叶作柞蚕主要饲料的经济树木，主要由麻栎、槲树和辽东栎等树种组成。喜光，耐低温，耐干旱瘠薄土壤，垂直分布从平地到海拔 3000 m 的高山均能生长。在阳坡半阳坡、阴坡半阴坡、脊部薄层土、山洼地、平地棕壤、平地黄土、褐土、平地草甸土上皆能生长。分布于熊岳的仙人岛烽火台处的麻栎，树高 1.5～2 m，在本长势一般，成为小灌木。

项目调查范围内，柞树有天然实生和萌生两种。天然实生林主要分布于庄河、金州。下木为酸枣、盐肤木、山里红、锦鸡儿、绣线菊、胡枝子、其他灌木等，草本植物为玉竹、苔草、鹅冠草、蒿类、黄背草、隐子草、苫房草等。

天然萌生林主要分布于庄河、东港、天桥区、旅顺口、盖州、鲅鱼圈（封育成林）、龙港区。下木主要为酸枣、盐肤木、山里红、绣线菊、胡枝子、荆条、其他灌木，草本植物为蒿类、黄背草、苔草、禾本科草类。

2）榆树

天然实生主要分布于金州、旅顺口，下木是酸枣、紫穗槐。天然萌生则主要分布于瓦房店、金州。下木为酸枣，地被为苔草。榆树喜光、耐寒、抗旱、不耐水湿。能适应干凉气候，喜肥沃、湿润而排水良好的土壤，在干旱、瘠薄和轻盐碱土也能生长，生长较快，30 年树高 17 m、胸径 42 cm。寿命可长达百年以上。萌芽力强，耐修剪，主根深，侧根发达，抗风、保土力强。对烟尘及氟化氢等有毒气体的抗性较强。

3）赤杨

天然萌生林主要分布于庄河。赤杨喜光,耐水湿,根系发达,生长快,有根瘤和菌根。是改良土壤、护岸造林的优良树种,其景观用途为水边湿地绿化。下木为盐肤木、草本植物是苔草、禾本科草类。

4）花曲柳

天然萌生主要分布于龙港区。喜光,耐寒,喜肥沃湿润土壤,生长快,抗风力强,耐水湿,适应性强,较耐盐碱,在湿润、肥沃、土层深厚的土壤上生长旺盛。在沼泽地带生长不良,在干旱瘠薄的土壤上,往往形成"小老树"。天然萌生于丹东龙港区的32年生的花曲柳,生长于土壤类型为褐土、立地类型为山洼土上,与刺槐8:2混交组成。下木为荆条、草本植物为禾本科草类。

（2）常绿阔叶林

天然常绿阔叶林在辽宁省海岸带中未有分布。

（3）针阔混交林

天然针阔混交林主要在庄河,油松—胡枝子、苔草、油松;盐肤木—苔草。

天然萌生柞树林与长白落叶松8:2组成,下木为胡枝子和山里红,地被为苔草。

3. 灌丛

（1）落叶灌丛

辽宁沿海落叶阔叶灌丛均为次生灌丛,是落叶阔叶林在人为破坏下退化而成。这些灌丛经封山育林,均可演替成林。落叶阔叶灌丛有胡枝子、荆条、酸枣和其他灌木等。

1）胡枝子

天然萌生和天然实生仅分布于锦州天桥区、葫芦岛龙港区和东港。适应能力强,耐干瘠,喜光稍耐荫,耐寒冷,根系发达,萌蘖力强。最适合在15～25℃生长。生于海拔300～2000 m的山坡林下或杂草丛中。适于坡地生长,是丘陵漫岗水土流失区的治理树种。是薪炭、固氮、蜜源、药材、饲料树种,也是工业原料,种子可榨油。具有水土保持功能。在龙港区的宜林荒山荒地上胡枝子灌丛下力禾本科草本。

2）荆条

天然萌生的荆条主要分布于瓦房店、葫芦岛龙港区。荆条喜光,耐荫,耐寒,对土壤要求适应性强。下木为蒿类。

3）酸枣

分布于旅顺口等地的天然萌生和实生的酸枣,生长于棕壤土上,立地类型为阳坡半阳坡斜坡薄层土、阳坡半阳坡陡坡中层土、阳坡半阳坡陡坡薄层土、阴坡半阴坡缓坡薄层土、阴坡半阴坡斜坡薄层土、阴坡半阴坡陡坡薄层土上,有绣线菊相伴。草本植被为苔草、大叶章、黄背草、隐子草、苦房草等。

4）其他灌木

其他灌木如绣线菊、盐肤木、锦鸡儿、杜鹃、山里红等主要分布于旅顺口、瓦房店、甘井子、金州、庄河、盖州。由耐盐落叶灌木组成的盐生灌丛,常见的还有柽柳灌丛,主要分布于盘锦、葫芦岛。

4. 草丛

（1）草丛

1）禾本科草类

在庄河、瓦房店、东港、兴城、凌海、锦州天桥区、鲅鱼圈、葫芦岛龙港区等地的宜林荒山荒地上，分布着天然萌生和天然实生的禾本科草类。

2）苔草

在庄河、兴城、旅顺口、东港、锦州天桥区小班面、盖州、鲅鱼圈、瓦房店、葫芦岛龙港、金州等地的宜林荒山荒地上，天然萌生和天然实生的苔草。

3）蒿类

在兴城、凌海、锦州天桥区、金州、瓦房店、鲅鱼圈等地的宜林荒山荒地上，天然实生和天然萌生蒿类。

4）玉竹

天然实生于庄河。

5）鹅冠草

天然实生于金州。

（2）灌草丛

灌草丛系指以中生或旱中生多年生植物为主要建群种，并散生有灌木的植物群落。其中灌木在数量上少于建群种草本植物，在高度上也低于建群种草本植物。经抚育后，可以恢复灌丛，进而成为森林。主要类型有：

1）白羊草灌草丛

天然分布于兴城、凌海、锦州天桥区。

2）黄背草灌草丛

天然分布于鲅鱼圈。

3）野古草灌草丛

4）丛生隐子草灌草丛

天然萌生于甘井子。

5. 滨海盐生植被

盐生植被是由具适盐、耐盐或抗盐特性的盐生植物组成的群搭类型。积盐植物通常细胞中的渗透压较高，茎叶肉质化，能吸收土体中盐分浓度较高的水分，容纳较多的盐分；泌盐植物通过枝条摘落或经过叶上的盐腺、毛管将体内过剩的盐分分泌出去，以调节盐分平衡。由耐盐落叶灌木组成的盐生灌丛，常见的有柽柳灌丛。

（1）肉质盐生植被

沿海一些盐渍化土只适宜有泌盐生理机能的植物生长，形成一些特殊的盐生植物群落。盐生植物群落明显受土壤含盐量影响。含盐量较高的地段（含盐 1‰～3‰），碱蓬生长旺盛，形成单优群落，主要分布在盘锦和营口；在地表稍有积水的局部地区，有成丛的盐角草分布。盐角草植株高 15～20 cm，叶退化，茎肉质化。碱蓬和盐角草的覆盖度可达 60%～70%。

（2）禾草型盐生植被

（3）杂类草型盐生植被

6. 滨海沙生植被

（1）草本沙生植被

沙生植物群落分布于沿海高潮线以上的沙地、河口沙地或流动沙丘上。这些植物适应流沙特点,耐沙埋、干旱和贫瘠,能生不定根和不定芽。沙生植物有沙钻苔草、砂苦荬菜、无翅猪毛菜、肾叶打碗花、砂引草、海滨山黧豆、刺沙蓬等。

（2）灌木沙生植被

流动沙丘上的沙生植物以沙钻苔草、珊瑚菜、藜藜等为主,并伴生小灌木。

在半固定沙丘上,灌木增多,如黄柳、蒿柳、小叶锦鸡儿等。

在固定沙丘上,有乔木树出现,如耐贫瘠的刺槐,还有小青杨,伴生有紫穗槐、兴安胡枝子等。在瓦房店的西海岸,尤其是长兴岛的沙地,植被有效地固定着沙丘,保护着农田。

7. 沼生植被

芦苇群落主要集中分布在东沟、庄河、大洼、盘山和营口等地沿海或辽河口两岸的沼泽地和常年积水的泛滥低洼地。芦苇一般高1～3 m,少数地区可达4 m。覆盖度较大,为70％～80％。在沼泽、水塘和水沟处,还有泽泻、慈菇、香蒲和雨久花。

（二）人工植被

1. 经济林

主要有板栗、核桃等乔木和柞树、紫穗槐、胡枝子、酸枣、柠条等其他灌木,主要分布在大连、营口、丹东等地。

（1）板栗

分布于东港、庄河、金州开发区、瓦房店。板栗喜光,光照不足引起枝条枯死或不结果。对土壤要求不严,喜肥沃湿润、排水良好的砂质或棕壤土,对有害气体抗性强。忌积水,忌土壤黏重。深根性,根系发达,萌芽力强,耐修剪,虫害较多。品种耐寒、耐旱。寿命长达300年以上。板栗林面积现有增加趋势。板栗食品营养丰富,材质坚硬,纹理通直,防腐耐湿,是制造军工、车船、家具等良好材料;枝叶、树皮、刺苞可提取烤胶;花是很好的蜜源。板栗各部分均可入药。

作为杂木林,人工实生和萌生板栗林分布于东港棕壤土上,主要立地类型为阳坡半阳坡缓坡中层土、阳坡半阳坡斜坡中层土、阳坡半阳坡陡坡中层上、阴坡半阴坡缓坡中层土、阴坡半阴坡斜坡中层土、阴坡半阴坡陡坡中层土等。除纯林外,与刺槐、柞树5:3:2组成,下木为胡枝子,草本植物为苔草、莎草、蒿类。

在东港作为经济林除没有下木、草本植物为苔草、毛茛、莎草外,与杂木林中的土壤类型和立地类型一样。在庄河2年生板栗纯林生长于平地棕壤土上,作为经济林栽培无下木和草本植被。

（2）核桃

分布于瓦房店。核桃喜光,耐寒,抗旱、抗病能力强,适应多种土壤生长,喜水、肥,同时对水肥要求不严,落叶后至发芽前不宜剪枝,易产生伤流。果实供生食及榨油,亦可药用,可以预防冠心病、各种癌症,甚至痴呆症等。木材供做枪托及贵重家具雕刻等用。

分布于瓦房店的3年生树,生长于棕壤土上,立地类型为阴坡半阴坡缓坡中层土上。主要草本植被为苔草。

（3）柞树

柞树在沿海地区分布主要在丹东东港。面积和蓄积分别占该地区的66.12％和68.24％。是一种以其叶作柞蚕主要饲料的经济树木。垂直分布从平地到海拔3000 m的高山均能生长,木材坚固抗腐性强,在建筑上有广泛用处。

东港柞树3～24年生,分布于棕壤土上。有柞树纯林、与刺槐7:3、与长白落叶松8:2、与桦树 8:2 组成混交林。主要立地类型有阳坡半阳坡斜坡中层土、阳坡半阳坡陡坡中层土、阴坡半阴坡缓坡中层土、阴坡半阴坡斜坡中层土、阴坡半阴坡陡坡中层土、平地棕壤等。下木为胡枝子和山里红,草本植物为苔草。

（4）紫穗槐

在辽宁沿海主要分布于兴城、鲅鱼圈、盖州、甘井子、瓦房店、普兰店、旅顺口。紫穗槐是耐寒、耐旱、耐湿、耐盐碱、抗风沙、抗逆性微强的灌木,在荒山坡、道路旁、河岸、盐碱地均可生长,可用种子繁殖及进行根萌芽无性繁殖,萌芽性强,根系发达,每丛可达 20～50 根萌条,平茬后一年生萌条高达 1～2 m,2 年开花结果,种子发芽率 70%～80%。紫穗槐是很好的绿肥和动物饲料,也是保持水土优良绿化材料和开展多种经营（编织筐、篓）、多种用途（对城市中二氧化硫有一定的抗性）的理想植物。在瓦房店、金州人工萌生的紫穗槐林下有酸枣、草本植物是苔草、禾本科草类。在兴城 2005 年栽植的紫穗槐,主要生长在棕壤土上,立地类型足平地棕壤和平地沙土,主要地被植物是羊草、蒿类和禾本科草类。

（5）胡枝子

分布于鲅鱼圈、瓦房店。适应能力强,耐干瘠,喜光稍耐荫,耐寒冷,根系发达,萌蘖力强。最适合在 15～25℃生长。适于坡地生长,是丘陵漫岗水土流失区的治理树种。是薪炭、固氮、蜜源、药材、饲料树种,也是工业原料。种子可榨油。具有水土保持功能。人工萌生的胡枝子（特规灌木）,林下草本植物是蒿类、苔草、禾本科草类。如锦州天桥区 30 年生、葫芦岛龙港区 5 年生的胡枝子,生长于棕壤土和风沙土上,立地类型为阳坡半阳坡缓坡薄层土、阴坡半阴坡缓坡薄层土和平地沙土上。植被主要是苔草和禾本科草类。

（6）酸枣

分布于旅顺口。野生山坡、旷野或路旁;果实能健脾;种子有镇静、安神作用;酸枣树的钻木,又为蜜源植物。

（7）荆条

分布于瓦房店。荆条常生于山地阳坡上,形成灌丛,资源极丰富,它广泛分布于我国南北地区,自然形成的天然绿色屏障,是北方干旱山区阳坡、半阳坡的典形植被,对荒地护坡和防止风沙均有一定的环境保护作用。荆条性强健,耐寒、耐旱,亦能耐瘠薄的土壤;喜阳光充足,多自然生长于山地阳坡的干燥地带,形成灌丛,或与酸枣等混生为群落,或在盐碱砂荒地与蒿类自然混生。其根茎萌发力强,耐修剪。叶、茎、果实和根均可入药,花和枝叶可以提取芳香油。茎皮可以造纸及人造棉。枝条坚韧,为编筐、篮的良好材料。也是优良的蜜源植物。

分布于瓦房店的 8 年生的荆条,生长于平地棕壤土上,主要植被是篱类。

（8）柠条

对环境条件具有广泛的适应性,柠条在形态方面具有旱生结构,其抗旱性、抗热性、抗寒性和耐盐碱性都很强。在土壤 pH 值 6.5～10.5 的环境下都能正常生长。由于柠条对恶劣环境条件的广泛适应性,使它对生态环境的改善功能很强。一丛柠条可以固土 23 m³,可截流雨水 34%。减少地面径流 78%,减少地表冲刷 66%。柠条林带、林网能够削弱风力,降低风速,直接减轻林网保护区内土壤的风蚀作用,变风蚀为沉积,土粒相对增多,再加上林内有大量枯落物堆积,使沙土容重变小,腐殖质,氮、钾含量增加,尤以钾的含量增加较快。

（9）山杏

人工实生于葫芦岛市连山区,其下草本植被主要为苔草。山杏喜光,多散生于向阳石质山坡。耐寒,能耐—35℃的低温;耐干旱瘠薄的土壤,尤能适应空气干燥,常生于荒山丘陵、草原、灌丛中。在辽宁省西部为荒山造林树种。又是优美观赏绿化树种和蜜源植物,杏仁及其制品是重要出口物资。

(10)其他灌木

人工萌生其他灌木主要分布于兴城、凌海、庄河、葫芦岛连山、甘井子、瓦房店、普兰店等,其下草本植被主要为苔草、禾本科草类等。

在凌海的灌木林龄为14年,植被为禾本科草类,立地类型为中、轻度盐碱。

2. 防护林

海岸带系指大陆与海洋交界的地带,这一地带特殊的土壤和水文,使植被种类比陆地种类少许多。在海岸带植被乔、灌、草资源中,沿海防护林对于维护沿海地区生态安全、人民生命财产安全、农业生产安全具有重要意义。

防护林体系是由防风固沙林、水土保持林、水源涵养林、农田防护林和其他防护林等五类防护林组成的"防护林综合体",是包括海岸基干林带、红树林、农田林网、城乡绿化和荒山绿化、滨海湿地的"绿色系统工程",在中国万里海疆的起点辽宁省,是我国海防林体系的北要塞。1991年,辽宁启动沿海防护林工程。全省海防林建设共累计完成 34.5×10^4 hm²,其中人工造林 24.3×10^4 hm²,飞播造林 3×10^4 hm²,封山育林 6.9×10^4 hm²。目前已有的30多万公顷的海防林,正成为沿海人民抵御海洋自然灾害的生态长城。通过海防林的建设,大约能降低96%的"海煞"侵蚀。一条平均高15 m、宽100 m的林带有效防护距离可达2400 m,可降低风速30%。

在距陆1 km海岸带内的人工防护林多以针叶纯林和阔叶纯林为主。如营口白沙湾、仙人岛主要是槐树林,绥中以樟子松和杨树、葫芦岛以油松为主的纯林,在盘锦主要以白蜡和柳树组成农田防护林网等。现将这些海岸带防护林分布与生境概述如下。

(1)落叶松林

分布于庄河。落叶松为耐寒、喜光,耐干旱瘠薄的浅根性树种,抗风力差。喜温暖湿润的气候;对土壤的适应性较强,有一定的耐水湿能力,但其生长速度与土壤的水肥条件关系密切,在土壤水分不足或土壤水分过多、通气不良的立地条件下,落叶松生长不好,甚至死亡,过酸过碱的土壤均不适于生长。枝条萌芽力较强,有相当的耐碱性。落叶松通常形成纯林,有时与冷杉、云杉和耐寒的松树或阔叶树形成混交林。现在辽宁省以日本落叶松生长表现最好。生长速度中等偏快。

1~30年生的落叶松在庄河分布于棕壤土上。主要立地类型为阳坡半阳坡缓坡中层土、阳坡半阳坡缓坡薄层土、阳坡半阳坡斜坡中层土、阳坡半阳坡斜坡薄层土、阴坡半阴坡缓坡中层土、阴坡半阴坡缓坡薄层土、阴坡半阴坡斜坡中层土、阴坡半阴坡斜坡薄层土、平地棕壤土等。除纯林外,分别与刺槐、柞树和油松以9:1组成,分别与刺槐、柞树以8:2组成,与刺槐、柞树8:1:1组成,与油松、刺槐7:2:1组成,与刺槐、油松、樟子松6:4组成,与黑松、刺槐5:3:2组成,与刺槐、柞树5:3:2组成。下木为盐肤木、绣线菊和山里红,草本植物为苔草、玉竹和禾本科草类。

(2)红松人工林

红松是小兴安岭和长白山地区的主要成林树种,丹东为红松在中国西南界。在本项目调查中红松仅在东港、庄河分布。红松喜旋光性强,对光照条件的适应幅度较大,在各生长发育阶段,耐阴能力也不一样,随着树龄的生长,需光量逐渐增大。要求温和冷凉的气候条件,对大气的湿度较敏感,湿润度在 0.7 以上生长良好,在 0.5 以下生长不良。辽东半岛没有天然生长的红松,在庄河县及岫岩县的北部山区有分布,生长良好。

东港人工实生和萌生的 19 年生红松林分布在棕壤土上,立地类型为阳坡半阳坡斜坡中层土。主要与柞树 7:3 比例混交。下木为胡枝子、草本植被为苔草。

（3）油松组

1）油松林

油松人工林比较普遍地分布于辽宁沿海各市。兴城、凌海、庄河、葫芦岛龙港区、鲅鱼圈、金州开发区、绥中、盖州、甘井子、瓦房店、普兰店、旅顺口。油松是温带喜光树种,由于耐干旱和瘠薄,是主要的造林树种,现在大多为人工油松纯林,大部分是解放后所营造。在葫芦岛海军基地生长在山丘阳坡下腹的油松林由于土层较厚而湿润长势较好;在兴城干部培训基地油松长势较好,郁闭度 0.7～0.8。灌木中以荆条、酸枣等为主,草本层主要为白洋草、马唐等。在凌海林龄 12 年生的油松纯林分布在平地棕壤土上,林下植被是禾本科草类。有的油松在辽西地区有小老树现象。幼树稍耐庇荫。4～5 年生以上则要求充足的阳光。耐寒,能耐－30℃以下低温。

本项目油松分布在棕壤土上,主要立地类型为阳坡半阳坡缓坡中层土、阳坡半阳坡缓坡薄层土、阳坡半阳坡斜坡薄层土、阴坡半阴坡缓坡中层土、阴坡半阴坡缓坡薄层土、阴坡半阴坡斜坡薄层土、阴坡半阴坡陡坡薄层土、平地棕壤,下木为荆条,草本植物为苔草和禾本科草类,林龄 10 至 56 年生不等。有纯林、与槐树 6:4 比例、与柏树 9:1 等不同比例混交。

2）赤松林

分布于旅顺口。赤松为辽东半岛的地带性乡土针叶树,也是地带性植物群落之一。主要分布在盖县南部及其以南各县,以辽东半岛的东南部为最多。赤松纯林多是赤松栎林经人为伐去阔叶树种后形成的半天然林或人工林。喜光,对光照条件的适应幅度较大,强阳性,在各生长发育阶段,耐阴能力也不一样。随着树龄的生长,需光量逐渐增大。要求温和冷凉的气候条件,对大气的湿度较敏感,湿润度在 0.7 以上生长良好,在 0.5 以下生长不良。要求年降水量 800 mm 以上,要求海岸气候,深根性,抗风力强。适生于温带沿海山区、平地,耐寒,能耐－30℃以下低温,耐贫瘠土壤,喜生于花岗岩、片麻岩和沙岩风化的酸性或中性土上,不耐盐碱,在黏重土壤上生长不良。

天然纯林仅零星分布在海拔 200～500 m 石质山脊或向阳陡坡,以及多石的山谷河滩之中。赤松林下灌木层盖度 20%～30%,优势种多为盐肤木,并伴有崖椒、榛子、旱锦带花等,个别地方还有海州常山。草本层为早春苔草。

3）日本黑松人工林

分布于庄河、鲅鱼圈、金州开发区、甘井子、瓦房店。

大多数松树不能生长在盐渍土上,因而不能靠近海滨生长。但是有些松树如由日本引种到中国的黑松,具有较强的抗盐能力。对土壤、水分和海风有较强的适应性,且生长较快,是主要的近海丘陵和岛屿的造林树种。在海拔 100～200 m 的阴坡生长良好。在旅大石质山地,半山坡、土层瘠薄的地方,14 年生平均树高 7.0 m,平均胸径 9.4 cm。25～26 年生平均树高 7.5 m,平均胸径 17.4 cm。

在松干蚧危害严重,油松、赤松几乎无法造林的情况下,黑松却取而代之,成为干旱瘠薄石质山地造林唯一的针叶树种,能抗松干蚧、松毛虫的危害,对"海煞"有强大的抗性,是沿海地区的重要造林树种。但不耐寒,在金县以北越冬有困难,目前只能栽植在绝对最低气温不低于－25℃以内的地区。

黑松喜光,喜凉润的温带海洋气候,幼苗期稍耐庇荫。根系发达,穿透力强,有菌根共生。耐瘠薄,耐盐碱土,能生于海滨沙滩上。抗旱性强,不耐湿,在水分过多情况下生长不良,甚至引起根系腐烂。黑松生长快,抗风力强,耐海雾,耐干旱瘠薄,对恶劣气候抗性较强,具有防风沙,保持水土的效能,是沿海地区营造海岸林和沿海荒山荒滩造林的先锋树种。

林下灌丛优势种为崖椒,其中混生细叶胡枝子、多花胡枝子、茅莓悬钩子、南蛇藤、朝鲜鼠李等。草本层以苔草为主。

分布于庄河棕壤土上的林龄1～20年生的黑松,主要立地类型为阳坡半阳坡缓坡中层土、阳坡半阳坡缓坡薄层土、阳坡半阳坡斜坡中层土、阳坡半阳坡斜坡薄层土、阳坡半阳坡陡坡中层土、阳坡半阳坡陡坡薄层土、阴坡半阴坡缓坡中层土、阴坡半阴坡斜坡中层土、阴坡半阴坡斜坡薄层土、平地棕壤。除纯林外,分别与冷杉、柞树、刺槐9:1、与柞树8:2、与落叶松6:4比例混交。下木为盐肤木,草本植物为苔草、蒿类和禾本科草类。

(4)樟子松组

1)樟子松林

分布于兴城、庄河、葫芦岛龙港区、绥中、盖州、瓦房店。樟子松作为寒温性针叶林的建群种是松属中比较耐寒的树种,是欧亚温带广布的欧洲赤松的东方变种,属第三纪孑遗植物,分布于黑龙江大兴安岭西侧海拔300～900 m的山地及沙地上,毗邻的蒙古、前苏联也有分布,是所谓达乌里区系的代表成分。樟子松是我国三北地区主要优良造林树种之一。樟子松耐寒性强,能忍受－40～－50℃低温,旱生,不苛求土壤水分。阳性树种,幼树在林冠下生长不良。樟子松适应性强。在养分贫瘠的风沙土上及土层很薄的山地石砾沙土上均能生长良好。樟子松抗逆性强,有弱度耐盐力。在pH值超过8,含碳酸氢钠盐量超过1%,或积水地方对生长有不良影响。在辽宁沿海绥中有生长30余年的樟子松,早期生长良好,后期出现成片死亡。丹东地区樟子松组林分组成和蓄积各占该地区的1%。盘锦盘山林杨1975年引种的樟子松,在海拔1.5～18 m,地下水位1.2～1.5 m,轻度盐碱砂土,含盐量1.445‰～1.986‰的立地条件下,15年生时平均树高6.04 m,平均胸径8.75 cm,生长相当可观。而在绥中靶场的樟子松防护林,栽植于1979—1980年,30年生平均高2.5～3 m,直径8 cm左右,下枝高0.5 m。近几年出现严重的营养不良,表现在每株都有不同程度的死叶、死枝,更有集中连片死亡的。几乎没有下木,草本植物近10种,盖度为70%。主要草本植物有:马唐、石蒜、鸢尾、茵陈蒿、萎陵菜、蒿子、狗尾草等。这片防护林整体长势出现衰弱现象。

在兴城12年生樟子松主要分布在风沙土,主要地被为蒿类。

在庄河8～10年樟子松生长于棕壤土上,立地类型为阳坡半阳坡缓坡叶薄层土、阴坡半阴坡斜坡中层土、阴坡半阴坡斜坡薄层土、平地棕壤。除纯林外,分别与柞树9:1、8:2和5:5三种比例,与柞树、油松、刺槐6:2:1:1比例,与刺槐5:5比例,与柞树、油松、刺槐5:3:1:1比例,与柞树、落叶松5:3:2比例组成。下木为胡枝子和山里红,草本植物为苔草、玉竹和禾本科草类。

2)刚松(杜松)林

分布于庄河的1年生(2005年)的刚松,生长在平地棕壤土上。喜光树种,较耐荫。喜凉爽温暖气候,忌积水,耐修剪,易整形。耐寒、耐热,对土壤要求不高,能生于酸性、中性及石灰质土壤上,对土壤的干旱及潮湿均有一定的抗性。但以在中性、深厚而排水良好处生长最佳。深根性,侧根也很发达。生长速度中等而较侧柏略慢,25 年生者高 8 m 左右。寿命极长。对多种有害气体有一定抗性,是针叶树中对氯气和氟化氢抗性较强的树种。对二氧化硫的抗性显著胜过油松。能吸收一定数量的硫和汞,防尘和隔音效果良好。

其他针叶树主要分布于甘井子。

(5)云杉组

云杉林分布于葫芦岛龙港区、金州开发区。耐荫、耐寒、喜欢凉爽湿润的气候和肥沃深厚、排水良好的土壤,生长缓慢,浅根性树种,喜生于中性和微酸性土壤,也能适应微碱性土壤,喜排水性良好、疏松肥沃的砂壤土。分布于龙港区的 6～10 年生的云杉,生长于土壤类型为褐土、立地类型为阳坡半阳坡斜坡薄层土、阳坡半阳坡陡坡薄层土、阴坡半阴坡陡坡薄层土上,除纯林外,与火炬树 8:2 混交组成,下木为荆条、草本植物为禾本科草类。

(6)冷杉组

冷杉是寒温性针叶林的重要组成树种,为耐荫性很强的树种,喜冷凉而空气温润,对寒冷及干燥气候抗性较弱,多生于年平均气温在 0～6℃,降水量 1500～2000 mm 地带。立地类型为阳坡半阳坡斜坡薄层土。3 年生冷杉人工实生林分布于东港的棕壤土上,与刺槐 8:2 比例组成。

(7)柏树组

分布于龙港区的 9 年生柏树纯林,生长于土壤类型为褐土、立地类型为阳坡半阳坡缓坡薄层土上,下木为荆条、草本植物为禾本科草类。

1)圆柏林

分布于瓦房店 6 年生圆柏纯林,生长于平地草地甸土上,无下木,草本植被为隐子草和蒿类。圆柏为喜旋光性树种,喜温凉、温暖气候及湿润土壤,幼龄时稍耐庇荫,在微酸性、中性和钙质土中生长良好,而以中性沙质壤土最为适宜。深根性,侧根发达,具较强抗旱抗寒能力,忌水湿。深根性,萌芽力强。生长缓慢,寿命较长。有梨(苹)锈病危害,梨(苹)园附近应避免栽植。

2)侧柏

兴城、庄河、葫芦岛龙港区、金州开发区、甘井子、瓦房店、普兰店、旅顺口都有分布。侧柏为温带树种,能适应于干冷及暖湿的气候。喜温暖湿润气候,但亦耐多湿,耐旱;喜光,但有一定耐荫力,较耐寒,在沈阳以南生长良好,能耐−25℃低温,在哈尔滨市仅能在背风向阳地点行露地保护过冬。侧柏在年雨量为 1638.8 mm 的广州以及年雨量仅为 300 mm 左右的内蒙古自治区均能生长,故其适应能力很强。喜排水良好而湿润的深厚土壤,但对土壤要求不严格,无论在酸性土、中性土或碱性土上均能生长,抗盐性很强,可在含盐 0.2% 的土壤上生长。在土壤瘠薄处和干燥的山岩石路旁亦可见有生长,耐涝能力弱。浅根性,抗风力弱。分布于天桥区的侧柏纯林林龄为 2 年生,主要在阳坡半阳坡缓坡薄层土上。

(8)柞树组

柞树分布于庄河、葫芦岛龙港区、鲅鱼圈、金州开发区、盖州、甘井子、瓦房店、普兰店。柞树栎属的统称,为落叶或常绿乔木,少数为灌木。是一种以其叶作柞蚕主要饲料的经济树木。喜光,耐低温,并耐干旱瘠薄土壤。垂直分布从平地到海拔 3000 m 的高山均能生长,其中麻栎树种优良、喜光、喜高温,宜在湿润气候和土质肥地方生长,易受冻害,适宜于养秋蚕。

分布于锦州天桥区的45年生柞树纯林,生长在棕壤土、立地类型为阳坡半阳坡缓坡中层土上。

(9)色树组

色树分布于兴城庄河、瓦房店。适应性强,稍耐荫,深根性,喜湿润凉爽气候和肥沃土壤,在酸性、中性、石炭岩上均可生长。耐严寒。分布于庄河的1~2年生的色树,生于平地棕壤土上。

(10)榆树组

榆树分布于兴城、东港、凌海、甘井子、瓦房店、金州。阳性树种,喜光,耐旱,耐寒,耐瘠薄,不择土壤,适应性很强。根系发达,抗风和保土力强。萌芽力强,耐修剪。生长快,寿命长。不耐水湿。具抗污染性,叶面滞尘能力强。如分布于兴城21年生的榆树纯林,土壤类型为棕壤,立地类型为平地棕壤。在凌海18年生的榆树纯林分布在盐碱土,立地类型是中轻度盐碱土,主要植被是羊草和蒿类。

(11)水曲柳组

水曲柳分布于普兰店、旅顺口。是喜旋光性树种,生长较快,对环境适应性较强,较耐盐碱;在湿润、肥沃、土层深厚的土壤上生长旺盛。在沼泽地带生长不良,在干旱瘠薄的土壤上,往往形成"小老树"。水曲柳材质优良,用途广泛,经济价值较高。如分布于普兰店的20年生的水曲柳,生长于泛滥地冲积土、高水位地上,主要草本植被是禾本科草类。

(12)花曲柳组

花曲柳分布于瓦房店。对气候和土壤要求不严,稍耐寒冷,喜湿润和富含腐殖质的土壤,在轻盐碱地或瘠薄沿海沙地也有生长。

(13)刺槐组

刺槐分布于东港、凌海、庄河、葫芦岛龙港区、鲅鱼圈、金州开发区、连山、绥中、盖州、甘井子、瓦房店、普兰店、旅顺口。刺槐为引进树种,喜阳耐旱,耐贫瘠,是优良的密源植物,又是理想的水土保持林,在全地区有广泛栽培。刺槐根系发达,自生能力强,长势良好。

刺槐林郁闭度一般为0.6~0.8,多为纯林,偶混少量乡土树种。灌木层组成有胡枝子、崖椒、酸枣等。草本植物层主要有矮丛苔草、霞草、柴胡、地榆、水杨梅等。

刺槐在天桥区为人工纯林及与油松的混交林,林龄为1年和15年生,下木为荆条,地被为羊草、禾本科草类和蒿类。主要土壤类型是棕壤,立地类型阳坡半阳坡缓坡中层土、阴坡半阴坡缓坡中层土。

刺槐在凌海为人工纯林,或与杨树、柳树6:2:2的比例混交,或与沙棘8:2比例混交,土壤类型为棕壤土、草甸土和盐碱土地。立地类型为阳坡半阳坡斜坡中层土、阴坡半阴坡缓坡中层土、阴坡半阴坡斜坡厚层土、平地棕壤土、平地草甸土和中轻发盐碱土,林龄为1年和15年生,下木为荆条,地被为羊草、禾本科草类和蒿类。

(14)柳树组

柳树(包括灌木柳)分布于兴城、凌海、庄河、葫芦岛龙港区、绥中、盖州、甘井子、瓦房店、普兰店、旅顺口、金州。性耐寒,喜湿润排水沙壤土,在河滩、沟谷及低湿地能成林,在沿河两岸最为常见。能耐一定的盐碱。深根性,侧根发达,抗风力强。

在凌海分布的柳树,植被为羊草、禾本科草类,主要土壤类型是棕壤、风沙土。主要立地类型为平地棕壤、平地沙土、平地草甸土和中、轻度盐碱土。林龄为 7、10、12、17、22 年生。柳树纯林在天桥区平地草甸土上分布,植被为禾本科草类,林龄为 10 年生。在兴城除纯林外,柳树与槐树 8：2 和 9：1 比例组成。在凌海盐碱土上除纯林外,与刺槐、杨树 7：2：1 比例组成。灌木柳在凌海分布,植被为羊草、禾本科草类和蒿类。在金州的 4 年生的旱快柳,生长于棕壤和盐碱土上,立地类型为平地棕壤和中轻度盐碱土。草本植物为蒿类。

（15）杨树组

1）杨树

分布于兴城、东港、凌海、庄河、龙港区、鲅鱼圈、金州开发区、连山、绥中、盖州、甘井子、瓦房店、普兰店、旅顺口。杨树人工林小青杨见于火连西部各河流沿岸,原为天然林。树高 12～15 m,胸径 15～18 cm,为速生用材林。林下灌木稀少,有时有旱柳、三蕊柳、胡枝子等。

2）小叶杨

分布于庄河、瓦房店。为暖温带树种。喜光,喜湿,耐瘠薄,耐干旱,也较耐寒,适应性强,山沟、河滩、平原、阶地以及短期积水地带均可生长。生长迅速,萌芽力强,但寿命较短。在沙壤土、壤土、黄土、冲积土、灰钙土上均能生长,在沙荒、栗钙土上生长不良。根系发达,适应能力强,为防风固沙、河岸造林、水土保持林常用的树种。

3 年生小叶杨纯林分布于庄河棕壤土阴坡半阴坡斜坡中层土上。草本植被是禾本科草类。

（16）速生杨

1）小钻杨

分布于庄河,是一个组合群体的名称。系小叶杨和钻天杨和天然杂种（有天然杂种,有人工培育的种）,在适生区域内,均表现出其优良性状,在水肥条件及经营管理较好的情况下,适应性强,干形好,生长快,耐寒耐盐碱。在水肥条件差的干旱地区,也有较强的适应性。是省内"三北"防护林地区建设工程很有发展前途的树种。

3 年生小钻杨纯林分布于庄河平地棕壤土上。草本植被是禾本科草类。

2）欧美杨

分布于凌海,2、3 和 10 年生的人工纯林、地被为羊草。主要立地类型是平地草甸土和中、轻度盐碱土以及阳坡半阳坡陡坡厚层土。欧美杨有较强的抗寒抗旱和抗病虫害（抗光肩星天牛）能力,且对土壤要求不严格,在最低气温 −35℃地区可安全过冬。在年平均降水量 30 mm地区生长良好。在 pH 值 7～9 的沙壤土上生长良好。

（17）杂木组

1）臭椿

分布于甘井子、瓦房店。喜光,不耐阴。适应性强,除黏土外,各种土壤和中性、酸性及碱性土都能生长,适生于深厚、肥沃、湿润的沙质土壤。耐寒,耐旱,不耐水湿,长期积水会烂根死亡。深根性。对烟尘与二氧化硫的抗性较强,病虫害较少。

分布于瓦房店的 2、3 年生的臭椿,生长于棕壤土上,立地类型为阳坡半阳坡缓坡薄层土、阴坡半阴坡缓坡中层土、阴坡半阴坡缓坡薄层土、平地棕壤土。主要草本植被是苔草、蒿类和禾本科草类。

2）梧桐

分布于旅顺口的 9 年生梧桐纯林。生长于平地棕壤土上。喜光。喜湿润温暖气候,较耐寒。适生于微酸性或中性、排水良好的土壤,微碱性土壤虽能生长,但易发生黄化。根系分布较浅,台风时易受害而倒斜。抗空气污染能力较强,叶片具吸收有毒气体和滞积灰尘的作用。

3)枫杨

枫杨为喜旋光性树种,不耐庇荫,但耐水湿、耐寒、耐旱。深根性,主、侧根均发达,以深厚肥沃的河床两岸生长良好。速生性,萌蘖能力强,对二氧化硫、氯气等抗性强,叶片有毒,鱼池附近不宜栽植。

分布于普兰店的10年生的枫杨纯林和与刺槐6:4混交的林分,生长于土壤类犁为棕壤和泛滥地冲积土、立地类型为平地棕壤和平地泛滥地冲积土、高水位。主要草本植被是苔草。

4)山杏

分布于瓦房店的1、3、4和14年生的山杏,牛长于棕壤土上,主要草本植被是苔草、蒿类和禾本科草类。山杏具有适应性强,抗旱、耐寒,对土壤条件要求不严等优良特性。宜选择土层较厚,土质比较好的山地阳坡或平缓沙沼地造林,宜进行乔、灌混交。山杏花和幼果易遭晚霜危害。其生态价值、经济价值、营养价值、市场潜力丝毫不亚于南方的油茶,而且山杏产品附加值高、山杏市场潜力大、生态效益强,是北方地区生态建设、兴林富民的重要选择。

5)板栗

东港、庄河。见本节经济林中的板栗叙述。

6)火炬树

分布于庄河、葫芦岛东港区、瓦房店。适应性极强,喜温耐旱,抗寒,耐瘠薄盐碱土壤。根系发达,根萌蘖力强,是良好的护坡、固堤、固沙的水土保持和薪炭林树种。生于河谷、堤岸及沼泽地边缘,也能在干旱的石砾荒坡上生长。但应注意其萌蘖造成的对其他树木的威胁。

在庄河3～5年生的火炬树纯林生于平地棕壤土和阳坡半阳坡斜坡中层土上,无下木和草本植被。

7)赤杨

分布于庄河的14～36年生的赤杨,生长于棕壤土上,立地类型为阴坡半阴坡缓坡中层土、阴坡半阴坡斜坡中层土、阴坡半阴坡斜坡薄层土、明坡半阴坡陡坡中层土、阴坡半阴坡陡坡薄层土。除纯林外,与柞树9:1,与刺槐8:2比例组成。下木为盐肤木,草本植物为苔草和禾本科草类。

8)其他阔叶树

分布于金州开发区、绥中、甘井子、瓦房店、旅顺口的其他阔叶树。

特规灌木林:葡萄(盖州、鲅鱼圈)、紫穗槐。

3.果园林

果园林包括苹果、梨、桃、李子、葡萄、枣、山楂、杏、樱桃等。其中苹果园林面积最大,主要分布于瓦房店市、新金县、金州区和旅顺口区,庄河、新金南部亦有一定分布。桃、梨、葡萄林主要集中分布于金州区、甘井子区和旅顺口区、营口的盖县以南。

(1)苹果

苹果主要分布于金州开发区、旅顺口、甘井子、庄河、瓦房店、普兰店、鲅鱼圈、盖州、兴城、凌海、连山、绥中、东港等。原产于中亚细亚。哈萨克斯坦的阿拉木图有"苹果城"的美誉。喜光,喜微酸性到中性土壤。最适于土层深厚,富含有机质、心土为通气排水良好的沙质土壤。可适应沙质土、壤质土、黏质土、砾质土等不同土质。有少量品种原产欧洲东南部、土耳其及高加索一带。1870 年前后传入我国山东,目前在我国大部分省份均有广泛栽培。凌海的苹果树主要分布在平地草甸土上,树龄较小。

(2)梨

分布于东港、庄河、鲅鱼圈、盖州、甘井子、瓦房店、普兰店、旅顺口。梨树喜温,生育需要较高温度,休眠期则需一定低温。梨树适宜的年平均温度秋子梨约为 4~12℃。梨树对土壤的适应性强,以土层深厚,土质疏松,透水和保水性能好,地下水位低的沙质壤土最为适宜。梨树对土壤酸碱适应性较广,pH 值在 5~8.5 范围内均能正常生长,以 pH 值 5.8~7 最为适宜;梨树耐盐碱性也较强,土壤含盐量在 0.2% 以下生长正常,达 0.3% 以上时,根系生长受害,生育明显不良。

(3)山楂

分布于庄河。生于山谷或山地灌木丛中,山楂树适应能力强,抗洪涝能力超强,容易栽培,是田旁、宅园绿化的良好观赏树种。在庄河 8 年生的山楂树栽培于棕壤土和阴坡半坡缓坡薄层土上,无下木,有少量禾本科草类。

(4)桃

分布于东港、庄河、鲅鱼圈、金州开发区、绥中、盖州、甘井子、瓦房店、普兰店、旅顺口。桃原产我国海拔较高、日照长、光照强的西北地区,适应于空气干燥、冬季寒冷的大陆性气候,因此,桃树喜光、耐旱、耐寒力强。桃树最怕渍涝,淹水 24 小时就会造成植株死亡,选择排水良好、土层深厚的沙质微酸性土壤最为理想。桃树具有结果早、丰产稳定性能好,对土壤条件要求不太严格,栽培管理容易等特点,和栽培苹果,梨等其他落叶果树相比较,能更快更易获得经济效益。桃树对土壤的适应能力很强,一般土壤都能栽种,以中性偏酸的土壤生长较好。土壤 pH 值低于 4 或高于 8 时则严重影响生长。对土壤质地的适应方面,以排水良好、通透性强、土壤较肥沃的砂壤土栽培较好,表现为结果早、品质好。如土壤过于肥沃、质地太黏重,则易生长过旺、结果较晚、早期产量低、品质较差,味淡、果小。在年平均温度 8~17℃ 之间均可栽培,其最适宜的生长温度为 18~23℃,成熟期的适宜温度是 25℃ 左右。

东港桃树有 7、8、12 年生,主要土壤类型为棕壤、褐土,立地类型为阳坡半阳坡缓坡中层土、阳坡半阳坡斜坡中层土、阴坡半阴坡缓坡中层土等。草本植被为苔草和莎草。

(5)杏

分布于瓦房店、普兰店。为阳性树种,深根性,喜光,耐旱,抗寒,抗风,寿命较长,可达百年以上,为低山丘陵地带的主要栽培果树。园林用途:早春开花,先花后叶,配植于池旁湖畔或植于山石崖边、庭院堂前,极具观赏性。

分布于瓦房店的 1~5 和 5 年生的杏,生长于棕壤土上,立地类型为阳坡半阳坡缓坡厚层土、阳坡半阳坡缓坡中层土、阳坡半阳坡缓坡薄层土、阳坡半阳坡斜坡薄层土、阴坡半阴坡缓坡中层土、阴坡半阴坡缓坡薄层土、阴坡半阴坡斜坡中层土、平地棕壤土。主要草本植被是苔草、隐子草、羊草和蒿类。

(6)李子

分布于鲅鱼圈、金州开发区、盖州、瓦房店、旅顺口。喜光也稍耐荫,抗寒,适应性强,以温暖湿润的气候环境和排水良好的砂质壤土最为有利。怕盐碱和涝洼。浅根性,萌蘖性强,对有害气体有一定的抗性。

园林用途:树枝广展,红褐色而光滑,叶自春至秋呈红色,尤以春季最为鲜艳,花小,白或粉红色,是良好的观叶园林植物,尤以变型紫叶李和黑叶李在园林绿化中多被选用。

龙港区 7～10 年生的李子,生长于棕壤土上,立地类型为平地棕壤土。

（7）枣

分布于鲅鱼圈、盖州、甘井子、瓦房店、旅顺口。为强阳性树种,深根性,喜光,耐旱、抗寒、抗热、耐涝、抗风,对土壤要求不严,除沼泽土和重碱土外,无论是山地、丘陵、沟谷,甚至瘠薄的石质及黄土地,均可栽植枣树;耐盐碱,在 pH 值 5.5～8.3 的土壤上均能正常生长。根系发达,萌蘖力强。结实早,寿命长,可达百年以上,为低山丘陵地带的主要栽培果树。枣木密度高,为蜜源植物。果实食药兼用。

（8）葡萄

分布于鲅鱼圈、盖州、甘井子。葡萄对土壤的适应性较强,除了沼泽地和重盐碱地不适宜生长外,其余各类型土壤都能栽培,而以肥沃的沙壤土最为适宜。不同土壤对葡萄生长发育和品质有不同的影响。不适宜地区,可以通过农业工程及栽培技术进行改土栽培。如辽宁盘锦盐碱地区,土壤含盐量 0.3% 以上,直接栽培葡萄不能成活。但经过挖沟台田,灌水洗盐,绿肥改土或局部换土以及选用抗盐砧木品种等项措施,2～3 年后使土壤盐分降至 0.2% 以下,就能栽植葡萄。

龙港区 1～5 年生的葡萄,生长于风沙土上,立地类型为平地沙土。

（9）樱桃

分布于瓦房店、旅顺口。常栽培在海拔 300～600 m 山坡阳处或沟边。樱桃根系生长对土壤的通透性要求严格,黏性土或土壤管理不良时根系分布明显变浅,并导致地上部早衰。中国樱桃抗寒力弱,喜温暖而润湿的气候,适宜在年平均气温 15～16℃ 的地方栽培。适宜樱桃生长的年雨量一般在 700～100 mm。

分布于瓦房店的 1～15 年生的樱桃,生长于棕壤土和风沙土上,立地类型为阳坡半阳坡缓坡中层土、阳坡半阳坡缓坡薄层土、阳坡半阳坡斜坡薄层土、阴坡半阴坡缓坡薄层土、阴坡半阴坡斜坡薄层土、平地棕壤土和平地沙土。

三、植被分布特征

就全省而言,辽宁植被在全国植被区划中跨 3 个植被区域。辽东山地植被属于温带针阔叶混交林区的最南端,辽南和辽西地区的植被属于暖温带落叶林区向东延伸的一部分,辽北植被属于温带草原区南界边缘。辽宁省海岸带的植被属于暖温落叶阔叶林地带,但有明显的相互渗透和相互过渡的特点。

（一）从植物区系上看,温带植物占主导位置

从科的水平上分析,辽宁省海岸带木本植物同属于温带性质和热带性质;而从属的水平上分析,辽宁省海岸带木本植物温带性质占优势,其中又以北温带性质占较大比例。具体地说,是以华北植物区系为主,有长白植物区系交叉分布,还受蒙古植物区系的影响。

（二）多种地理成分组成

多种地理成分组成,热带及亚热带植物属在本区的渗透性明显。表明辽宁沿海植被的起源具有古老性,区系地理成分的渗透性、交汇性和过渡性较明显。

（三）天然林资源得到恢复

辽宁省海岸带沿岸由于开发较早，大部分地区已被开垦为农田，仅在离海岸带偏远的山区才有零星分布的原始植被，所以当前大部分植被都是受人为因素的影响。虽然天然林在整个海岸带植被中所占比例很小，但是近几年国家实施天然林资源保护工程和森林分类经营及封山育林后，天然林面积比上次调查时已大幅度提升，天然林资源得到有效保护和恢复。

（四）人工林面积不断增加

近几年国家对生态环境建设非常重视，先后开展了一系列的绿化工程。如加大退耕还林（草）工程、三北防护林、海防林等重点工程建设力度，加快了绿色通道、滨海大道等绿化工程建设步伐，使部分非林业用地通过工程造林转入林业用地。林业用地和有林地面积的增加，提升了海岸带植被资源的生态防护功能。

（五）生态经济型树种占相当比例

在海岸带植被中，苹果、梨、李子、葡萄、核桃等生态经济型树种占相当的比例，这些树种在海岸带植被中起多种作用。一是生态防护作用，二是蜜蜂源植物，三是提升旅游资源环境，四是提供水果资源，这些作用推动了当地经济的发展。

第二节　植被开发利用与保护

辽宁省海岸带植被资源主要由乔木、灌木和草本组成，其中许多乔灌木林形成了辽宁沿海的生态屏障，起到了防风固沙、涵养水源、保持水土、保护农田、美化环境、减弱噪声等作用。除人工植被中的经济林、防护林和果园林的基本功能和经济价值外，还有许多包括草本植物在内的植被，在药用、饲料、纤维、香料、油料等方面具有重要开发利用价值和潜在市场。这些资源的开发与利用，必需保证在沿海防护林自身不会受到破坏的前提下进行。

一、开发利用

海岸带植被中还有许多具有很高经济价值的植物，其中也有许多草本科植物，大多是海岸盐土环境自然选择筛选出的盐生植物，人类有目的引种驯化栽培出的耐盐植物，乔本多见于人工植被，主要包括：表41中的Ⅷ木本栽培植被（防护林、经济林和果园林，其中的混交林在各优势树种中分述）、Ⅸ草本栽培植被。现根据植物体内含物的化学性质及其用途，将其划分为几大类，分述如下。

（一）银杏等经济生态型树种最具开发潜力

银杏是中国特有而丰富的经济植物资源。银杏为阳性树，对气候土壤要求都很宽泛，喜适当湿润而排水良好的深厚壤土，通常生长在水热条件比较优越的亚热带季风区。在酸性土（pH值4.5）、石灰性土（pH值8.0）中均可生长良好，而以中性或微酸土最适宜，不耐积水之地，较能耐旱，但在过于干燥处及多石山坡或低温之地生长不良。在海岸带也能生长，江苏省东台市有海堤银杏防护林和沿海果材两用园基地，辽宁省丹东市有百年银杏街。

银杏属于防护树种、抗病虫树种、长寿树种及耐污染树种。是速生丰产林、农田防护林、护路林、护岸林、护滩林、护村林、林粮间作及"四旁"绿化的理想树种。它不仅可以提供大量的优质木材、叶子和种子，同时还可以净化空气、涵养水源、防风固沙、保持水土、改善农田小气候，是一个良好的造林、绿化及观赏树种,对农林种植结构调整、平原农区林业的发展有重要意义。银杏木材优质,价格昂贵,素有"银香木"或"银木"之称。

银杏是多用途经济树种,银杏全身都是宝,其叶、花、种实、木材都可以被人类加以利用。特别是近年来,随着科学技术的发展,人们对银杏叶、花、种实、木材化学成分的研究越来越深入,其营养价值和医疗保健作用越来越引起人们的重视。利用银杏果叶的有效化学成分和特殊医药保健作用加工生产保健食品,药物和化妆品,正引起国内外研究、开发、生产单位的重视,各国众多企业竞相研制生产以银杏为原料的天然绿色产品,替代对人体健康有较大副作用的合成化学品,从而为中国的银杏资源的开发利用开辟了无比广阔的前景,迅速提高了银杏的利用价值及其对经济、社会和生态的影响。

（二）食用植物资源

苹果、白梨、沙梨、山楂与大果山楂、毛山楂、李子、杏、桃及变种蟠桃和油桃、樱桃、葡萄等,果可生食、制果干、果酱或酿酒。有的入药有消暑、健胃作用,山楂嫩叶焙制后可代茶。

另有一些可开发的食用植物。紫藤和玫瑰,鲜花含芳香油,可食用。香椿,种子榨油可食用。嫩芽及叶可生食、熟食、腌食,为上等"木本蔬菜"。黄刺玫,果食用或酿酒。爬山虎,果可酿酒。木槿,花白色者可作蔬菜食用。白刺,果可做饮料。

（三）药用植物资源

海岸带药用植物资源丰富,其中包括各类的中药材和民间常用的中草药植物,除一部分木本植物外,集中分布于菊科、百合科、豆科、蔷薇科、蓼科和唇形科等。主要有:

银杏,种仁可食及药用。药物银杏叶片用于防治心脏病。

侧柏,种子可药用。

胡桃,胡桃仁营养丰富,含多种维生素、蛋白质和脂肪,是制作糕点、糖果的重要原料;含油率 $60\%\sim75\%$,可作优良的食用油,又可药用。

榛,种子可食用,榨油或入药。

桑树,果可食及药用。

李,鲜果生食,核仁可榨油及药用。

枣,为著名的干果,味甜供食用,也可药用。

鼠李,果肉入药,有解热等功效。

柽柳,嫩枝叶入药,有解表透疹之效。

单叶蔓荆,干燥成熟果实供药用,疏散风热,治头痛、眩晕、目痛等。

黄荆及牡荆,根、茎清热止咳,化痰截疟。叶化湿截疟。外用治湿疹、皮炎、脚癣。鲜叶捣烂敷,治虫、蛇咬伤,灭蚊。果实止咳平喘,理气止痛。

木槿,花清热凉血,解毒消肿。根清热解毒,利水消肿,止咳。根皮和茎皮可清热利湿,杀虫止痒。果实称"朝天子",可清肺化痰,解毒止痛。

连翘,有抗菌、强心、利尿、镇吐等药理作用,常用连翘治疗急性风热感冒、痈肿疮毒、淋巴结结核、尿路感染等症,为双黄连口服液、双黄连粉针剂、清热解毒口服液、连草解热口服液、银翘解毒冲剂等中药制剂的主要原料。

紫丁香,叶可入药,味苦,性寒,有清热燥湿的作用。

草麻黄,含多种生物碱,治疗风寒感冒。

滨藜,带苞果实入药称"软蒺藜",祛风明目。

地肤,种子药用,称"地肤子",利水、通淋、除温热;外用治皮癣及阴囊湿疹。

盐角草,全草做利尿剂。

马齿苋,全草入药,味甘、酸、性寒,能清热解毒,利尿通淋、止血、治疗菌痢的功效,还是有开发价值的抗病毒药物。

野大豆,剥、子入药,有强壮、利尿、平肝、敛汗的效用。

田皂角,夏秋采全草,鲜用或晒干。苦涩微寒。能祛风化痰,拔毒生肌,利尿。

艾蒿,健胃,止泻,降血压,缓解神经痛、腰痛和肩膀酸痛,治疗刀伤。

风毛菊,祛风活络,散瘀止痛。

刺儿菜,大、小蓟。均有清热解毒,消炎,止血以及恢复肝功能、促进肝细胞再生的作用。

野蓟,凉血止血、行瘀消肿。

米口袋,春季采收全草入药,煎服主治各种化脓性炎症、痈肿、疔疮(常与蒲公英配用)、高热烦躁、黄疸、肠炎、痢疾等。

萝藦,根入药,治跌打损伤、蛇咬;茎叶治小儿疳积;果实治劳伤,种子绒毛可以止血。秋季采果,夏季采块根及全草,晒干。

打碗花,根状茎:健脾益气,利尿,调经,止带;花:止痛;外用治牙痛。

珊瑚菜,根药用,滋养生津,祛痰,止咳。

野薄荷,辛温,气香。能解表祛风。

二色补血草,根或全草,益气血,散瘀止血。

山苏子,药用价值,发表解暑,温胃润中,行水消肿。

平车前、车前,全草药用,有利尿、清热、明目之功效。

鸭趾草,一年生草本鸭趾草的干燥地上部分清热泻火,解毒,利水。

白刺,果实可药用,味甘酸,性温。有健脾胃,助消化、安神解表、下乳等功能。

苍耳,种子利尿,发汗,茎叶捣烂后涂敷治疥癣、虫咬伤。

问荆,清热利尿、止痛消肿。

木防己,藤可编织,根含淀粉,可酿酒,入药有祛风通络,利尿解毒,降血压的功效。

洋铁酸模,为较常用草药,以根入药,有清热解毒、活血止血、通便杀虫之功效,能治疗多种皮肤病、出血症及各种炎症。

野菊,花、叶入药,杀菌消炎。

狗娃花,根能解毒消肿。用于疮痈肿毒、蛇咬伤。

益母草,具有活血、法瘀、调经、消水的功效。

曼陀罗,叶、花、种子入药,具有镇痉、镇静、镇痛、麻醉的功能。由于曼陀罗花属剧毒,国家限制销售,特需时必经有关医生处方定点控制使用。

罗布麻,以干燥叶入药,具有平抑肝阳、清热、利尿等功效。根有强心镇静作用。近年文献报道,罗布麻治疗高血压、慢性充血性心力衰竭、高脂血症等均有显著疗效,并具有抗过敏、抗癌、抗辐射、延缓衰老等保健功能。

紫花地丁,清热解毒,凉血消肿。外敷治跌打损伤、痈肿、毒蛇咬伤等。

(四)芳香植物资源

香料植物主要有:

白榆,幼叶和嫩果可食,又可榨油及作饲料。内皮作香料,磨面供食用。

玫瑰,花作香料和提取芳香油,用于食品工业。

花椒,鲜果皮、种子、叶为调味香料。

黄栌及其变种毛黄栌叶含芳香油,为调香原料。

蒿类,尤其是茵陈蒿,全草含叶酸、挥发油,花及果实含香豆素;清热利湿,利胆退黄。

野菊,干花及叶含油 $0.1\%\sim0.2\%$,可提芳香油或浸膏,用以调配各种皂用香精。

(五)纤维植物资源

芦苇,北方沿海广布,资源丰富,优良造纸原料。

蓖麻,茎皮含纤维 50%,可作人造棉及造纸原料。

罗布麻,造纸、建筑的好原料,其纤维是纺织工业的高级原料。

萝藦,茎皮纤维可制人造棉。

(六)油脂植物资源

油脂植物既是人们日常生活的必需品,也是重要的工业原料,除食用外,还广泛用于医药、食品、造纸、化工、橡胶塑料等方面。海岸带地区油脂类资源植物相对较少,以大戟科、十字花科和藜科种类相对较多,且多为栽培,常见的有:

红松,种子含油率 70% 左右,榨油供食用。

赤松,种子含油率 39%,榨油可食用。

侧柏,种子榨油可食用。

胡桃,胡桃仁含油率 $60\%\sim75\%$,可作优良的食用油。

榛,种子可食用,榨油或入药。

曼陀罗,种子油可制作肥皂和参合油漆用。

地肤,种子药用,种子含油约 15%,供食用和工业用。

臭椿,南北广布,种子含油约 30%,可作润滑油。

楝树,种仁含油达 40%。

鼠李,种子含油率 26%,可作机械润滑油,茎皮和叶可提取栲胶,树皮和果实可作染料。

蓖麻,各地均有栽培,种子含油可达 50%,工业上应用极广。

海棠果,种子含油 $50\%\sim60\%$。

紫苏,果实含油 40%,名苏子油,可食用,各地均有栽培。

野生油脂植物还有碱蓬、辽宁碱蓬、盐地碱蓬,种子含油 $20\%\sim30\%$,北方沿海重盐土分布很广。翅碱蓬,种子含油量 20% 以上,供食用或制皂、油漆、油墨等用油。

苍耳,南北各地均有分布,耐重盐,种子含油达 44.8%。

(七)饲用植物资源

红松,针叶含丙种维生素,可作饲料。

桑树,叶饲蚕。果可食及药用。

紫藤,叶可作饲料。

花椒,油饼可作肥料及牲畜饲料。

米口袋,可作饲料。

刺儿菜,幼嫩时期羊、猪喜食,牛、马较少采食。

白刺,是一种中等或中低等的饲用植物。

罗布麻,可做燃料和饲料。

翅碱蓬,种子含油量 20% 以上,油渣为良好饲料和肥料。

车前嫩叶可食,有些地区用作饲料;全草与种子都可入药,能利尿、清热、止咳。

海岸带地区生长在重盐土至中盐土的野生饲料种类主要以禾本科、豆科、菊科、藜科居多,主要有:

盐角草、盐地碱蓬,嫩茎、叶可为牛羊饲料;海滨香豌豆,优良牧草;中华补血草、厚藤,嫩茎叶可作猪饲料;蒙古鸦葱,新鲜的或青贮过的绿色茎叶,牛、马、羊、骡、驴等均喜食,也是猪、兔的优质饲草。此外生长在轻盐土的饲料植物种类很多,资源蕴藏量大、质量较好的有:灰绿藜、小藜、苋属,嫩茎叶可作供饲料;草木樨,初花期大部分可利用;马唐属、鹅冠草属、狗尾草属等禾草草质均较柔嫩,尤其在抽穗前更为家畜所喜食。海岸带地区还引种了一些品质优良的耐盐牧草,如紫花苜蓿。

（八）制作生物农药

银杏,叶及外种皮可杀虫。

车前嫩叶可食,有些地区用作饲料;全草与种子都可入药,能利尿、清热、止咳;全草捣烂与肥皂(或与苦楝、菖蒲)配制成农药防治棉蚜或蚜虫有效。7—8 月种子成熟后采收。

银杏的外种皮提取物对苹果炭疽病等 11 种植物病菌的抑制率达 88%～100%。醇提取物对丝棉金尺蠖 3 天内防治率达 100%,同时可防治叶螨、桃蚜、二化螟等害虫。

杠柳皮的浸出液,有杀虫作用。

（九）其他资源植物

除了上述资源植物外,海岸带地区还有一些蜜源植物、观赏植物颇具开发潜力。豆科植物紫穗槐、刺槐、田菁、槐树等均为优良的蜜源植物;锻杏为重要的蜜源植物。此外,还有旱柳、酸枣、打碗花等。刺儿菜为秋季蜜源植物。

问荆,所含沼泽木贼碱,即犬问荆碱,对马有毒,对人无害。其体内可积累金,通过对其组织内金含量的分析,有助于矿藏的勘探。

紫花地丁,叶可制青绿色染料。

观赏植物主要有:补血草可做干花;玫瑰等为庭院观赏花卉;结缕草,可作运动草坪。

（十）有危害的植物

葎草是我国秋季花粉症的致敏植物之一,有花粉过敏史的人一定要远离盛花期的葎草。由于葎草抗逆性较强,常长成较大植株,耗去土地大量水肥,因此,在苗期要及时中耕除草。药物防除可在苗期喷 2,4－D 丁酯或三甲四氯等除草剂。

鸭趾草:是北部各省重要的春季一年生杂草。

问荆:侵入农田不易清除,可成为危害作物生长的草害。

臭椿:因萌生能力极强,可能危害田地。

二、保护

（一）野生种质资源

野大豆:具有许多优良性状,如耐盐碱、抗寒、抗病等,与大豆是近缘种,而大豆是我国主要的油料及粮食作物,故在农业育种上可利用野大豆进一步培育优良的大豆品种。野大豆营养价值高,又是牛、马、羊等各种牲畜喜食的牧草。我国野大豆虽资源丰富,但近年来某些地区由于大规模的开荒、放牧、农田改造、兴修水利以及基本建设等原因,植被破坏严重,致使野大豆自然分布区日益缩减。因此对我国拥有丰富的野大豆种质资源,必须引起应有的重视,并加以保护。

玫瑰主要生长在辽宁省盖州、长海等市县海滨沿海沙地,其面积很小,可固沙防海风,对保护环境起着很大作用,应该加大保护力度,免受破坏。

(二)乔本经济林的保护

乔木经济林在海岸带植被中占有很大的比例,不仅承担着沿海防护林的生态建设任务,还为当地区域经济的发展做出了较大份额的贡献,所以对沿海乔木经济林的保护意义重大。对于以苹果、梨、桃和葡萄等果树为主的经济林,要注意病虫害的防治。其中食叶害虫猖獗的是天幕毛虫、美国白蛾和舞毒蛾等,蛀干害虫主要是天牛和吉丁虫、果实害虫有桃小、苹小和枣小食心虫等。叶部病害有葡萄霜霉病、桃缩叶病、梨(苹)一桧锈病等,干部病害有苹果树腐烂病、桃树流脂病、枣疯病等,果实病害有苹果轮纹病、腐烂病和炭疽病、缩果病等。针对诸多的病虫害,应采取积极的预防和防治措施,控制病虫害的大发生。提倡生物防治和人工物理防治,防止对沿海土壤、流域等环境造成污染。诸如结合果树修剪清除病死枝条、及时刮除腐烂并涂药、喷洒生物农药、适时对苹果套袋、挂频谱灯进行灯诱捕杀、利用性诱剂诱杀等。在桃树大棚保护地内,可考虑释放天敌小蜂防治虫害的发生。

(三)防止有害生物侵入

水葫芦、大米草、紫茎泽兰等封阻湖泊滩涂,严重影响水产品和其他植物生长和航行,已在我国南方造成巨大的经济损失,且仍肆虐而不可控。在本项目中应密切关注萌蘖能力极强的火炬树,以防其对沿海土地造成侵害。海岸带是水陆交界处,特殊的地理位置,以及近年港口货物吞吐量的激增,极易造成有害生物入侵。如美国白蛾是 20 世纪 70 年代初通过丹东进入辽宁省的,此泊来物已在辽宁省 12 个市危害,由于没有天敌、产卵量大、食性杂,可危害百余种林木和作物,树木叶片可被全部吃光。另有初步研究表明一种迹象,即有可能有的害虫对乡土树种,不构成威胁,而对喜食的外来树种造成严重危害。如白蜡属窄吉丁,对乡土的花曲柳和水曲柳等不危害或危害轻,而对引进的美国白蜡、绒毛白蜡等却危害严重。这两种白蜡是近年盘锦等沿海各市防护林和农田林网的主栽树种,并有大力发展之势,调查表明,该虫已造成盘山林场、沈阳榆树屯苗圃、锦州城建某苗圃等几十公顷白蜡树被砍,致使 20 世纪 70 年代时沈阳全市的白蜡被伐光,近年沈阳彩塔街等直径十几厘米的白蜡树已被危害殆尽并相继伐除。现省内有大量引种的势头,应引起相关部门的高度重视。造成这些外来物种成功入侵的主要原因是,缺乏国家生态安全防范意识,缺乏综合性的利益与风险评估体系等。而一旦外来生物入侵成功,要彻底根除极为困难,且用于控制蔓延的代价极大。据统计,我国几种主要外来入侵物种造成的经济损失,一年内高达 574 亿元。

(四)加强沿海天然林资源保护和公益林保护

继续加强对天然林资源的保护,坚持宜封则封。继续实施分类经营,使各种防护林(沿海防护林、水源涵养林、三北防护林、防风固沙林、水土保持林等)得到保护,真正使防护林发挥更大的生态防护功能。

（五）调整林分结构，营建健康森林

本项调研表明，沿海各市森林资源由于纯林多、混交林少，应通过经营和改造逐步加大混交林比例，将单层林改造为复层林，增加林分的稳定性。针对中幼林多、成过熟林少现状，要加强中幼林抚育管理，避免病虫害的大发生，使其安全健康生长至成熟林。采取卫生伐，及时清除过熟林中的病死木，铲除病虫源。保护好海岸带绿化成果。

第七章　海岛植被资源

第一节　植被分布

一、植被分布与生境条件

（一）东港市海岛植被分布

表 7.1 统计了东港市部分海岛植被的覆盖率，从分布面积来看，东港市海岛的主要植被类型是常绿针叶林、落叶阔叶林、稀树草丛和农作物群落。灌草丛、草丛是较为常见的植被类型。

表 7.1　东港市部分海岛植被覆盖率

海岛	自然植被						人工植被	
	常绿针叶林	落叶阔叶林	落叶灌丛	草丛	灌草丛	稀树草丛	防护林	农作物群落
大鹿岛	38.8%	34.8%		0.2%				0.7%
獐岛	22.1%		12.8%	7.1%	7.2%	21.2%		
小岛		5.4%		1.1%		1.2%	3.7%	56.8%
灯塔山		16.9%		43.0%				
半拉坨子					38.8%			
香炉坨子				51.4%				
迎门坨子		19.1%	34.4%					
圆山岛						68.3%		
酥坨子				49.1%				
鳝鱼岛		74.4%		6.5%				
蝲坨子				55.3%				
大孤坨子						63.9%		
大狉虎坨子				73.8%				
盐锅坨子		36.6%		13.5%				
北坨子		50.4%		40.7%				
西坨子				85.3%				

常绿针叶林在大鹿岛和獐岛有大面积分布，主要为针阔叶混交林。落叶阔叶林主要分布在大鹿岛，迎门坨子也有小片分布。

獐岛有大面积落叶灌丛分布。在一些面积较小的岛如灯塔山、迎门坨子、大坨子、三坨子等,落叶灌丛是主要植被类型之一。

草丛分布普遍,是一些岛礁的主要植被类型,如灯塔山、大坨子、三坨子、香炉坨子、酥坨子、大犴虎坨子、蜊坨子等。灌草丛在獐岛、半拉坨子有较大面积分布。稀树草丛是獐岛、圆山岛、大坨子以及大孤坨子的主要植被类型,分布面积大,主要的乔木是黑松和一些阔叶树种,乔木稀疏。

农作物群落主要分布在小岛,小岛农田面积为 105.2 hm²,占海岛面积的 56.8%。

一些岛礁由于面积过小、地形或陆连开发利用的原则,没有植被覆盖或仅有零星植物生长,包括鹰咀石礁、歪坨子、花坨子、小犴虎坨子等。

大鹿岛面积 350.0 hm²,植被覆盖面积 277.0 hm²,覆盖率为 79.2%,主要植被类型有常绿针叶林、落叶阔叶林、草丛和农作物群落,以针叶林和阔叶林为主,两者覆盖率分别为 43.0% 和 35.2%。整体而言,大鹿岛森林覆盖率高,针阔叶林林相整齐,分布连续,群落结构稳定。常绿针叶林主要是黑松—麻栎混交林,面积 150.6 hm²,群落总盖度可达 5 级,主要分布在海岛北部和东部,山脊处黑松比例较高,高程越低,麻栎比例越高。林下灌木层不发达,草本层繁盛,主要是杂草草丛,草本植物优势不明显。落叶阔叶林主要是麻栎林和刺槐林,以麻栎林为主,总面积为 123.1 hm²。麻栎林与黑松、麻栎混交林相接,分布在高程较低处,群落总盖度可达 5 级。麻栎林林下灌木层较发达,主要为胡枝子灌丛和麻栎萌发的幼树层,有黄榆、胡枝子等灌木种。刺槐林小片斑块状分布,多位于居民区附近。草丛面积较小,在林缘和居住区周围零散分布。农作物群落面积仅 2.6 hm²,以玉米田为主,分布在海岛中南侧居住区内。

(二)庄河市海岛植被分布

庄河市海岛的主要植被类型是常绿针叶林、落叶阔叶林、草丛和农作物群落。由于石城岛是庄河市面积最大的海岛,且以农田为主,因此,从分布面积来看,农作物群落是面积最大的植被类型。从常见度来看,草丛和常绿针叶林是海岛较为常见的植被类型,庄河市部分海岛植被覆盖情况见表 7.2。

常绿针叶林在石城岛、大王家镇诸岛和蛤蜊岛等面积较大的海岛分布,为针叶林或针阔叶混交林。

落叶阔叶林在石城岛、大王家岛、寿龙岛、小王家岛和蛤蜊岛等有居民海岛有分布。

大王家岛有大面积灌丛分布。落叶灌丛是坛坨子、蛤蜊二岛、小王家岛等海岛的主要植被类型。

草丛分布普遍,是一些岛礁的主要植被类型,如草坨子、东南坨子、棺材坨子、灰菜坨子、井坨子等远岸海岛和头坨子、花坨子、马蜂岛、老金坨、尖大坨等沿岸海岛。灌草丛在草坨子、坛坨子、元宝坨子、南岛、小孤坨子、城子山可见。稀树草丛在二坨子和寿龙岛分布面积较大。

庄河市部分海岛种植了防护林,如南岛、干岛、大王家岛和元宝坨子,干岛和大王家岛种植了杨树防护林;元宝坨子种植了小片银杏林;南岛种植了针阔叶混林。

农作物群落主要分布在石城岛,大王家岛、寿龙岛也有农田分布。

庄河市无植被覆盖或仅有零星矮灌、多年生草本生长的岛礁数量较多,约占庄河海岛数量的 1/3,多为沿岸小型岛礁,如狗岛、观音壁、莺窝角、家雀山、五块石等。

石城岛面积 2634.9 hm²,自然植被覆盖面积 599.1 hm²,覆盖率为 22.7%,主要植被类型有常绿针叶林、落叶阔叶林和草丛,常绿针叶林覆盖率最大为 14.1%;人工植被覆盖面积

表 7.2　庄河市部分海岛植被覆盖率

海岛	自然植被							人工植被	
	常绿针叶林	落叶阔叶林	落叶灌丛	草丛	灌草丛	稀树草丛	水生与沼生植被	防护林	农作物群落
大王家岛	30.6%	19.7%	3.5%	2.4%			0.4%	0.2%	7.0%
蛤蜊岛	34.2%	31.2%	19.4%	2.0%					
蛤蜊二岛		52.8%							
棺材坨子				50.1%					
石城岛	14.1%	6.1%	0.1%	0.8%	0.8%	0.9%			60.5%
徐坨子				58.6%					
庄二坨子					37.3%				
老金坨				27.7%					
团坨子					11.4%				
张大坨					48.0%				
千岛		21.8						66.7%	
城子山					57.8%				
大岛				23.1%					
尖大坨				62.4%					
尖二坨					35.9%				
西单坨				46.3%					

1594.5 hm². 覆盖率为 60.5%。农作物群落是石城岛面积最大的植被类型。总体来看,石城岛森林覆盖率较低,是典型的农田景观海岛。

常绿针叶林主要是黑松林、黑松赤松混林、黑松、麻栎林等,总面积 372.8 hm²,群落总盖度可达 4 级,主要分布在石城山高程 50 m 以上的坡地处。与上一次海岛调查结果相比,石城岛赤松分布面积减少,黑松林、黑松、麻栎林面积扩大。

落叶阔叶林主要是麻栎林和刺槐林,总面积 159.4 hm²,群落总盖度可达 4 级,主要分布在较针叶林低的坡地,与针叶林、针阔叶混交林相接。刺槐林在农田中、村边有小片分布。落叶灌丛主要有崖椒灌丛、紫荆灌丛,分布在山脊向阳坡或林边,总面积为 1.6 hm²,分布面积小。

草丛分草丛、灌草丛和稀树草丛三种类型,但面积均很小,零星分布。其中,草丛面积约 21.7 hm²,主要是禾草杂草草丛,分布在林缘、居民地和农田附近;灌草丛面积约 19.9 hm²,主要分布在林缘、林间多砾石的山坡;稀树草丛面积最大,约 23.7 hm²,主要分布在林缘坡地,有黑松稀树草丛和赤松稀树草丛。

旱地农作物群落是石城岛面积最大的群落类型,总面积 1594.5 hm²,全岛宜农土地基本全部利用。主要农作物为玉米,仅有部分地块种植蔬菜和板栗。

(三)长海县植被分布

长海县海岛的主要植被类型是常绿针叶林和较小的农作物群落。从图 7.1 中可以看出,长海县各植被类型在海岛出现的频次,草丛最多,频率达 71.1%;其次为常绿针叶林,出现频率为 57.6%;然后依次为落叶灌丛、落叶阔叶林、农作物群落、稀树草丛等。从各植被类型面积来看,常绿针叶林为最主要类型,占植被覆盖总面积的 58%,其次为农作物群落,占 24%;然后依次为落叶阔叶林、草丛和落叶灌丛。因此,常绿针叶林和农作物群落是长海县的主要植被类型,草丛、落叶灌丛和落叶阔叶林则为常见类型。水生植被、防护林、果园和灌草丛是长海县稀见的植被类型。

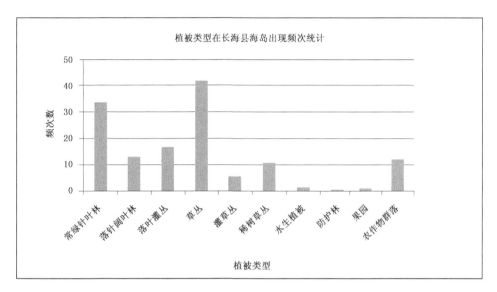

图 7.1　长海县海岛植被类型频次统计图

由表 7.3 可以看出:常绿针叶林在长海县 29 个海岛均有分布,是面积较大海岛的主要植被类型,如大长山岛、小长山岛、广鹿岛、獐子岛、海洋岛、乌蟒岛等。大岛周围面积相对较大的岛礁也多有针叶林分布,如海洋岛北部的北坨子,小长山岛附近的波螺坨子、核大坨子等,格仙岛附近的格大坨子,塞里岛附近的塞北坨子和塞大坨子。长海县针叶林类型主要是黑松林和针阔叶混交林。

落叶阔叶林分布范围较常绿针叶林小,仅在面积较大的海岛有分布,如大长山岛、小长山岛、獐子岛、大耗子岛、乌蟒岛等 13 个海岛。落叶阔叶林主要有刺槐林、麻栎林、榆树林、杂木林等。

落叶灌丛是一些面积较小海岛的主要植被类型,如菜坨子、葫芦岛、蚆巴坨子。大岛的林缘、海岸陡坡也是落叶灌丛较常见的区域。落叶灌丛主要有崖椒灌丛、胡枝子灌丛、紫穗槐灌丛等。

草丛分布普遍,但仅是一些岛礁的主要植被类型,如霸王盔岛、矾坨子、伏牛坨子、南坨子等以草丛为主要植被类型;灌草丛是东钟楼、小楼岛等岛的主要植被类型;塞小坨子、螺头石等岛的植被类型为稀树草丛。

农作物群落在各有居民海岛均有分布,广鹿岛农作物群落面积稍大,其次为小长山岛和大长山岛,面积都较少。

表 7.3　长海县部分海岛植被覆盖率

海岛	自然植被						
	常绿针叶林	落叶阔叶林	落叶灌丛	草丛	灌草丛	稀树草丛	水生植被
蚆蛸岛	57.6%	23.8%		1.8%			
北坨子	40.8%			48.8%			
波螺坨子	45.4%			28.3%			
大长山岛	48.3%	2.7%	0.9%	3.2%		0.4%	0.6%
大耗子岛	37.5%	43.8%	6.0%	2.7%			
东褡裢岛	55.6%	15.6%					
东钟楼岛					63.2%		
矾坨子				71.8%			
伏牛坨子				17.9%			
格大坨子	39.9%			16.0			
格仙岛	32.9%	5.2%	0.3%	0.5%		3.1%	1.5%
瓜皮岛	30.9%		6.3%				
广鹿岛	32.2%		2.9%	0.1%			
广鹿山	43.4%					39.8%	
哈仙岛	56.1%	6.3%	2.3%	1.2%		0.3%	
海洋岛	65.9%	10.3%	0.7%	5.7%	0.3%	0.4%	
核大坨子	56.2%			30.8%			
核二坨子	80.5%						
核三坨子	52.3%			35.4%			
洪子东岛	6.3%					10.0%	
葫芦岛	20.5%		30.0%	3.6%	23.7%		
塞北坨子	73.6%						
塞大坨子	15.2%			41.8%		30.4%	
塞里岛	54.7%	12.7%	2.7%	2.4%			
塞小坨子						66.2%	
砂珠坨子	44.2%			29.2%			
乌蟒岛	28.7%	21.3%	20.9%	10.2%			
西褡裢岛	46.1%	19.5%	0.7%				
西钟楼	39.3%			31.3%			
小长山岛	31.2%	13.4%	1.3%	4.1%		0.5%	
小耗子岛	51.5%	19.2%	1.6%	4.5%			
小楼岛					73.1%		
小波螺坨子	84.3%			5.9%			
英大坨子					79.1%		
英二坨子					53.1%		
英三坨子				40.9%			
獐子岛	54.8%	9.7%					

水生和沼生植被主要分布在海岛水库、季节性湖泊等处，有芦苇群落和鸡头米群落，但较为少见，是稀见植被类型，仅在大长山岛、格仙岛发现。

木本栽培植被，包括防护林和果园面积很小，是稀见植被类型，在大长山岛可见。

长海县无植被覆盖或仅有零星矮灌、多年生草本生长的岛礁数量较多，约占海岛总数1/3，多为小型岛礁，如东帮坨子、干坨子、海狗礁、狮子石、五虎石等。

大长山岛面积 2488.9 hm²，自然植被覆盖面积 1395.7 hm²，覆盖率为 56.1%，植被类型多样，有常绿针叶林、落叶阔叶林、落叶灌丛、草丛和水生植被，针叶林覆盖率最高，达 48.3%；人工植被覆盖面积 326.8 hm²，覆盖率为 13.1%。整体而言，大长山岛森林覆盖率较高，针阔叶林林相整齐，分布连续，群落结构较稳定。

常绿针叶林主要是黑松林、黑松，麻栎林混交林、黑松，刺槐混交林、黑松，栓皮栎林等，总面积 1201.2 hm²。群落总盖度可达 4～5 级，主要分布在海岛西部及东部山区，山脊处黑松比例较高，高程越低，阔叶林比例越高。黑松林林下灌木层不发达，多为黑松幼树，草本层较繁盛，主要是禾草杂草草丛，草本植物优势不明显。黑松麻栎林分布最广，且面积较大，林下有灌木层发育，草本视不同地势盖度有所区别。黑松栓皮栎林仅在海岛最西端大顶子山有分布，林间杂有麻栎林。黑松刺槐林分布高程较低，主要分布在海岛中东部的高丽城山、西海屯北部山坡及居民区附近山坡，林下多为杂草草丛。

落叶阔叶林为麻栎林、刺槐林，槲树林和杂木林，总面积 67.7 hm²。麻栎林与黑松—麻栎林相接，分布在高程较低处，群落总盖度可达 5 级。槲树林小片分布在山谷坡地。刺槐林在海岛中部和东部有大片分布，位于居民区附近或山谷冲沟处。

落叶灌丛分布较少，仅在林间、海边陡坡处可见，面积 22.2 hm²，主要有崖椒灌丛。

草丛分草丛和稀树草丛两种类型，草丛面积 79.8 hm²，分布在林缘、田边等，有茵陈蒿草丛、禾草杂草丛等；稀树草丛为黑松稀树草丛和刺槐稀树草丛，面积 10.2 hm²，分布海岸附近的山坡或居民区附近的平地。

大长山岛的水库、池塘多形成水生植被和沼生植被，主要分布在莲花泡、小泡子旁边。水生和沼生植被总面积 14.6 hm²，为芦苇群落和鸡头米群落。

大长山岛的人工植被类型有农作物群落、果园和防护林。农作物群落面积仅 266.6 hm²，主要的农作物种为玉米，分布在海岛中南侧居住区内。果园面积约 57.0 hm²，果树有桃、梨、板栗等。防护林面积 2.8 hm²。

（四）普兰店市海岛植被分布

普兰店市海岛数量较少，且均为沿岸海岛，各岛植被覆盖情况见表7.4。

表 7.4 普兰店市部分海岛植被覆盖率

海岛	落叶阔叶林	落叶灌丛	草丛	防护林	农作物群落
蚂蚁岛	0	82.3%	0	0	0
韭菜坨子	0	50.8%	0	0	0
平岛	11.0%	0	0	6.5%	48.9%
干岛					60.5%
礁岛			20.0%		

平岛面积 81.6 hm²,自然植被覆盖面积 9.0 hm²,覆盖率为 11.0%,植被类型为落叶阔叶林;人工植被覆盖面积 45.2 hm²,覆盖率为 55.4%。农作物群落是平岛的主要植被类型。整体而言,平岛自然植被覆盖率不高,海岛以农田景观为主。

落叶阔叶林主要是刺槐林,总面积为 9.0 hm²,分布往南北海岸向路的平地。

平岛的人工植被包括防护林和农作物群落,面积分布为 5.3 hm² 和 39.9 hm²。防护林为侧柏防护林,分布在海岛东部。农作物主要为玉米,在平岛大面积分布。

（五）大连市区海岛植被分布

从分布面积来看,大连市海岛的主要植被类型是草丛、落叶灌丛和针叶林。从常见度来看,灌草丛、草丛是较为常见的植被类型(见表 7.5)。

表 7.5 大连市部分海岛植被覆盖率

海岛	自然植被					
	常绿针叶林	落叶阔叶林	落叶灌丛	草丛	灌草丛	稀树草丛
鞍子山				79.6%		
棒棰岛						66.6%
大三山岛	13.7%	26.6%	36.5%	8.7%		
东大连岛	59.5%					
东蚂蚁岛			9.1%	85.7%		
范家坨子			40.6%		44.2%	
海猫岛				92.7%		
黑岛			4.9%			
湖平岛		16.3%		76.8%		
空坨子				83.4%		
老偏岛					50.5%	
蛇岛		89.3%				
西大连岛	27.5%					52.1%
西大坨子				53.4%		
西蚂蚁岛			15.5%	66.8%		
猪岛		21.3%		69.4%		
干岛子	44.9%					32.0%
长岛子	9.1%				21.2%	
簸箕岛	10.6%		41.4%		15.6%	
前大连岛		38.9%		30.6%		
后大连岛		23.9%		9.5%		

常绿针叶林是大三山岛、东大连岛、西大连岛和干岛子的主要植被类型。另外,针叶林在长岛子和簸箕岛也有较大面积分布。

落叶阔叶林仅分布在湖平岛、蛇岛、猪岛以及前大连岛和后大连岛。

落叶灌丛是大三山岛、范家坨子、汉坨子、鹿岛、小三山岛、簸箕岛的主要植被类型,在大坨子、东蚂蚁岛、西蚂蚁岛、黑岛等海岛,也有较大面积分布。

草丛分布普遍,在一些岛礁是主要植被类型,如韭菜坨子、西坨子、草坨子、牤牛岛、三坨子、四坨子、荒坨子、盒坨子、鞍子山等。灌草丛是大坨子、海猫岛、老偏岛、南坨子、里双坨等海岛的主要植被类型。稀树草丛是双岛、西大连岛和马坨子的主要植被类型,常见的乔木种是黑松。

农作物群落主要分布在有居民海岛,包括黑岛、长岛子、干岛子、簸箕岛和后大连岛。

大连市无植被覆盖或仅有植物零星生长的岛礁数量较多,约占大连市海岛数量的1/4,多为沿岸小型岛礁,如石坨子、大黄礁、小黄礁、悬坛、排石等。

西蚂蚁岛面积 104.8 hm²,植被覆盖面积 86.2 hm²,覆盖率为 82.2%,植被类型为灌丛和草丛,覆盖率分别为 15.5% 和 66.8%。该岛为有居民海岛,曾经以农田景观为主,目前岛上已没有农田,而是以退耕还林、还草后的次生自然景观为主。西蚂蚁岛上的灌丛主要是人工栽种的侧柏、刺槐以及自然萌发的紫穗槐、崖椒等。草丛以禾草草丛为主。

东蚂蚁岛面积 87.1 hm²,植被类型为落叶灌丛和草丛,覆盖面积 82.5 hm²,覆盖率为94.8%。东蚂蚁岛灌丛主要分布在海岛南坡面,酸枣灌丛为主,盖度 3 级。草丛为杂草草丛,以禾草为主,盖度 3 级。东蚂蚁岛自然植被覆盖率高,但以草丛为主,且盖度较低,因此,植被脆弱,需加强管理和保护。

（六）瓦房店市海岛植被分布

从分布面积来看,瓦房店市海岛的主要植被类型是农作物群落、常绿针叶林、落叶阔叶林和草丛。从常见度来看,草丛和农作物群落是较为常见的植被类型。

常绿针叶林在家雀岛、西中岛、凤鸣岛和长兴岛这些面积较大的有居民海岛有大面积分布,且为主要植被类型之一。

落叶阔叶林分布海岛与常绿针叶林的分布相似,除长兴岛、西中岛、凤鸣岛、家雀岛外,在鲁坨子也有分布见表 7.6。

表 7.6　瓦房店市部分海岛植被覆盖率

海岛	自然植被						人工植被
	常绿针叶林	落叶阔叶林	落叶灌丛	草丛	灌草丛	稀树草丛	农作物群落
打连岛子				84.7%			
家雀岛	29.4%	7.3%		0.9%			55.2
交流岛			18.3%	1.2%			75.1
看牛坨子					55.7%		
鲁坨子		72.6%		11.5%			
马家坨			52.8%	1.7%			
苇连坨子				79.9%			
线麻坨子				57.4%			
小平岛			8.1%				60.2
于家坨子			56.6%				
西中岛	11.9%	7.9%	15.2%	9.8%	3.0%	8.6%	44.0
凤鸣岛	22.4%	12.0%	8.3%	6.1%	0.5%	0.9%	50.2
长兴岛	14.4%	10.55%	5.8%	11.2%	1.9%	0.4%	44.2

　　落叶灌丛见于面积较大的有居民海岛,同时也见于面积不大的岛坨上,如好坨子、马坨子和于家坨子。

　　草丛分布普遍,在一些岛礁是主要植被类型,如打连岛子、地留星、苇连坨子、温坨子、线麻坨子等。灌草丛是看牛坨子的主要植被类型,在西中岛、凤鸣岛、长兴岛和兔岛可见。稀树草丛在西中岛、凤鸣岛和长兴岛可见。

　　农作物群落是瓦房店市的主要植被类型,分布在各有居民海岛,包括长兴岛、西中岛、凤鸣岛、家雀岛、交流岛以及小平岛。

　　在长兴岛、西中岛和凤鸣岛有小面积的果园分布。

　　瓦房店市无植被覆盖或仅有植物零星生长的岛礁数量不多,约占瓦房店市海岛数量的1/4,多为小型岛礁,如南双坨子、平礁、大石块礁、九家坨子等。

　　长兴岛面积 21911.0 hm²,自然植被覆盖面积 9045.3 hm²,覆盖率为 41.30%,主要植被类型有常绿针叶林、落叶阔叶林和草丛,覆盖率分别为 11.4%、10.5% 和 11.2%。常绿针叶林主要是油松林和油松刺槐混交林,以混交林为主,面积 2507.6 hm²,群落总盖度 3~5 级,主要分布在海岛西侧的横山一带,林下草本层较繁盛,主要是隐子草和禾草草丛。落叶阔叶林以刺槐林为主,总面积为 2310.7 hm²,分布在横山、老马山及田间,伴生有杨树、柞树、榆树和柳树等。落叶灌丛主要分布在海岛东部老马山和西部的滨岸山坡,有酸枣灌丛、胡枝子灌丛、紫穗槐灌丛等,总面积 1268.8 hm²。草丛面积较大,在向阳坡地、多石砾山坡均为草丛,有百里香草丛、隐子草草丛等。有一定面积灌草丛和稀树草丛,如酸枣灌草丛、栎树稀树草丛等。长兴岛是辽宁省第一大岛,岛上有多种果树栽培,如山楂、枣、樱桃、桃、梨、栗、无花果等,果园面积约 217.7 hm²。农作物有玉米、小麦、红薯等,面积 9981.1 hm²,是海岛面积最大的植被类型。

　　(七)锦州市海岛植被分布

　　大笔架山面积 16.0 hm²,植被覆盖面积 7.6 hm²,覆盖率 47.2%。植被类型为落叶阔叶林和灌丛,覆盖率分别为 38.6% 和 8.6%。落叶阔叶林为刺槐林,分布在海岛北部较平缓的坡地,落叶灌丛为叶底珠灌丛,在海岛南部分布。

表 7.7　锦州市大笔架山岛和小笔架山岛植被覆盖率

植被类型	落叶阔叶林	落叶灌丛	灌草丛	自然植被覆盖
小笔架山			99.9%	99.9%
大笔架山	38.6%	8.6%		47.2%

　　(八)葫芦岛市海岛植被分布

　　葫芦岛市海岛较少,以菊花岛面积最大。从分布面积来看,葫芦岛市海岛的主要植被类型是农作物群落、常绿针叶林和落叶阔叶林。从常见度来看,灌草丛是最为常见的植被类型。

　　常绿针叶林仅见于菊花岛;落叶阔叶林除在菊花岛分布外,在磨盘山岛也有分布。

　　落叶灌丛是张家山岛的主要植被类型,在菊花岛也有一定面积分布。

　　灌草丛分布最为普遍,是磨盘山岛、小海山岛、杨家山岛和张家山岛的主要植被类型;稀树草丛见于磨盘山岛;草丛是龟山岛的主要植被类型。

　　农作物群落主要分布在菊花岛,是面积最大的植被类型。

　　磨盘山岛有较为典型的沙生植被分布。

表 7.8 葫芦岛市部分海岛植被覆盖率

海岛	常绿针叶林	落叶阔叶林	落叶灌丛	草丛	灌草丛	稀树草丛	农作物群落
龟山岛				35.7%			
磨盘山岛		13.7%			44.5%	21.0%	
小海山岛					78.0%		
杨家山岛					99.1%		
张家山岛			65.1%		34.8%		
菊花岛	23.8%	21.5%	6.9%	2.8%	4.6%		28.6%

　　葫芦岛市无植被覆盖或仅有植物零星生长的岛礁数量较多,约占葫芦岛市海岛数量的1/2,多为微型岛礁,如小猫岩、观台子石礁、靶场礁、争嘴石礁等。

　　菊花岛面积 1124.8 hm²,自然植被覆盖面积 671.3 hm²,覆盖率为 59.7%,植被类型有常绿针叶林、落叶阔叶林、落叶灌丛和草丛,针叶林和阔叶林覆盖率最高,分别为 23.8% 和 21.5%;人工植被覆盖面积 321.9 hm²,覆盖率为 28.6%。整体而言,菊花岛森林覆盖率较高,针阔叶林林相整齐,分布连续,群落结构较为稳定。常绿针叶林主要是油松林、油松刺槐林,以油松纯林为主,总面积 268.0 hm²。群落总盖度可达 4~5 级。林下灌草不发达,仅稀疏草本生长,如黄背草、野古草等。落叶阔叶林为刺槐林,总面积 241.7 hm²,分布在平缓低地。灌木层不发达,草本层发达,群落总盖度可达 5 级。落叶灌丛包括崖椒灌丛、荆条灌丛,以荆条灌丛为主,面积 77.4 hm²,在林缘坡地和海边山坡处分布。草丛包括草丛和灌草丛两种,分布面积较小。其中,草丛分布在海岸坡地,面积 79.8 hm²,灌草丛多分布在林缘,面积 52.2 hm²。菊花岛的人工植被类型为农作物群落。主要的农作物种为玉米,分布在海岛居民区附近的平地。

二、植被分布特征

(一)植被的水平分布特点

　　海岛森林植被类型主要有针叶林、针阔叶混交林和落叶阔叶林,它们大部分均是次生林,是人类为保护海岛,绿化环境而进行的植树造林。在乡级本岛和个别生态岛,森林植被类型较多,林相齐整。在无人类活动的岛坨则以草丛和灌草丛为主。

　　辽宁省海岛南北跨纬度 2°16′24″,东西占经度 3°58′41″,由于气温、降水等地域差异,针叶树树种有所不同。北黄海各岛屿针叶林以黑松及由黑松组成的针阔叶混交林为主。辽东湾岛屿针叶林以油松及其组成的针阔叶混交林为主。赤松林仅分布在獐子岛、石城岛和王家岛等海岛。由于赤松抗病力弱,已逐渐被黑松代替。辽东湾岛屿上无赤松林分布。

　　在落叶阔叶林树种的组成上,其差异也很明显,除共有的刺槐林外,北黄海岛屿,阔叶林由栎属的多种树种组成,辽东湾海岛上则很少。此外,獐子岛尚有水曲柳(Fraxinus mandshuri-ca)分布。蛇岛由于其特殊生态环境条件,分布有栾树矮林和黄榆矮林。

　　北黄海岛屿的灌丛以崖椒灌丛、紫穗槐灌丛和胡枝子灌丛为主,辽东湾则以酸枣灌丛居优。荆条灌丛只在菊花岛上有大面积分布。在西蚂蚁岛、青坨子、鸭蛋坨子、沙坨子、湖平岛、猪岛、烧饼岛、阎家山、张家山、磨盘山等岛坨植被类型,为酸枣灌草丛或禾草草丛。

　　在少量滨海低滩地区,因海水浸渍,土壤含盐量高,形成以小獐茅为主的盐生草甸和一年生的盐地碱莲群落类型,高滩地则见有砂钻苔草和肾叶打碗花群落。水塘边或局部低洼处因积水过多,分布有芦苇沼泽植被,但面积极小。

(二)植被的垂直分布特点

植被的垂直分布是山地植被随着海拔高度的上升,自然更替着不同的植被带。辽宁海岛最高海拔仅为 373 m(海洋岛),地貌类型属低山丘陵,严格说来不能形成植被的垂直分布。这里指的植被垂直分布规律限指海岛人民根据植物生态特征和常年栽植经验,在丘陵顶部选择针叶树种组成的针叶林,即北黄海岛屿为黑松,少数岛屿为赤松,辽东湾岛屿为油松;在中部和下部是针叶树或针阔混交林组成的植被类型:在沟谷地带则选择刺槐林或由多种落叶阔叶树种组成的落叶阔叶林。乌蟒岛植被的垂直分布即是这一例证。

(三)不同小生境植被的分布规律

海岛地貌大都为低山丘陵,以山体各部位为标志可分为山脊生境、沟谷生境、阳坡生境、阴坡生境。植被类型分布也随小生境的不同而有所差异。

山丘顶部,由于风大、气温低、土层薄,土质含砾石或砂粒较多,通常为禾草或杂类草覆盖,并随生境差异而不同。乌蟒岛北 4 km 处的菜坨子,海拔高 76.8 m,属无人坨,丘顶西部土层薄,有岩石裸露。植株生长矮小,高仅 30 cm,有隐子草、百里香及少量灰白杜鹃(Rhododendron micranthzim),丘顶东部土层厚,植株生长茂密,高达 1.5 m,以大油芒、拂子茅为主。

沟谷中地下水位较高,有机质含量丰富,植株生活力强。林下草本植物茂密。蛇岛最高海拔 216.9 m,为单面山。共有 6 条冲沟,沟口超过海面 20～30 m。植物群落在各冲沟中分布情况差异甚大。例如栾树分布在第 2 条冲沟东南坡 180 m 处及第 5 条冲沟东坡边缘 100 m 处。在陡峭西南坡可形成纯林。黄榆集中分布在第 6 条沟海拔 50 m 以上的东北坡和主峰附近的整个北坡山脊。中井隐子草和芦苇群丛分布在第 2 条冲沟海拔 70 m 以下的区域。

阳坡生境中光照长、温度高、湿度小、温差大,喜阳的乔、灌木树种黑松、赤松、油松、麻栎、青檀(Pteroceltis tatarinowii)、栾树等在适宜条件下均可郁闭成林。例如蛇岛第 2 沟海拔 180 m 坡向东,坡度 350 处形成的栾树、小叶朴群丛乔木层,总盖度达 70%。海州常山灌丛在石城岛石城山西南坡生长茂盛。

阴坡生境恰与阳坡相反,森林植被常为杂木林。小长山乡大坨子是"长海海洋自然保护区",坨子海拔高 63.6 m,最上部为撩荒地,杂草丛生;中部为黑松林;下部为落叶阔叶杂木林,阴暗潮湿。加上无人干扰,紫椴高约 10 m,叶宽 15～20 cm,灌木崖椒长成乔木状,高约 4 m。

第二节　植被资源的变化趋势分析

经过对比历史(1996 年)和本次海岛调查的海岛植被类型、分布和面积数据,得出以下两个植物和植被资源的变化趋势,一是各岛主要植被类型群落稳定;二是人类活动导致的植被和植物资源的变化明显,尤其体现在有居民海岛城镇化过程中使植被覆盖转变为建设用地。

一、海岛主要植被类型群落稳定

总的来说,海岛自然植被主要类型群落稳定。从面积较大的海岛来看,海岛的主要植被类型未发生明显变化,如长海县面积较大的岛以黑松林、黑松、麻栎林和黑松—榆树林为主要植被类型,且覆盖面积保持平稳。如表 7.9 为 1996 年和 2005 年大长山岛植被覆盖情况,可以看出,大长山岛森林覆盖为针阔叶林基本保持不变;獐子岛森林覆盖率也基本保持不变。人鹿岛仍以较高海拔的针叶林和中等海拔的阔叶林为主要植被类型,獐岛则有更多草丛、稀树草丛景观。从主要植被类型的群落结构来看,针阔叶混交林较多,且阔叶树比例较大,林下萌发的黑松幼树、槲树幼树、麻栎幼树较多,群落结构稳定。

面积较小的无居民岛屿,由于受人类影响较少,植被类型也无明显变化,群落缓慢发育。如坛坨子仍以草丛、灌草丛和灌丛为主要植被类型,灌丛缓慢发育。

二、海岛植被转变为建设用地趋势明显

随着海岛社会经济的发展和城镇化的进程,有居民海岛土地需求增加,植被向建设用地变化明显,尤其是在县级海岛、乡镇级海岛。以县级海岛大长山岛和乡级海岛獐子岛为例说明这一变化趋势。

（一）大长山岛

表7.9统计出1996年和2005年大长山岛植被分布变化情况。除去针叶林和阔叶林界定所产生的分布变化外,可以看出建设用地扩大最为明显,变化比例占海岛面积的16.7%,主要集中在岛屿中部大长山镇商业、文化中心,另外,在岛屿东、西部分别有较为集中的建设用地的扩大,如菜园村、前炉屯、北庙等地。

表7.9　1996年和2005年大长山岛植被覆盖情况对比

植被类型	1996年		2005年		植被覆盖变化比例
	面积(m²)	覆盖率	面积(m²)	覆盖率	
常绿针叶林	9958283	40.0%	12012480	48.3%	+8.3%
落叶阔叶林	3191445	12.8%	677030	2.7%	−10.1%
落叶灌丛	86388	0.3%	221635	0.9%	0.6%
草丛	1270885	5.1%	798228	3.2%	−1.9%
灌草丛	180970	0.7%			
稀树草丛	1658507	6.7%	101592	0.4%	−6.3%
水生和沼生植被	18842	0.1%	145890	0.6%	+0.5%
防护林			28254	0.1%	+0.1%
果园	959199	3.9%	574064	2.3%	−1.6%
农作物群落	4053668	16.3%	2665844	10.7%	−5.6%
建设用地	3521354	14.1%	7664074	30.8%	+16.7%

（二）獐子岛

表7.10统计出1996年和2005年獐子岛植被覆盖情况,可以看出,獐子岛森林覆盖变化幅度最大的就是建设用地,增加建设用地面积占海岛面积18.8%。建设用地扩大和农作物群落减少最为明显,主要集中在獐子岛镇、西洋、东邦、杨家沟等处。建设用地的增加主要以原居民区为基础,形成集中的区域的镇区。在獐子岛镇西侧,刺槐林、杂木林等落叶阔叶林转化为建设用地;后洋、北咀子等处,则主要占用针叶林;獐子岛镇东侧、大道沟、杨家沟等地,则以农作物群落转变为建设用地为主。

表 7.10　　1996 年和 2005 年獐子岛植被覆盖情况对比

植被类型	1996 年		2005 年		植被覆盖变化比例
	面积(m²)	覆盖率	面积(m²)	覆盖率	
常绿针叶林	3249086	36.9%	4823617	54.8%	+17.9%
落叶阔叶林	1546012	17.5%	858287	9.7%	−7.8%
落叶灌丛	799028	9.1%			−9.1%
草丛	234801	2.7%			−2.7%
稀树草丛	35520	0.4%			−0.4%
经济林	25682	0.3%			−0.3%
果园	10848	0.1%			−0.1%
农作物群落	1438702	16.3%			−16.3%
建设用地	1470150	16.7%	3124330	35.5%	+18.8%

　　人工植被、针叶林、阔叶林和灌丛分别占植被变化面积的 36%、26%、20% 和 13%。因此，在进行城镇建设过程中，以农作物群落转变为建设用地或者退耕还林、还草为主要的转变方式，一定程度上考虑了植被保护问题。

第三篇

海洋能源

海洋能资源一般指海洋中蕴藏的可再生资源。包括海洋潮汐能、波浪能、潮流能、海水温差能及海洋盐度差能等。其资源量巨大，具有再生性，无环境污染，占用陆地少，发展能力强等优点。据有关资料介绍，建设一座大型潮汐电站，估计每千瓦所发电量的投资为 2000～4000 元，而一座大型火电站，平均每千瓦需投资 620 元，但若计算煤矿建设、铁路运输和环保工程等项投资，每千瓦发电量所需投资约 1500 元。伴随潮汐电站开发技术的进步和成本的降低，以及今后常规能源价格的上涨，两者的投资额会基本相当，甚至海洋能源还会更便宜一些。海洋能源的优点恰恰可以克服常规能源的缺陷，因此，其发展前景极其广阔。

风能利用目前在辽宁沿海已大规模开发，取得了巨大经济效益。对沿海发达地区能源调节起到巨大作用。

核能是湾岸带能源的巨大场所，红沿河核电站正进行二期工程，对东北地区经济发展是巨大保证。

由于海洋物理能源具有蕴藏量大，可再生和非污染等特点，取之不尽，用之不竭，是海岛动力资源的未来之星。到目前为止，潮汐能的利用技术比较成熟，波浪也处于开发利用阶段，海流能及温差、盐差能等开发利用尚不多见，一般均处于资源量普查、估算阶段。随着海岛经济实力的逐步增强和科学技术的不断进步，海洋能源直接为海岛经济服务将为期不会很远。

辽宁沿海新能源基地建设如下图所示：

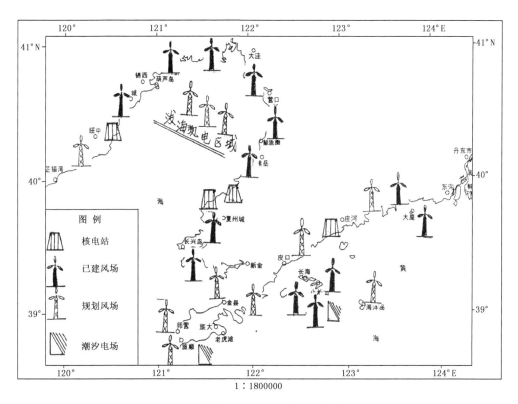

辽宁沿海新能源基地建设规划图

第八章　风　能

第一节　海岸带风能

辽宁沿海一般海岸 10 m 高度的年平均风速在 4.8 m/s 左右。渤海北部离岸 2～3 km 处在 5.7 m/s 左右,3 km 以外的海上在 6.7 m/s 左右;黄海海岸段近海岛屿在 5.8 m/s 左右,5 km 以外近海在 6.8 m/s 左右。

全省沿海一般海岸的年平均风功率密度为 130 W/m² 左右。渤海北部离岸 2～3 km 处在 200 W/m² 左右,3 km 以外的近海在 360 W/m² 左右;黄海沿岸 5 km 以外的海岛在 200 W/m² 左右,5 km 以外的近海在 350 W/m² 左右。

根据沿海 30 个气象台站的测风资料,并参考风电场测风资料,提出风能资源丰富区、较丰富区的位置、范围等。

一、年平均风速

全省年平均风速分布具有近海大、陆岸小的特点,变化范围在 4.0～7.0 m/s。从区域分布看,环辽东湾地区、辽南和黄海北部岸线是风速相对较大的地区。因此,从大范围来看,上述地区的基本风能资源条件属较好区域,其中,位于辽东半岛南端的大连地区风速最大,瓦房店的风速大于 6 m/s,旅顺、大连、长海的风速大于 5.0 m/s,海洋岛可达 7.0 m/s。

二、风向特征

全省以南风(S)、西南偏南风(SSW)为主导风向的站数为最多,以北风(N)为次多风向,主要分布在辽南。除上述最多风向外,许多地区的次多风向出现频率也很高。

对大部分地区而言,主要以 S、SSW、N 风为主导风向,南风及偏南风、北风与偏北风是各地多见风向,具有明显的季风气候特点。由于最多风向比较明显,且集中在偏北和偏南方位,比较有利于风电场风机布局。

三、各种风能参数

1. 风速频率

由图 8.1 可以看出:全区以 3.0 m/s 左右风速出现频率最大,主要分布在辽东半岛南端及海岛上。小于 3.0 m/s 的小风频率见图 8.2。

2. 空气密度

全地区年平均空气密度为 1.24 kg/m³,冬季大、夏季小,冬季平均空气密度为 1.33 kg/m³,夏季为 1.16 kg/m³。在全国范围内,该地区是空气密度较大的区域之一。

全区各地年平均空气密度的区域分布具有与年平均风速相似的特点,各地的年平均空气密度为 1.195～1.255 kg/m³。

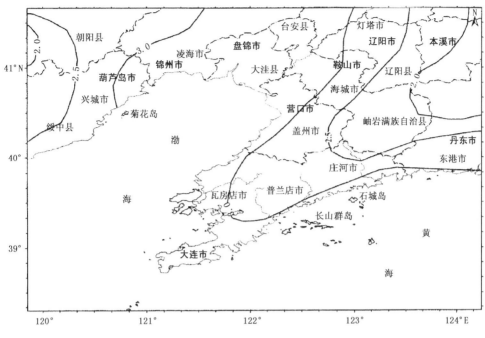

图 8.1　年平均风速分布图(单位:m/s)

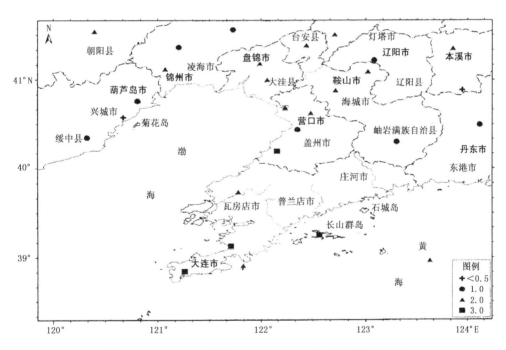

图 8.2　以<0.5 m/s 和 1.0、2.0、3.0 m/s 左右风速分布图

3. 风功率密度

全区各地的年平均风功率密度为 50.0～150.7 W/m², 只有辽东半岛年平均风功率密度大于 50 W/m², 辽东湾东侧、辽东半岛南端分布着一些大于 100.0 W/ m² 的区域, 海岛长海的年平均风功率密度也超过 100.0 W/ m², 为 112.6 W/ m²。旅顺是辽宁省年平均风功率密度

最大的地方。

春季是全区风速最大的季节,该季平均风功率密度也最大。旅顺地区春季风功率密度均达到 165,该区域春季的风能资源值应充分利用。由于位于最南端的旅顺因受海洋和地形影响,秋季风速也较大,仅次于春季。

4. 有效风力小时数

全区各地年有效风力小时数为 4000～6400 小时,大连最多,辽东半岛地区年有效风力时数大于 4000 小时,辽东湾北部和东部沿岸的年有效风力时数大于 4500 小时,而大连、长海、旅顺超过 6000 小时,已接近全年的 70%。

5. 威布尔(Weibull)分布参数 K、C 值

全区各地的年平均 K 值为 1.30～1.91,为明显的偏态分布,辽东半岛的 K 值均大于 1.30,辽东半岛还具有从北向南增大的特点。各地的年平均 C 值为 3.50～5.20 m/s,大连最大,区域分布与年平均风速的分布相似。

6.50 年一遇最大风速

各地 50 年一遇最大风速为 25.0～34.3 m/s,旅顺最大。多数地区 50 年一遇最大风速为 20.0～25.0 m/s,辽东半岛的部分地区 50 年一遇最大风速大于 25.0 m/s,且在旅顺、长海的 50 年一遇最大风速超过了 30.0 m/s,已极具破坏性。

第二节　近海风能资源分布

根据黄海丹东、东沟、庄河、皮口、长海、大连、旅顺 7 个气象站和大鹿岛、小长山、老虎滩、海洋岛、旅顺港 5 个海洋气象站以及渤海金州、普兰店、复州城、熊岳、营口、大洼、锦西、兴城、绥中 9 个气象站和长兴岛、泉眼沟、鲅鱼圈、葫芦岛、芷锚湾 5 个海洋气象站各 3 年时间的逐时测风资料,依据海洋红、常胜、尖山、明阳、黄土坎、东岗、仙人岛、西崴子、辽滨、台子里 10 个在近 10 多年来选定的已建和待建风电场 2 年间逐时测风数据,渤海 6、7、8 号石油平台、A 号采油平台和天津港灯塔气象站 2 年的逐时测风数据,计算了各点的年平均风速、年平均风功率密度、年风速频率威布尔分布参数的 K、C 值。

一、近海年平均风速分布

(一)渤海海域

渤海岸基测风点为芷锚湾、辽河海滨、仙人岛、台子里、葫芦岛、西崴子、东岗,离岸均在 2～3 km 左右。海上测风点选择离岸 18 km 左右的天津灯塔(距海面 11.2 m)、6 号石油平台(距海面 18.7 m),各点的年平均风速及各类平均风速见表 8.1。

10 m 高度渤海一般海岸的年平均风速为 4.8 m/s,半岛顶部为 5.7 m/s,海上为 6.7 m/s。半岛顶部与海岸相差 0.9 m/s,半岛顶部是海岸的 1.19 倍左右,海上与半岛顶部相差 1.0 m/s,是半岛顶部的 1.18 倍左右,海上与岸边相差 1.9 m/s,是海岸的 1.39 倍左右。渤海这些半岛大致均呈东西走向,与当地盛行风向近似垂直,因此,对盛行风向影响不显著。

30 m 高度一般海岸的年平均风速为 5.8 m/s,半岛顶部为 6.4 m/s,半岛顶部是海岸的 1.10 倍左右。

表 8.1　渤海海域代表性测风点年平均风速 （单位：m/s）

离岸状况	测风点	10 m 高度	10 m 高平均	30 m 高度	30 m 高平均
一般海岸	芷锚湾	5.0	4.8		5.8
	辽滨	4.6		5.9	
	仙人岛	4.9		5.8	
半岛顶部	台子里	5.4	5.7	6.1	6.4
	葫芦岛	5.7			
	西崴子	5.8		6.7	
	鲅鱼圈	5.9			
离岸 18 km	天津灯塔	6.6	6.7		
	6 号平台	6.7			

（二）黄海北部近海海域

黄海北部海域测风点为海洋红、尖山，海岛测风点选大鹿岛、长山岛，测风点底部距海平面 35.5～53 m 之间，各点年平均风速及各类平均风速见表 8.2。

表 8.2　黄海北部海域代表性测风点年平均风速 （单位：m/s）

离岸状况	测风点	10 m 高度	10 m 高平均	30 m 高度	30 m 高平均
一般海岸	海洋红	4.7	4.8	5.7	5.9
	尖山	4.9		6.1	
海岛	大鹿岛	5.8	5.8	6.6	6.6
	长山岛	5.7			

10 m 高度黄海北部一般海岸的年平均风速为 4.8 m/s，海岛上为 5.8 m/s，海岛与海岸相差 1.0 m/s，海岛是海岸的 1.21 倍。其差值与比值均与渤海极为接近。如果将渤海海上与半岛顶部的差值（1.0 m/s）与比值（1.18）关系移植到黄海北部，则黄海北部近海海上的年平均风速为 6.8 m/s 左右。与渤海海上相近，略大于渤海。从天气气候角度来看，黄海北部与渤海中南部仅辽东半岛之隔，地理纬度相同，造成较大风速的天气系统绝大部是相同的，只是刮风的时间稍有推迟。两处海面的风速相近是合理的。

30 m 高度海岸的年平均风速为 5.9 m/s，海岛上为 6.6 m/s，海岛大于海岸 0.7 m/s，海岛是海岸的 1.12 倍左右，其差值与比值均小于 10 m 高度，这是因地面影响随高度增大而减小的原因。

二、近海年平均风功率密度分布

（一）渤海海域

海岸测风点选择辽河海滨、仙人岛、台子里、西崴子，海上测风点选择天津灯塔、渤海 6 号石油平台，各点年平均风功率密度见表 8.3。

表 8.3　渤海海域代表性测风点年平均风功率密度　　　　　（单位：W/m²）

离岸状况	测风点	10 m 高度	10 m 高平均	30 m 高度	30 m 高平均
一般海岸	辽河海滨	119	134	231	240
	仙人岛	149		248	
半岛顶部	西崴子	229	206	338	292
	台子里	183		246	
离岸 18 km	天津灯塔	350	363		
	渤海 6 号平台	376			

10 m 高度，一般海岸的年平均风功率密度为 134 W/m² 左右，半岛顶部为 206 W/m²，海上为 363 W/m²。半岛顶部与海岸的差值为 72 W/m² 左右，比值是 1.54 左右。海上与半岛顶部的差值是 157 W/m² 左右，比值是 1.76 左右。海上与一般岸边的差值是 229 W/m² 左右，比值是 2.71 左右。

30 m 高度，一般海岸的平均风功率密度是 240 W/m² 左右，半岛顶部与海岸的差值为 52 W/m²，比值是 1.22 左右，均小于 10 m 高度。

（二）黄海北部海域

一般海岸选取海洋红、尖山，海岛选取大鹿岛、长山岛为代表性测风点，其年平均风功率密度列于表 8.4 中。

表 8.4　黄海北部海域代表性测风点年平均风功率密度　　　　　（单位：W/m²）

离岸状况	测风点	10 m 高度	10 m 高平均	30 m 高度	30 m 高平均
一般海岸	海洋红	136	133	228	240
	尖山	130		253	
海岛	大鹿岛	223	197	311	311
	长山岛	171			

10 m 高度，一般海岸的年平均风功率密度为 133 W/m² 左右，海岛上为 197 W/ m²，海岛与一般岸边的差值是 64 W/ m² 左右，比值是 1.48 左右。

50 m 高度，一般海岸的年平均风功率密度为 240 W/m² 左右，海岛上为 311 W/m²，海岛与一般岸边的差值是 71 W/m² 左右，比值是 1.30 左右。

从以上分析可以发现，10 m 高度上，渤海与黄海近海的一般海岸、半岛顶部或海岛，其年平均风功率密度值非常相近，差值与比值也相近，移植渤海年平均风功率密度海上与半岛顶部的差值（157 W/m²）与比值（1.76）关系，可以推算出黄海北部、大鹿岛、长山岛附近海域的年平均风能密度为 350 W/m² 左右。

三、近海风速频率威布尔分布参数的 A、K 值分布

威布尔分布有 A、K 两个参数值，A 称为尺度参数，K 称为形状参数。

（一）渤海海域

代表性测风点的选取如同年平均风功率密度。10 m 高度，一般海岸的 A 值平均为 5.2，半岛顶部为 6.2,海上为 7.5。从海岸向海上逐渐增大,半岛顶部与一般海岸的差值为 1,比值是 1.19 左右。海上与半岛顶部的差值是 1.3,比值是 1.21 左右。海上与一般岸边的差值是 2.3 左右,比值是 1.44 左右。一般海岸的 K 值平均为 1.77,半岛顶部为 1.87,海上为 1.83。

30 m 高度,一般海岸的 A 值平均为 6.6,半岛顶部为 7.2,半岛顶部与一般海岸的差值为 0.6,比值是 1.09 左右。一般海岸 K 值平均 1.80,半岛顶部为 1.85,海上为 1.90。

(二)黄海北部海域

海区的代表性测风站点选取同年平均风功率密度。10 m 高度,一般海岸的 A 值平均为 5.3,海岛上为 6.4,海岛与一般海岸的差值为 1.1,比值是 1.21。与渤海同高度的差值和比值均接近。一般海岸的 K 值平均为 1.84,海岛上为 1.95,海岛与一般海岸的差值为 0.11,比值是 1.06 左右。

30 m 高度 A 值平均为 5.8,半岛顶部 6.7。K 值平均为 1.90,半岛顶部为 2.01。

50 m 高度,一般海岸的 A 值平均为 6.6,海岛上为 7.4,海岛与一般海岸的差值为 0.8,比值是 1.12 左右,其值均与渤海相近。一般海岸的 K 值平均为 1.96,海岛上为 2.08,海岛与一般海岸的差值为 0.12,比值是 1.06 左右。

如将渤海海上与半岛顶部 A 值的差值(1.3)与比值(1.21)关系按风能资源估算规定可在同类地区及海区数值进行移植作为开发规划用到黄海,则黄海北部的 A 值为 7.7。参考渤海和附近海岛 K 值情况,黄海北部的 K 值近似取 2.00 左右。

第三节 风能资源变化特征

一、季节变化特征

利用 11 个台站的各季节风速资料分析得到风速季节变化的总体特征。全省春季风速最大,4 月风速达到 4.0 m/s;夏末秋初(8—9 月)风速较小,风速最小的 8 月份的月平均风速为 2.4 m/s。春季大风是辽宁省乃至东北地区的一个主要气候特征,其风速之大、范围之广、大风频数之多、持续时间之长在全国范围内也是相当著名的。由于春季大风对春播影响很大,因此,春季大风通常被认为是一种严重的气候灾害,但从风能资源利用的角度看,春季是辽宁省风能利用的最佳时期。

风速的季节变化与大气环流的变化是密切相关的。冬季,大陆冷高压较强,常有寒潮或冷空气南下影响辽宁省,冷高压前沿移经辽宁省时常造成偏北大风。春秋季,虽然冷空气势力减弱,但多为移动性高压,且周期性明显,冷暖空气交替控制,导致频繁出现大风天气,而春季由于地面增暖快,大气垂直层结变得相对不稳定,有利于高空动量下传,使得最大月平均风速大多出现在春季,另外,春季辽宁常处于南高北低的气压场控制下,常出现西南大风。夏季,由于辽宁省位于太平洋副热带高压北侧的平直气流场中,除台风或其他一些低压系统活动外,气压场比较均匀,导致风速较小。

虽然全省总体上以春季风速最大,但各地风速季节变化也存在差异。大连 11、12 月风速最大;长海 11 月风速最大;旅顺 3 月和 11 月风速最大;其余台站均以 4 月份风速最大。各地风速最小的月份通常发生在 8 月或 9 月,旅顺—大连—长海一带风速最小月份发生在 6、7 月。

全省各地风向的变化也有着明显的季节特征,大部分地区冬季以偏北风为主,夏季则以偏南或西南风为主,具有明显的季风气候特点。

二、日变化特征

采用气象站的测风资料分析风速的日变化特征。就平均状况而言,白天风速明显大于夜间,夜间和清晨(20时—次日7时)的逐时平均风速均不足2.5 m/s,白天14时可达到4.2 m/s,风速平均日较差为2.1 m/s。一般来说,从清晨7时起风速开始逐时增大,并在午后14时达到最大,随后风速开始迅速减弱,凌晨3—6时是风力最弱的阶段。风速的这种日变化主要是太阳对地表的辐射加热所引起的,白天地表加热,空气层结变的不稳定,致使白天风速较大;夜间地表冷却,空气变的稳定,风速较小。因此,白天特别是11—16时是风能资源的最佳利用时间。

为了解不同类型地区风速日变化的差异,这里采用以葫芦岛、兴城、营口、庄河、东港、旅顺、大连、长海8个沿海站代表沿海地区分析内陆和沿海地区的风速日变化。可以发现,内陆和沿海地区的风速日变化没有明显差别,只是沿海地区风速的日较差略小于内陆地区。

第四节 风能资源储量

一、风能资源总储量

辽宁省陆域土地总面积为$14.81×10^4$ km^2。根据现有资料,全省年平均风功率密度大于150 W/m^{2}的区域主要分布在辽北丘陵及紧靠海岸线一带,面积约$0.21×10^4$ km^2;$100\sim150$ W/m^{2}的区域主要分布在沿海和中部平原的部分地区,面积约$0.59×10^4$ km^2;$50\sim100$ W/m^{2}的区域主要分布在整个沿海地区及中部平原,面积约$7.71×10^4$ km^2;辽东、辽西年平均风功率密度均在50 W/m^{2}以下,面积约占$6.30×10^4$ km^2(见表8.5)。由此得到全省陆域10 m高度上的风能资源总储量为$8920.63×10^4$ kW。

表 8.5 辽宁省风能资源总储量表

项目 / 等级	面积($×10^4$ km^2)	储量($×10^4$ kW)
<50 W/m^2	6.30	2209.65
50~100 W/m^2	7.71	5659.03
100~150 W/m^2	0.59	731.55
150~200 W/m^2	0.21	320.40
>200 W/m^2	0.00	0.00
总计	14.81	8920.63

二、风能资源技术可开发量

根据迄今获得的辽宁省测风资料及气象数值模拟结果发现,全省风能资源丰富地区主要集中在3个地带:一是42°N线附近的朝阳、阜新及昌图、康平;二是环渤海沿岸地带;三是黄海北部沿岸地带。

全省陆域离地面10 m高处的风能资源总储量约$8920.63×10^4$ kW,年平均风功率密度值大于150 W/m^{2}的区域约$0.21×10^4$ km^2,由此得到全省风能资源技术可开发区域面积约为$0.21×10^4$ km^2,技术可开发量为$251.51×10^4$ kW(因资料有限,实际储量远大于此值)。

第五节　风能资源开发利用现状及区划

一、风能资源开发利用现状

辽宁省从 20 世纪 80 年代开始着手风电场开发利用的初期工作,相应开始风能资源普查与实测,于 1992 年在瓦房店长兴岛建立全省第一个风电场。截至 2005 年底,全省已拥有 11 个建成并网发电的风电场,总装机容量 12.7×10^4 kW,风机 203 台,年利用小时数 2000 小时/台,年总发电量是 2.5 亿 kW 时左右。2003 年底前,辽宁风电装机容量位居全国第一。由于受当时风电电价较低因素的影响,2004 年全省风电发供较为低靡,风电场既无扩建也无新建。至 2004 年,全省装机容量近居全国第二。2005 年仅在仙人岛新建 1 台 1000 kW 风机。当时全省风电装机容量已近居全国第四。

风能资源总储量并不代表全省风电可装机容量,风力发电要在风能资源丰富的一些适当场址上进行。场址选择的首要条件是风能资源丰富,同时还要考虑场址周围的电网、地形、道路、土地利用状况等条件。

全省 10 个重点风能资源开发区沿海占 6 个,大连、丹东、营口、锦州、葫芦岛、盘锦 6 个沿海城市已建风电场情况见表 8.6。100 余个备选风电场场址沿海占 30 个。另外,全省大面积近海及滩涂还有着广阔的风能资源潜力,可以逐步列入海上风电发展规划,而建设海上风电场将是今后风能资源开发利用的一个必然发展方向。

表 8.6　沿海六市已建风电场统计表

序号	所在市	风电场名称	风机规格 ($\times 10^4$ kW)	风机台数(个)	建场时间(年)
1		横山风电场	3.5	44	1993
2		东岗风电场	3.0	40	1991
3		獐子岛风电场	0.3	12	2002
4	大连市	小长山风电场	0.36	6	2002
5		大长山风电场	1.0	16	2002
6		瓦房店土城子风电场	3.0	40	2004
7		瓦房店驼山风电场	4.95	33	2004
1	丹东市	东港海洋红风电场	3.5	40	2000
2		东港大鹿岛风电场	1.0	15	2000
1	营口市	仙人岛风电场	4.0	49	1999
1		锦电余积风电场	0.38	5	1999
2		锦电南小柳风电场	4.95	33	2005
3	锦州市	胜利风电场	4.95	33	2005
4		凌海市青松风电场	4.95	33	2005
5		大兴隆山风电场	1.05	14	2004

序号	所在市	风电场名称	风机规格 (×10⁴ kW)	风机台数(个)	建场时间(年)
1		刘台子方安风电场	3.15	21	2003
2	葫芦岛市	兴城海滨风电场	4.95	33	2003
3		光明风电场	4.08	48	2005
4		36—1油田风电场	0.15	1	2004
1	盘锦市	盘锦辽河风电场	2.0	10	2003
	合计	20个风电场	55.2	566	

二、风能资源开发利用区划

从开展多年的风电场选址与风能资源测试工作中可以看到,辽宁省风能资源丰富的地区众多,特别是沿海、近海,应进一步发掘。在大力开发风能资源、规模化建设风电场方面,辽宁省既具有资源优势又具有技术优势,发展潜力巨大。

综合考虑气象站、风电场以及数值模拟风能资源的结果,全省沿岸离地面 10 m 高度处的风能资源总储量是 0.32×10^8 kW,技术可开发区域面积约 0.15×10^4 km²,技术可开发量为 190.25×10^4 kW。在全省可形成三个风能资源丰富带:辽北山地丘陵风能资源丰富带、环渤海沿岸风能资源丰富带、黄海北岸风能资源丰富带,并在全省初步选择了 10 个重点风能资源开发区、100 余个风电场场址,合计装机潜力 534×10^4 kW。

辽宁省沿海风能资源重点开发区装机潜力见表 8.7。

表 8.7　辽宁省沿海风能资源重点开发区装机潜力

(装机潜力)	风能资源重点 开发区名称 (装机潜力)	序号	风电场名称	经度	纬度	装机潜力 (×10⁴ kW)	开发现状
	兴城龙港沿海 重点开发区 (22×10⁴ kW)	1	兴城台子里	120.35	40.22	10	筹建之中
		2	兴城荒地	120.40	40.30	5	
		3	龙港	120.57	40.47	4	已获核准
		4	锦州开发区	121.05	40.53	3	
环渤海沿岸 风能资源 丰富带 (90×10⁴ kW)	瓦房店盖县沿 海重点开发区 (68×10⁴ kW)	1	大洼辽滨	122.10	40.43	10	筹建之中
		2	盖州连云岛	122.17	40.27	7	筹建之中
		3	盖州西崴子	122.12	40.25	3	筹建之中
		4	盖州仙人岛	122.01	40.11	5	已装机 3.266×10⁴ kW
		5	瓦房店大排石	121.38	39.53	5	
		6	瓦房店东岗	121.27	39.45	5	已装机 2.245×10⁴ kW
		7	瓦房店横山	121.23	39.36	5	已装机 0.74×10⁴ kW
		8	瓦房店安波	121.25	39.37	5	
		9	土城岛里	121.50	40.01	10	
		10	驼山前大地	121.30	39.49	10	
		11	驼山西平山	121.39	39.49	3	

（装机潜力）	风能资源重点 开发区名称 （装机潜力）	序号	风电场名称	经度	纬度	装机潜力 （×10⁴ kW）	开发现状
黄海北岸 沿海风能 资源丰富带 （43×10⁴ kW）	东港沿海 重点开发区 （7×10⁴ kW）	1	东港海洋红	13.33	39.46	2	已装机 2.1×10⁴ kW
		2	东港小岛	123.36	39.47	2	
		3	东港大鹿岛	123.44	39.47	3	已获核准
	庄河长海沿海 重点开发区 （36×10⁴ kW）	1	长海大长山	122.35	39.17	3	已装机 0.36×10⁴ kW
		2	长海小长山	122.41	39.14	3	已装机 0.36×10⁴ kW
		3	长海獐子岛	122.44	39.02	3	已装机 0.36×10⁴ kW
		4	庄河南尖	123.25	39.45	5	
		5	庄河明阳	122.40	39.33	5	
		6	庄河家尖山子	122.35	39.32	5	
		7	旅顺北海	121.10	38.55	3	
		8	普兰店平岛	122.20	39.20	3	
		9	长海广鹿	122.19	39.09	3	
		10	长海海洋岛	130.09	39.04	3	
辽北山地 丘陵风能 资源丰富带 （28×10⁴ kW）	凌海义县丘陵 重点开发区 （15×10⁴ kW）	1	锦电灰场	121.12	41.17	2	已装机 0.375×10⁴ kW
		2	锦电北山	121.15	41.17	3	筹建之中
		3	锦电大业	121.19	41.15	3	
		4	锦电大兴	121.13	41.46	7	筹建之中
	其他风电场 （13×10⁴ kW）	1	桓仁牛毛大山	125.05	41.17	3	已获核准
		2	台安富家	122.2	41.13	10	

第六节　海上风能开发利用

沿海风能开发利用规划的主导思想,应以辽宁省委沿海"五点一线"建设及建设"海上辽宁"的宏伟经济目标为主线,提出一套切实可行的、有操作性的规划目标,规划原则:①沿岸→浅海→近海;②陆用堤港工程→近岸岛（5 km 内）→海岛（10 km 内）→礁盘;③按风能开发区划,应以先开发瓦房店重点区,后开发庄河重点开发区,加速开发港口、海洋工程的风能同时建设的 3 条原则先后安排开发。

一、近海岸

（一）陆岸

现已规划出预选风场 35 个,在 2005 年 9 月全部建好观测塔,经 2 年测试结果分析,都具备建大型风电场的条件,在 2020 年前都可先后开发。

2015 年前应建:岛里 70、岛里 50、大排石、前大地、大咀子、河北、明阳、北海等 8 个风电场。

2020 年前应建:东岗三期、朱安、皮口、鲍鱼肚子、双坨子、铁营子等 27 个风场。

(二)堤岸工程

修建港口、海上工程的防波堤、栈桥、跨海大桥等工程时都应考虑建立风电场。这在欧洲风能开发先进国家早已实现。近年来我国也有先例,上海在修建东海大桥时就在两侧留下了风电机机座,装机容量达 10 万 kW,现正在修建中,目前是我国最大的海岸工程风电场。沧州黄骅港开发区建设总装机容量 100 万 kW,投资 90 亿元的大型风电场。浙江洞头二期投资建设 10 万 kW 的海堤发电、三期 20 万 kW 的滩涂风电场,这些工程都在实施中,上述项目都为我省修建海岸工程风电场提供了典范。

大连市海洋工程众多,风能条件优越,技术力量雄厚,如果政府有一定的决心就不难实现。发改委及环保局应向工程部门提出要有开发新能源的定量限制,就像工程项目上马时,环保提出"三同时"那样行之有效的办法。

(三)海岛

大连共有海岛、礁坨 700 多个。面积在 0.05 km² 以上的海岛有 88 个(其中长海县所属41 个),面积在 1.1~5.0 km² 的有 17 个,5.0~10.0 km² 的有 2 个,10 km² 以上有 8 个(其中长海县所属 4 个),见表 8.8。

把大连市的 47 个海岛分为近陆岛与远陆岛(距离大陆 5~10 km)。在进行综合规划时既要考虑海岛的风能资源条件及岛域面积等自然条件,还要考虑公路、电缆、人口、社会经济等社会条件。

1. 近陆岛(距陆地 5 km 内)

在 2010 年前先开发家雀岛、小平岛、簸箕岛、后大连岛、后坨子岛、黑岛、马坨子岛、猪岛、西大连岛、大坨子岛等。在 2015 年前应开发石城岛、交流岛、西中岛、凤鸣岛、东西蚂蚁岛、三山岛。

表 8.8　大连市海岛面积统计

序号	海岛面积(km²)	海岛数(个)		总数
		长海县	大连市	
1	0.05~0.10	9	18	27
2	0.11~1.00	17	17	34
3	1.10~2.00	3	5	8
4	2.10~3.00	3	1	4
5	3.10~5.00	3	2	5
6	5.10~10.0	2	0	2
7	10.1~20.0	2	0	2
8	21.0~30.0	2	2	4
9	31.0 以上	0	2	2
总计		41	47	88

在海上以安装大型风力机为易,因为海岛地基较好,都是岩石,海面开阔,相对高度较高,容易得到高质量的风能。以 NordexN54 (1.0MW)风力机为例,该风机支架高 50 m、直径 57

m,根据该风机的功率曲线,每台风力机产生的电量将为 $216.1 \times 10^4 (kW \cdot h)/a$。如果面积辽阔,能够形成风力机群,其开发利用价值将更高。

2. 远陆岛

远陆岛就是长海县各乡级岛,大长山岛、獐子岛、小长山岛,除已建成风电场外,还应考虑新场址安装大型风机,以减少占地面积,提高装机容量。如海洋岛在港湾的两侧岬角可安排兆瓦级风机,在马蹄型山岗上安装 $1000 \sim 5000$ kW 风机,可捕获最大的风能。对海洋岛渔业、水产养殖及国防发展都具有重要意义。

3. 礁坨

因礁坨面积较小,离陆岸又远,安排较困难,暂不易开发。但对有特殊意义的礁坨应适当开发,如园岛具有领海基线点,岛上又建有灯塔,这样可安装 500 kW 的风机,满足岛上自给自用。

二、海上风场建设

根据现有气象资料、风场资料、石油钻井平台观测资料和船舶资料及数值模拟等计算出近海风能资源,得出结论:近海风能分布非常丰富。大连市发改委已在石城岛海域选定海上风场并已进行设计。辽宁近海有长海风场、里岛风场、大鹿岛风场、长兴岛、仙人岛风场、营口风场、凌河风场、兴城风场等 9 个风场址可开发。

目前在国内,江苏、上海已开发建成海上电场,并有扩大趋势。

第九章　太阳能

第一节　太阳能辐射量的空间分布

辽宁全省年平均太阳辐射量为 5003 MJ/m²，各地年太阳总辐射量为 4513～5344 MJ/m²，辐射量最大值出现在南部海岛——长海，最小值位于辽东山区的草河口。太阳总辐射的分布主要受气候和地形影响。总趋势大致是由西至东减弱（见图 9.1），与降水量分布相反，南北高于中部。辽西和沿海地区辐射量都较大，东部山区辐射量较小，但与全省年平均值相差不悬殊，最高值比全省平均值多 6.8%，最低值比全省年均值少 9.8%。

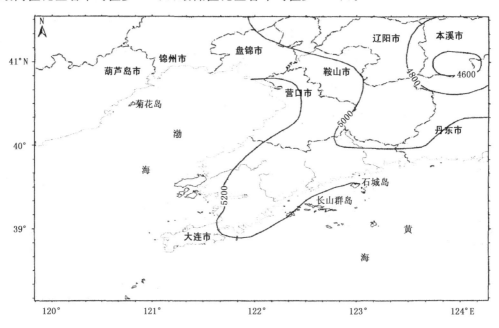

图 9.1　太阳总辐射空间分布图（单位：MJ/m²）

第二节　太阳能辐射量的变化特征

一、太阳总辐射的季节变化

总辐射的月变化曲线呈单峰型，从 1 月至 5 月辐射逐月增大，然后开始逐月减小。各地总辐射最高值多出现在 5 月，最低值多出现在 12 月，只个别年份最高值出现在 6 月，最低值出现在 1 月。1971—2000 年间,沈阳、大连、朝阳月总辐射最大值分别为 670、922、712 MJ/m²,分别出现在 1971 年 5 月、1972 年 6 月、1981 年 7 月;最小值分别为 139、131、150 MJ/m²,分别发生在 1986 年 12 月、1984 年 12 月、2000 年 12 月。

全年总辐射旬均值为 140 MJ/m²,旬最大值为 299 MJ/m²,出现在 5 月第 3 旬;最小值为 64 MJ/m²,出现在 12 月第 2 旬。全年候均值为 70 MJ/m²,候最大值为 124 MJ/m²,出现在 5 月第 6 候,候最小值为 31 MJ/m²,出现在 12 月第 4 候。

总体而言,辽宁省太阳总辐射季节性变化较大,春夏两季总辐射量较高,秋冬两季总辐射量较低,春、夏、秋、冬季总辐射量分别为 1572、1638、1065 和 727 MJ/m²,分别占年总辐射量的 31.43%、32.75%、21.29%、14.53%。

二、太阳总辐射的日变化

总辐射的日变化与太阳日出至日落的运动非常一致。从沈阳的年平均状况看,总辐射逐时均值较均匀地分布于 12 时两侧,清晨 4—5 时开始具有微弱的辐射量,11—12 时达到最大,然后开始逐时减少,至 20 时以后辐射消失。

总辐射各季节逐时均值变化趋势与年逐时变化趋势类似。以沈阳为例,各季节接收到辐射的时间分别是:春夏两季从 4—5 时到 19—20 时共 16 个小时,秋季从 5—6 时到 18—19 时共 14 个小时,冬季从 6—7 时到 17—18 时共 12 个小时。平均而言,春季 11—12 时(2.2 MJ/m².h)、冬季 12—13 时(1.3MJ/m².h)的辐射量最大。

第三节　日照时数的分布及变化特征

日照时数多寡对到达地面的太阳辐射量有很大影响,因此,日照时数是反映太阳能资源状况的又一个重要气象要素。辽宁省地理纬度较高,日照时数较多,属我国日照丰富的省份。

省内各地年均日照时数为 2139～2938 小时,最低值出现在草河口(2139 小时)。最高值出现在建平(2938 小时),全省年平均日照时数为 2534 小时,沿海几个市的日照时数见表 9.1。受云量影响,全省日照时数分布趋势是由西向东减少,辽西山区和辽北边界地区日照时数较多,在 2800 小时以上,东部地区日照时数最少,在 2500 小时以下,其他地区日照时数均在 2500～2800 小时之间,与总辐射分布形势基本一致。

表 9.1　各市月、年日照时数统计表

站名	1月	2月	3月	4月	5月	6月	7月	8月	9月	10月	11月	12月	全年
大连	198	200	239	257	278	255	221	241	251	235	182	184	2740
丹东	195	200	228	234	243	213	159	200	226	216	172	174	2459
营口	200	204	243	257	280	265	234	239	254	232	186	184	2774
盘锦	205	208	242	250	268	242	201	223	243	226	190	192	2691
锦州	199	203	239	247	261	235	205	228	250	233	197	187	2682
葫芦岛	196	199	235	242	255	225	187	215	236	227	192	186	2594

日照时数的年内变化为双峰型,5月为最高峰,9月为第二峰值;最低月为12月,7月受降水影响,为次低点。全省除丹东、锦州、葫芦岛秋季略大于夏季外,总的分布是春季日照时数最多、夏季次之、冬季最少。

第四节　太阳能资源区划

影响到达地球表面的太阳总辐射量的因素繁多,太阳能资源空间分布是不均匀的,太阳能资源优劣通常是根据各地区单位面积上年均接受太阳总辐射量的多少来划分。根据年均太阳总辐射量,也可将辽宁省太阳能资源划分为丰富区、较丰富区、一般区、较小区四个级别,见图9.2。

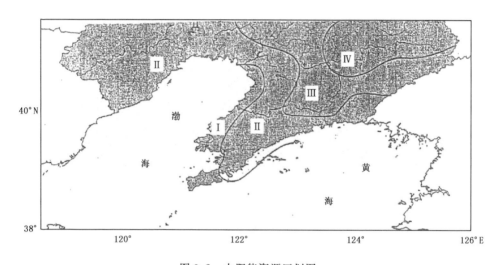

图9.2　太阳能资源区划图

(Ⅰ、Ⅱ、Ⅲ、Ⅳ分别代表太阳能资源丰富、较丰富、一般和较小区)

Ⅰ级:太阳能资源丰富区。包括辽东湾东部沿海、大连和长山群岛以及辽西北的建平县。这些地区的年均总辐射量大于5200 MJ/m²,年日照时数一般超过2700小时,可以充分地利用太阳能资源进行大规模的发电或热利用。

Ⅱ级:太阳能资源较丰富区。主要包括辽西、辽西南、辽南地区以及辽北一带。这些地区年均总辐射量处于5000~5200 MJ/m²,年日照时数一般超过2600小时,可以在这一区域推广应用太阳能采暖、农业温室、太阳能热水器等。

Ⅲ级:太阳能资源一般区。主要分布在辽宁省的中东部地区。这些地区的年均总辐射量处于4800~5000 MJ/m²,年日照时数一般在2400~2600小时之间。这些地区太阳能资源仍有利用价值,可开展农业温室、太阳能路灯、太阳能电池备用通讯等。

Ⅳ级:太阳能资源较小区。位于辽宁省东部山区,包括抚顺东部和整个本溪地区。这一地区的年均总辐射量小于4800MJ/m²,年日照时数少于2500小时。这一地区太阳能资源较少,一般只能起到小规模、季节性或临时性的作用。

第五节　太阳能的开发与利用

一、现状及前景

太阳能作为可再生能源,其缓解能源紧张的意义不必多说,对环境保护的作用也不可小视。据专家测算,多用一度(千瓦时)太阳能等清洁能源发出的电,就相当于节约0.4千克标准煤、4升净水、减少0.272千克碳粉尘、0.997千克二氧化碳、0.03千克二氧化硫、0.015千克氮氧化物的排放。应当说,我们对利用太阳能的资源和环保意义认识都还不足,只是把阳光当成匆匆"过客",而没能当成要千方百计拘留的"贵客"。辽宁某市甚至曾出台土政策"封杀"太阳能热水器。认识的不足,导致相关的激励政策缺乏,发电的成本较高,太阳能发电设备难以"飞入平常百姓家"。

太阳能在世界发达国家正在以前所未有的速度迅速发展。让人欣慰的是,随着科学发展观的贯彻落实,随着能源危机的凸显,我国也正在太阳能等新能源领域奋起直追:国家有关部门统计,到2010年,使用太阳能、风能等可再生能源发电占到全国发电总量的10%;全国人大常委会正在启动制定可再生能源促进法,将出台一系列硬性规定和优惠政策,以促进可再生能源的发展;深圳市政府不久前投资6000余万元,建成了目前亚洲最大的并网太阳能光伏电站。

相信在不远的将来,我们将留住越来越多的阳光,让太阳不仅能照亮白天,也能点亮我们的夜晚。

二、辽宁对太阳能利用的规划

未来五年,辽宁将积极推进太阳热能的利用,在城市和农村推广普及太阳能热水器系统。据有关方面介绍,在过去的5年中,辽宁能源发展面临着缺口大、能耗高、结构差的现状,"辽宁已逐渐成为能源缺乏省份"。今后5年,辽宁能源消费量的70%以上还要依靠煤炭,但在大方向上,辽宁主张多元发展,逐步改善过度依赖煤炭的消费结构。全省煤炭年产量原则上稳定在5000万吨,逐步取缔年生产能力3万吨以下的小煤矿。

在控制煤炭消费的前提下,辽宁将逐步扩大非煤发电比重,改善电源结构。以风能为重点,推进可再生能源发电产业。特别是对于居民日常生活用电,今后5年将继续保持太阳能热水器和地热利用的良好发展趋势,特别重视在农村地区推广普及太阳能热水器系统,在城市地区进行太阳能采暖和制冷技术示范,推广太阳能热水器和地热资源的开发利用。

第十章　核　能

核能在世界上为发展最快的新能源之一。由于核发电的技术有较大的进展,特别是在安全、环保等方面受到各国政府的重视。使核电站在世界上有较大发展。

核电的优势为最大的绿色新能源,环保专家曾经算了一笔账。以一个发电量达 1000 兆瓦的核电与煤电为对比,核电所需要的燃料资源量为每年 25 吨,可以使用一辆大货车运输全部燃料。煤电所需求的燃料大概为每年 250 万吨标准煤,这 250 万吨标准煤需要相同运输能力的卡车 10 万台次。

按照这个方式计算,煤电厂每年还要排放出 250 万吨的煤灰,这些煤灰也需要同等数量的运输车辆再带出煤电厂,这些车辆运输过程中所产生的废物、废气排放量也是惊人的数目,它们所造成的污染不亚于煤电发电厂所排放的污染量。中国的核燃料完全是闭式循环的,所谓闭式循环,就是从开矿、铀浓缩,原料、燃料元件加工,再用到核电站里面去,都是在封闭条件下完成的。所以,核电站的固体废物完全不向自然环境排放,放射性大的液体废物转化成固体废物也不会排放。

第一节　省内核电开发概述

辽宁省是海洋大省,有着很绵长的海岸带,这为发展核电站创造了有利的先决条件。辽宁省从 1980 年就开始了核电站建设的前期工作,由省政府、东北电力局联合成立"辽宁核电领导小组"。先后选择了兴城台子里、复县温坨子两个预选站址。1980—1995 年,核电领导小组组织东北地质研究所、东北电力设计院、辽宁省环保所、辽宁省气象研究所、核工业部太原研究所、国家海洋局环保所、北京大学等 20 个单位先后进行了 20 多年的工作。核电站设备由俄罗斯供应,每座预算 500 亿元,后由于资金问题使工作中断。2003 年又由中电公司、大连政府、广州核电集团联合兴建瓦房店红沿河核电站(即为东岗温坨子原址)。2005 年中国电力、大唐电力又启动了兴城台子里的前期工作。近年来尚待开发的还有庄河核电站、瓦房店将军石核电站。

2006 年 8 月 28 日,辽宁红沿河核电有限公司正式注册成立,公司注册资本为 5 亿元人民币。

同年的 9 月 25 日,推进"五点一线"沿海经济带建设座谈会在沈阳召开,辽宁省委、省政府主要领导以及沿海六市市委书记、市长等有关部门负责人齐聚一堂。商讨红沿河核电站可以为"五点一线"的建设出力的事宜。据了解,辽宁老工业基地建设对于电力的需要很迫切,加快包括核电在内的沿海电源点向沿海输电的骨干网架和电网、大型供水管道等基础设施建设步伐,为沿海经济带建设提供有力支撑,成为摆在建设者面积的重要任务。

第二节　各核电站简况

一、瓦房店红沿河核电站

辽宁红沿河核电站地处瓦房店市西端辽东湾东海岸,东距瓦房店市火车站约 50 km,南距大连港 110 km,北距沈阳 270 km,厂区三面环海,规划面积 282.7 hm^2,是我国已建、在建和待建核电站中条件最为优越的厂址之一。

辽宁核电有限公司综合部一位工作人员表示,红沿河核电站将采用海水淡化技术,最大程度地节约淡水资源,淡化后的海水除核电站自用外,如果有剩余还将提供给地方使用,而这更是成为了一些投资者瞄准的赚钱项目之一。

国家发展改革委员会的一位官员揭秘,红沿河核电项目的前期准备工作经历了近 30 年,做了大量的工作。最初计划可以追溯到 20 世纪 80 年代。当时,国家核电部派出数百名专家,经数百次现场勘探和试验室研究,认定三面环海、地势平坦开阔、地质构造稳定、人口稀少的瓦房店市东岗镇温坨子为我国开发建设核电站最佳场址之一。

总投资 500 亿元的辽宁红沿河核电站,分别由中国广东核电集团有限公司、中电投核电有限公司、大连市建设投资公司,按照 45:45:10 的股比投资组建。一期工程计划投资 260 亿元,规划建设两台百万千瓦级核电机组。一期工程竣工投产后,其核电将并入国家电网当中,向辽宁和东北电网供应电力。两台机组将缓解大连市的用电紧张。

为了保障快速发展的沿海经济有充足的电力资源,发电量巨大的红沿河核电站,年发电量可以满足两个中等城市一年的用电需求,项目全部建成后,发电量将比辽宁省 2003 年用电量的一半还多,相当于东北电网总装机容量的七分之一,6 台机组一年可实现利税约 60 亿元。

作为东北地区第一座大型商用核电站,红沿河核电站规划建设 6 台百万千瓦级压水堆核电机组。一期工程建设 4 台单机容量为 111.9 万千瓦的压水堆核电机组,其中 1、2 号机组已分别于 2013 年 6 月 6 日、2014 年 5 月 13 日投入商业运行,1 号机组商运当年在 9 项国际核电运行主要指标中,就有 6 项达国际先进水平。3 号机组已于 2015 年 3 月 23 日并网发电,计划 2015 年上半年投入商运;4 号机组工程建设进展情况良好。

红沿河 6 台机组全部建成投运后,与同等规模火电厂相比,每年可节约标准煤 1611 万吨,减排二氧化碳 4000 万吨,综合温室气体减排效应相当于大连地区森林面积的两成。

按国际通用标准,红沿河核电站在放射性物质(裂变产物)和环境之间设置了三道屏障。第一道屏障是核燃料芯块密封在锆金包壳内,放射性物质不会释放出来。第二道屏障是由核燃料构成的堆芯封闭在壁厚 20 cm 的钢质压力容器内,放射性物质不会泄漏到反应堆厂房中。第三道屏障是反应堆厂房,厂房是一个壁厚 1 米、内表面加有 6 mm 厚的钢衬的预应力钢筋混凝土构筑物,因此,放射性物质不会渗出厂房之外。一般情况下,只要其中有道屏障是完整的,就不会发生放射性物质外泄的事故。

除此之外,像工作人员淋浴水之类低放射性废水,都需要经过处理、检验合格后排放;而气体废物经过处理和检测合格后向高空层排放。固体废物目前都暂时放在每个核电站建成的固定的防辐射房间里,将来会统一在某个适合的地方按国际惯例做深埋处理,留待技术成熟时,挖出来再利用。

二、兴城台子里核电站

兴城台子里核电站站址早在 20 世纪 80 年代就由辽宁省核电建设领导小组牵头组织 20 多个研究院所作过前期筹建工作,2003 年又由大唐电力集团、广州核电集团分别组织单位进行前期工作。为辽宁省备用站址。

三、瓦房店驼山乡将石底核电站

东北电力设计院在 2000 年后已开始进行前期工作。该站址在红沿河核电站正北方,约 11 km 沿海边。实际上,也是红沿河核电站的四期、五期工程。

四、庄河黑岛核电站

庄河黑岛核电站为东北电力公司、国电公司预开发厂址。目前已建百米铁塔进行气象、扩散试验。按核导则要求,得进行 20 个项目、历时 2 年的观测。两年后提供大气扩散环境报告,为进行环境评价、核电厂设计提供科研数据。

第十一章　潮汐能

　　辽宁省曾于 1958 年和 1979 年两次进行海洋能的普查工作。20 世纪 80 年代初期在开展"辽宁省海岸带和滩涂资源综合调查"和"辽宁省海岛资源调查"时，进行了重点复查。调查结果表明，辽宁省海洋能源蕴藏量居全国储量的第五位，这些资源大多都分布在大连市及其所属岛屿附近的沿海地区。

　　根据水电部要求，将可装机容量在 500 千瓦以上的潮汐电站站址列为普查对象，并按勘测设计工作情况和开发条件，将其划分为四类。其分类标准是：一类系已建或正在建设的潮汐电站；二类是做过一定勘探设计工作，开发条件较好的站址；三类是经过勘察，开发条件较好，按 50%频率的潮位过程计算能量指标，并进行必要的工程布设，估算工程量和投资及评价开发条件的站址；四类系经过勘察，开发条件一般，仅根据最新的水文、地形资料估算过能量指标的站址。根据这些调查结果，结合水电部的要求标准，对辽宁省海洋能资源开发利用状况分述如下。

第一节　潮汐能分布

　　辽宁沿海多为不正规半日潮。唯西部地区大、小凌河口至山海关之间，因受地形特征影响，有时潮汐涨落不甚明显。鸭绿江口至南尖村段，平均潮差 4 米左右，南尖村至清云河口段，平均潮差 2～3 米，此段因地势较高，多浅滩，退潮时大多潮滩裸露。长山列岛平均潮差 2～3 米。清云河口以西至双岛湾段，平均潮差 1.4～2.2 米。双岛湾以西至葫芦山嘴，平均潮差 1.6～2.0 米。葫芦山嘴以西至狗河口，平均潮差 1.0～2.1 米。全省沿海潮差多在 1.0～4.0 米。鸭绿江口潮差最大，由东向西递减，山海关附近潮差最小。根据调查，入海河口段的潮界区随地形地貌的变化而不同。辽河潮水可上溯至三岔河以上，从台子河可至二道桥子附近，鸭绿江口可上至沙河口附近，大洋河可上至龙王庙附近。

　　根据已有水文类资料分析，全省沿海各区涨潮历时较短，落潮历时较长，涨落潮共历时 12 小时 24 分。潮汐在年内的变化，以 7—9 月潮位较高，12 月至翌年 2 月潮位较低。除气象与地形影响外，夏季多南风和东南风，冬季多北风，并有冰冻，它们对潮流均有影响。在月内，以朔望后二、三天潮位较高（即农历初三、四、五；十六、十七、十八），上、下弦后二、三天潮位较低（即农历初九、十、十一；二十三、二十四、二十五）。

　　从海流流速看，大连老铁山水道流速最大，最高可达 2.6 m/s，此处涨、落潮延时较长，其深水直逼岸边，地势陡峭。此外，长山列岛周围水道海流流速亦较大，它们均蕴藏着巨大能量。

　　辽宁省海洋功能区划确定的潮汐能区有：鸭绿江口赵氏沟潮汐能区、大三山岛潮流能开发区、清云河口及庄河盖子头、庄河小唐儿府、庄河黄圈潮汐能区。

第二节　潮汐能开发现状

一、潮汐电站站点选定及动能估算

历次调查结果表明,全省共有宜建海洋能电站站点 49 处,经与水电部标准比对和筛选,选出可供开发的资源 27 处,见图 11.1 和表 11.1,其中,属三类资源的 5 处,四类资源的 22 处。三、四类资源的理论蕴藏量为 193.6 万千瓦,理论潮汐能为 57.7 亿度,可能开发的装机容量为 58.6 万千瓦,可能开发的潮汐能为 16.1 亿度(其中,三类装机容量 1.76 万千瓦,年发电量 0.49 亿度;四类装机容量 56.9 万千瓦,年发电量 15.7 亿度)。按容量大小分,装机容量大于 20 万千瓦的 1 处(南尖村电站),5~10 万千瓦的 1 处(大圈村电站),1~5 万千瓦的 8 处,0.1 ~1 万千瓦的 13 处,小于 0.1 万千瓦的 4 处。坝长 12000 米的 1 处(南尖村电站),5000~ 7000 米的 4 处 (大圈村等),1000~5000 米的 17 处,小于 1000 米的 5 处。

二、潮汐能三类资源开发

1. 黄家圈电站

位于大连市庄河县境内。海岸基岩出露,以太古代花岗岩为主,陡岸矗立,目前尚未进行地质勘探工作。此站交通方便,石料丰富,具备较好的施工条件。平均潮差 3 米,可能开发的装机容量 4500 千瓦,年可发电 1240 万度,需土石方量 47.9 万立方米,总投资 2730 万元,单位千瓦投资需 6060 元。

2. 小唐儿府电站

位于大连庄河县观驾山乡境内。地质概况与黄家圈相同,未做过地质勘探。此站距庄河县较近,交通方便,石料丰富,施工条件较好,平均潮差 2 米,可能开发的装机容量约 1600 千瓦,年可发电约 440 万度。需土石方量 16.8 万立方米,总投资约需 716 万元,单位千瓦投资 4480 元。

3. 盖子头电站

位于庄河县尖山乡境内。地质情况与小唐儿府相同,未做过地质勘探工作。该站有沿海公路通过,交通方便,建材可就地解决,施工条件较好。该电站为河床式开发,平地潮差 2.7 米,可能开发的装机容量为 10360 千瓦,年可发电量约 2850 万度。需土石方量 36.5 万立方米。总投资约需 5710 万元,单位千瓦投资约需 5510 元。

4. 塞里岛电站

位于长海县小长山岛与哈里岛之间的塞里岛南端,是大连市几座潮汐能电站中装机容量最小的一个,仅有 540 千瓦。但它代表着缺电岛屿用电的前途,具有较大的现实意义。该区地层岩性以太古代花岗岩为主,海湾条件较好,石料可就地取材,平地潮差 2.3 米,年可发电量 150 万度,需土石方 13.7 万立方米,总投资约 352 万元,单位千瓦投资约 6520 元。由于其规模较小,坝长仅 750 米,电站水库面积仅 0.5 平方千米,可做实验性开发,以此为大小型电站建设积累经验。

5. 赵氏沟电站

位于鸭绿江口东港市境内。平均潮差约 4 米,可能开发装机容量约为 640 千瓦,年可发电

176 万度,开发条件较优越。

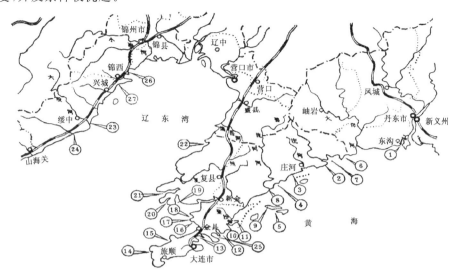

图 11.1 潮汐电站图

表 11.1 辽宁省宜建潮汐能电站点

编号	电站名称	装机（kW）	发电量（万度）	编号	电站名称	装机（kW）	发电量（万度）
1	赵氏沟	640	176	15	营城子湾	6144	1690
2	黄家圈	4500	1240	16	金州湾	3320	910
3	小唐儿府	1600	440	17	后海湾	1280	352
4	盖子头	10360	2850	18	北海湾	7780	2140
5	塞里岛	540	150	19	平岛湾	8000	2200
6	大圈村	73600	20200	20	猫礁嘴	19200	5280
7	南尖村	265600	73000	21	葫芦山咀	32000	8800
8	碧流河口	8820	2430	22	太平湾	9720	2670
9	大龙口	1900	520	23	六股河口	2380	660
10	清水河口	800	220	24	狗河口	500	138
11	清云河口	18900	5450	25	大窑湾	32600	8970
12	小窑湾	14520	3990	26	塔山湾	20800	5720
13	老龙头	16000	4400	27	连山湾	21260	5950
14	双岛湾	3521	970				

第十二章　波浪能

波浪能是指海面波动所具有的能量,与波高、周期有关。辽宁省海岛附近海域虽然波浪一般不大,但波能亦有相当的蕴藏量,由技术规定可知,波能的能流密度公式为:$P = 2H^2 T C_g / C_o$(kW/km),式中 H 为波高,T 为周期,C_g 为群速,C_o 为波速。该式为波在单位时间内通过单位波峰宽度的能量在一个周期内的平均值。波能理论功率为:$N = PL$,式中 L 为两站之间的距离。在辽宁省海岛及其邻域(取大鹿岛、小长山、长兴岛、鲅鱼圈、菊花岛五个站),用多年资料(1963—1979 年,长兴岛为半年),按上式进行统计推算,得出波能资源的初步估计值,见表 12.1。

表 12.1　波能资源统计表

要素 值 站名	年平均波高 (m)	年平均周期 (s)	年平均波能密度 (kW/km)	站距 (km)	代表区段长 (km)	区段波能理论 功率(10^6 kW)
菊花岛	0.5	2.8	3.69	105		
鲅鱼圈	0.3	1.8	3.35	114	110	368.5
长兴岛	0.5	2.3	5.81	246	180	1045.8
小长山	0.3	2.0	2.11	109	178	375.58
大鹿岛	0.5	2.9	3.15			

温差能、盐差能等其他能源,因受资料所限未予统计。

第十三章　海流能

第一节　海流能分布及储量

海流能源主要指为潮流能,它是指潮波运动中的动能部分。辽宁省海岛附近海域余流相比潮流较小,因此,该项能源的计算未将余流剔除,故称海流能。该项能源蕴藏量较大的海区为长山群岛附近海域,群岛中岛屿错落分布,湾口、水道较多,由于狭管效应,致使其流速较其他区域为大,故其流能也较大。根据调查资料及开发海洋能源技术规程的要求,将长山群岛中五条水道的海流能进行了统计,结果见表 13.1。

表 13.1　长山群岛五条水道海流能资源统计表

水道名称	$V_大$	$V_小$	理论蕴藏量		B	h	N	可开发资源量	
			P_m	P				$N_y(10^4$ km)	$E(10^8$ 度)
	m/s	m/s	kW/m²		m	m	10^4 kW		
里长山水道	1.37	0.69	0.32	1.31	14000	18	8	9.98	1.76×10^{-4}
哈仙水道	0.83	0.56	0.29	0.46	3500	25	4	0.76	8.8×10^{-5}
长山东水道	1.36	1.24	1.29	2.87	1750	15	7	1.02	1.54×10^{-4}
东獐子水道	0.7	0.58	0.17	0.34	5250	35	6	0.94	1.32×10^{-4}
石城水道	0.69	0.64	0.17	0.39	4200	10	2	0.21	4.4×10^{-5}

(注:E—一年发电量;P_m—最大能流密度;P—平均流密度;N—平均动率;$V_大$—大潮流速;$V_小$—小潮流速;B—水道深度;h—高度差;N_y—装机容量)

按海流流速,大连老铁山水道流速最大,最高可达 2.6 m/s,此处涨、落潮延时较长,其深水直逼岸边,地势陡峭;次为长山群岛周围水道,海流蕴藏能量巨大。

第二节　潮流能开发利用现状及评价

我国潮流能开发利用起步较迟,1978 年才在浙江舟山海区的西侯门水道上进行 8kW 潮流发电机组原理性发电试验,试验时用的是卧轴螺旋式水轮机和液压传动装置,当流速为 3 m/s 时,发出的电力为 5.7kW。

1981 年哈尔滨开始进行立轴自调直叶水轮机潮流发电机组研究,实验室发电装置初步试验表明有较高的效率。该装置于 1984 年通过鉴定,随后进入 kW 级潮流发电实型试验研究。

青岛研制的旋柱水轮潮流发电装置,于 1985 年在白沙口潮电站泄水闸门处进行原理性试验,可带动 0.8kW 发电机,1987 年 5kW 样机设计通过审查,开始进行样机制造。

总之,我国沿海潮流能资源是比较丰富的,但对这种资源的开发利用尚处于开发前的研究阶段和小型机组的试制阶段。

第四篇

海洋灾害

海洋灾害是指海洋自然环境发生异常或激烈变化,导致在海上或海岸发生的灾害。按灾害形成原因,又可分为海洋气象灾害、海洋地质灾害、海洋生物灾害及海洋人为灾害等类别。海洋气象灾害有风暴潮(包括台风风暴潮和温带风暴潮)、海啸(包括遥海啸与本地海啸)、海浪(包括风浪、涌浪和近岸浪)、海冰。海洋地质灾害有海岸侵蚀、海湾淤积、海咸水入侵沿海地下含水层、海平面上升、沿海土地盐渍化等缓发性灾害变异等。海洋生物灾害有赤潮等。海洋人为灾害主要有海洋水质污染、海上溢油等突发性较强的灾害变异。

第十四章　海洋气象灾害

第一节　风暴潮、海啸

一、成因

(一)风暴潮成因

风暴潮是由台风、温带气旋、冷锋的强风作用和气压骤变等强烈的天气系统引起的海面异常升降现象,又称风暴增水或气象海啸。风暴潮是一种重力长波,周期从数小时至数天不等,介于地震海啸和低频的海洋潮汐之间,振幅(即风暴潮的潮高)一般数米,最大可达二三千米。它是沿海地区的一种自然灾害,它与相伴的狂风巨浪可酿成更大灾害。通常把风暴潮分为由台风引起的台风风暴潮和由温带气旋引起的温带风暴潮两大类。台风风暴潮多见于夏秋季节。其特点是来势猛、速度快、强度大、破坏力强。凡是有台风影响的海洋国家,沿海地区均有台风风暴潮发生。温带风暴潮多发生在春秋季节,夏季也时有发生。中纬度海洋国家沿海各地常可见到。欧洲北海沿岸诸国,美国东海岸以及中国的渤海都常有温带风暴潮出现。一般特点为:水位变化较平缓,高度低于台风风暴潮。

风暴潮灾害主要是由气象因素引起。一般而言,风暴潮、天文潮和近岸海浪结合引起的沿岸涨水造成的灾害,统称为风暴潮灾害。它不仅在发生时造成沿海居民巨大的生命财产损失,还给沿海的滩涂开发和海水养殖带来严重的破坏,并可能在风暴潮灾过后伴随着瘟疫流行、土地盐碱化,使粮食失收、果树枯死、耕地退化,并污染沿海地区的淡水资源,而使人畜饮水出现危机,生存受到威胁。沿海某些海岸也因风暴潮多年冲刷而遭到侵蚀。这种因潮灾带来的次生灾害,几年内也难以消除。

(二)海啸成因

海啸是由海底地震、海底火山爆发、海岸山体和海底滑坡等产生的特大海洋长波。在大洋中具有超大波长,但在岸边浅水区时,波高陡涨,骤然形成水墙,来势凶猛,严重时高达20～30米以上。海啸灾害指特大海洋长波袭击海上和海岸地带所造成的灾害。海啸按成因可分为三类:地震海啸、火山海啸、滑坡海啸。海啸的波速高达 700～800 千米/小时,在几小时内就能横过大洋;波长可达数百千米,可以传播几千千米而能量损失很小;在茫茫的大洋里波高不足一米,但当到达海岸浅水地带时,波长减短而波高急剧增高,可达数十米,形成含有巨大能量的"水墙"。海啸主要受海底地形、海岸线几何形状及波浪特性的控制,掀起的狂涛骇浪,汹涌澎湃,呼啸的海浪水墙,每隔数分钟或数十分钟就重复一次,摧毁堤岸,淹没陆地,夺走生命财产,破坏力极大。1960 年智利地震海啸形成的波涛,横扫整个太平洋;2004 年印度洋世纪地震海啸洗劫了沿岸数国,足见其威力巨大。

海啸在辽宁沿海很少发生,一般都是海啸快消亡时,余波才影响辽宁,故本节不把风暴潮、海啸分开来记述。

二、风暴潮区域分布

根据公元 221—2005 年的资料记载(见表 14.1),辽宁省黄海沿岸风暴潮出现次数比渤海沿岸多,北黄海主要集中在丹东海岸、庄河皮口海岸、大连金州海岸,丹东 50 次、庄河 15 次、大连和金州 20 次。渤海沿岸主要发生在盘锦、葫芦岛、营口,次数一般在 4～5 次,营口和鲅鱼圈为 12 次。

从渤海和黄海北部各海湾出现次数可看出,鸭绿江口西部海湾(东沟)发生的次数与渤海湾(大沽)接近,其发生频率仅少 2%;而辽东湾(鲅鱼圈)特别少,近百年只出现一次(台风引起)。

从东沟发生的风暴潮历史看,在近百年中东沟共发生 21 次风暴潮,平均 5～6 年发生 1次。其中民国二年(1913 年)和民国十二年(1923 年)发生最多,各发生过 2 次。20 世纪 50 年代以后,共出现 5 次,其中 50 年代和 60 年代基本无风暴潮,从 70 年代开始增多为 2 次,80 年代达 3 次。东沟发生的 21 次风暴潮中,有 17 次出现在夏季,4 次出现在春、季。

表 14.1　辽宁省风暴潮地区分布

地名	次数	地名	次数
丹东	50	瓦房店	5
庄河	15	鲅鱼圈	8
皮口	9	营口	4
小长山岛	5	大洼	5
海洋岛	1	盘锦	1
金州	8	锦州	4
大连	12	葫芦岛	4
旅顺	4		

三、风暴潮类型

(一)台风风暴潮

影响辽宁的台风路径十分复杂,可分为三类。

1. 登陆转往东北类

这类台风的共同特点,先在我国东部沿海,南自福建沿海,北至山东半岛以南沿海登陆再转往渤海和辽宁省。尽管登陆地点千差万别,但最终都影响到辽东湾沿岸。

2. 直接登陆类

这一类台风的共同特点:台风经海上北移后直接登陆辽宁,或登陆山东半岛再北移在辽宁省南部沿海登陆。此类台风诱发的风暴潮对辽宁省沿海威胁最大。1885 年 9 月 7 日、1932 年 8 月 28 日、1941 年 8 月 23—24 日以及 6410 号与 8509 号台风等就属于这一类台风路径。

3. 黄海转向类

台风在我国东部沿海登陆后转往黄海,或直接经黄海转往朝鲜北部。这类台风主要影响辽宁省东南部沿海。1923 年 8 月 13 日、1942 年 8 月 25 日的台风以及 6510 号、8211 号、9216 号强热带风暴等均属于此类路径。

1884—2005 年间,影响辽宁省的台风共有 113 个,平均每两年约 1 个。其中登陆我国东部沿海后又转往渤海有 25 个,直接登陆辽宁省的有 23 个,登陆我国东部沿海后又转往黄海或直接在黄海转向的有 65 个。发生时间多在 7、8、9 月份,以 7、8 月份居多,约占总数的 84.4%。

(二)温带风暴潮

辽宁省温带风暴潮主要发生在辽东湾东岸和黄海北部沿岸,一年四季均有可能发生,但以冬、春两季居多。资料统计表明,辽东湾东岸的较大温带风暴潮尤以 11 月、12 月和翌年 1 月发生最多,约占总数的 60% 以上。黄海北部沿岸的这类风暴潮,主要是江淮气旋出海东移造成的。因此,4—8 月此类天气过程明显偏多。温带风暴潮过程经常引起辽东湾较大的减水。1980 年 10 月 26 日,营口出现过 235 cm 的减水;1976 年 10 月 28 日,大连出现过 176 cm 的减水。这种现象对进出浅水港口的大型船舶有较大影响,有时能使停泊在这样港口的大型船舶搁浅以至于毁坏。

四、风暴潮增减水特征

增减水分析一般是取验潮站的实测潮位减去预报潮位的差值,当潮位差绝对值等于或大于 40 cm,且持续时间等于或大于 4 小时,即为一次增(减)水过程。

(一)黄海北部风暴潮增减水特征

以小长山水文验潮站资料分析黄海北部风暴潮增减水特性。通过对 1980—1989 年这 10 年潮位资料的统计分析,得到该区 10 年增减水过程的年、月分布,由表 14.2 和表 14.3 看出,黄海北部减水过程远多于增水过程,10 年间,小长山(港)减水过程 127 次,增水过程 53 次,两者出现比率为 1:0.425,即增水过程不及减水过程的 1/2。此外,10 月—翌 3 月冬半年增水次数多于 4—9 月夏半年增水,10 年中,冬半年增水过程 37 次,占增水总次数的 69%;减水过程 114 次,占减水过程总次数的 90%,因此,该域增水主要发生于冬半年,减水亦然。

一年之中,增水发生最多的月份为 11 月和 12 月,10 年累计发生次数分别为 11 次和 10 次,增水过程发生最少的月份为 7 月,10 年未见增水过程。减水过程发生最多的月份为 12 月和 1 月,10 年累计发生 26 次,即这两个月份平均每月都有 2～3 次减水过程发生。5—9 月减水发生的次数最少,其中 6、7 月份全年无减水过程发生。

由表 14.4 可见,增水强度最大的年份是 1980 年,增水值为 110 cm,其次为 1982 年,增水 91 cm;增水强度最小的年份是 1983 年,增水值仅为 58 cm。减水强度最大的年份为 1987 年,减水

—156 cm;次强的为 1980 年,减水值—153 cm;减水强度最小的年份为 1985 年,其值为—76 cm。

表 14.2　小长山增水过程统计　　　　　　　　　　　　　　　(单位:次)

年＼月	1	2	3	4	5	6	7	8	9	10	11	12	年合计
1980	1			1	1	1						3	7
1981	1	1	2								1		5
1982					1						1	1	3
1983	1		1						1			1	4
1984						1				1	2	1	5
1985	1			2	2						3	1	9
1986	1			1							1	2	5
1987	1			1					2		1	3	8
1988		1			1							1	3
1989	1		1	1							1		4
合计	7	2	4	6	5	2			3	3	11	10	53

表 14.3　小长山减水过程统计　　　　　　　　　　　　　　　(单位:次)

年＼月	1	2	3	4	5	6	7	8	9	10	11	12	年合计
1980	3	1	2	2	1					2	1	5	17
1981	5	1	3						1	2		2	14
1982	4	2	2	1				1	1	2	2	3	18
1983	3	1	2	1							4	3	14
1984	1	2		1								1	5
1985	4	3	1									2	10
1986	2	3		2					1		1	3	12
1987	2	2	4							1	1	2	12
1988	1	5								1	3	5	15
1989	1	1	2							2	3	1	10
合计	26	21	16	7	1			2	3	11	14	26	127

表 14.4　最大增减水位统计　　　　　　　　　　　　　　　(单位:m)

年份	1980	1981	1982	1983	1984	1985	1986	1987	1988	1989
增水值	1.10	0.80	0.91	0.58	0.69	0.77	0.69	0.75	0.75	0.75
减水值	1.53	1.04	1.05	1.33	0.88	0.76	1.23	1.56	0.94	1.07

　　应当说明的是,就黄海北部诸岛区而言,长山群岛海域相对于近岸海域为大,因此,增减水量值相对近岸海域无疑要小的多。

　　(二)辽东湾风暴潮增水特征

　　利用葫芦岛验潮站 1970—1974 年 5 年潮位资料统计分析得到增减水统计情况见表 14.5。

表14.5　葫芦岛站增减水统计 （单位:m）

特征	级别	次数	极值
增水	0.5<ΔH≤1.0	136	2.05 m
	1.0<ΔH≤1.5	3	
	1.5<ΔH≤2.0		
	ΔH>2.0	1	
减水	0.5<ΔH≤1.01	83	−2.16 m
	1.0<ΔH≤1.5	15	
	1.5<ΔH≤2.0	6	
	ΔH>2.0	1	

注:资料来源于葫芦岛海洋站气候志

　　5年中,该区超过2.0 m以上的增减水过程各出现1次,最大增水2.05 m,最大减水为
−2.16 m。增减水值一般均在0.5~1.0 m之间。本海区的增水过程多发生于夏季,减水过
程多发生在春季、秋季。夏季东北低压槽等天气系统于本区过境时产生较强的偏南大风,常伴
有较强的增水过程。另外,北上台风的影响亦可引起本区较大强度的增水,表14.6是1961—
1990年间营口水文站对1.0 m以上增水出现次数的统计;表14.7给出了辽东湾部分测站受
台风影响所产生的增水现象。就辽东湾海域来说,虽然北上台风次数很少,但由其影响产生的
增水强度往往很大,常造成较大的危害。

表14.6　辽东湾东岸营口水文站1.0 m以上增水出现次数统计(1961—1990年)

月份	1	2	3	4	5	6	7	8	9	10	11	12	合计
次数	25	6	17	20	1	0	2	3	3	11	30	42	160

表14.7　台风增水统计 （单位:m）

增水及潮位	测站 营口	葫芦岛	台风年(号)
最大增水	0.89	1.07	
最高潮位	4.39	3.77	1960年7月
最大增水	0.64	0.66	
最高潮位	4.28	3.74	1970年8月21日—9月1日(7008)
最大增水	1.77	2.05	
最高潮位	4.67	4.14	1972年7月5—30日(7203)
最大增水	1.33	1.09	
最高潮位	4.41	3.92	1973年7月11—20日(7303)
最大增水	1.20	1.25	
最高潮位	3.87	3.57	1974年8月27日—9月1日(7416)

五、风暴潮风险评价

(一)风暴潮的等级划分

按着历史上发生风暴潮次数及经济损失情况,把风暴潮灾害分为四个级别,按发生灾害的严重程度分为灾情极重区、严重区、次重区及一般区(见表14.8)。黄海东沿岸都为极重区或严重区,其中以丹东尤为严重。渤海沿岸为一般区,灾情较轻。

表 14.8　风暴潮灾害分区指标

区域分区	极重区	严重区	次重区	一般区
风暴潮出现次数	30 次以上	20 次以上	10 次以上	10 次以下
经济损失	5 亿元以上	3~4 亿元	1~2 亿元	1 亿元以下

(二)评价方法

风暴潮灾害属于自然灾害,风暴潮灾害不但会造成大规模人员伤亡,而且会带来重大的经济损失,有必要结合历史统计数据和记录,绘制危险性区划图评估潜在的影响。通常意义下,"风险"可以表示为"频率"和"后果"的函数,即某种危险性事件的风险水平由其发生的可行性大小和事件发生后可能造成的后果严重性来决定。因此,"风险"可以用下面的通式来表示:

$$R(风险) = F(频率) \times S(严重度)$$

用风险矩阵来表征风险水平,见表14.9。

表 14.9　风险矩阵

频率	严重度(S)			
	轻微	明显	严重	灾难
频繁				高风险
一般				
很少				
极少	低风险			

风险矩阵是建立在风险等于危险事件发生频率与事故后果的严重程度的基础上的。为了简化风险水平的表征方式,采用对数形式作为风险指数,对上式两边取对数即得到:

$$风险指数(RI) = 频率指数(FI) + 严重度指数(SI)$$

上述风险矩阵中需要用到的频率和后果的严重度需要明确地定义(见表14.10~14.12)。

表 14.10　频率指数

FI	频率	定义
7	频繁	30 次以上
5	一般	20 次以上
3	很少	10 次以上
1	极少	10 次以下

表 14.11 严重度指数

SI	严重度	经济损失
1	轻微	<1 亿元人民币
2	明显	1～2 亿元人民币
3	严重	3～4 亿元人民币
4	灾难	>5 亿元人民币

表 14.12 风险指数矩阵

		严重度(SI)			
		1	2	3	4
FI	频率	轻微	明显	严重	灾难
7	频繁	8	9	10	11
5	一般	6	7	8	9
3	很少	4	5	6	7
1	极少	2	3	4	5

（三）风险评价

采用上述风险评估方法，对辽宁省区域进行风暴潮灾害风险评价。对于得出的风险水平，根据其数值大小分为 4 级（见表 14.13）。此处的灾害风险等级并不是严格的绝对意义上的灾级，而是在所研究的海域范围内，不同风险水平的相对高低程度。1 级为一般区，2 级为次重区，3 级为严重区，4 级为极重区。

表 14.13 风险水平值对应的灾害风险等级

风险水平	灾害风险等级	描述
9～11	4	存在很高风险
6～8	3	存在高度风险
4～5	2	存在较高风险
2～3	1	存在一般风险

从评价结果可以发现（如图 14.1 所示），鸭绿江口西部海湾（东沟）发生风暴潮的风险最高，为极重区；其次是大连南部（大连湾附近），辽东湾（鲅鱼圈附近），庄河附近海域发生风暴潮的风险高，为严重区；皮口沿岸、瓦房店沿岸以及葫芦岛沿岸发生风暴潮的风险较高为次重区；最轻微的是长海县、旅顺、盘锦附近海域。经有记载的数据计算出这样的结论，但并不表示其他地区无风暴潮灾害的危险。

六、风暴潮灾害

辽宁省海岸线东起鸭绿江口、西至山海关老龙头，长达 2178 km，历史上屡遭风暴潮袭击，形成灾害。其中黄海沿岸比渤海沿岸频次较高，灾情较重。

风暴潮主要是加剧了沿海江河口附近的灾害程度。如 1983 年 7 月 13—14 日，受江淮气旋影响，辽宁东南部地区降暴雨和大暴雨，东沟县洋河雨量最大达 191 mm。东沟、庄河、新

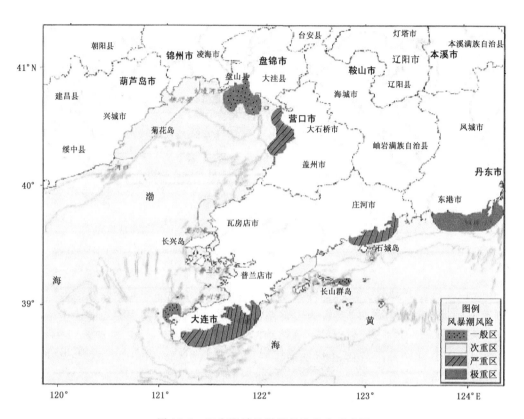

图 14.1　辽宁海域风暴潮风险分布示意图

金、长海、复县等沿海地区东南风 7~8 级,发生了 60 年间最强的风暴潮。特大海潮袭击使海水倒灌,海浪高达 3 米,东沟最高潮位达 4.3 米,使东沟镇内积水约达半米深,有 1/3 的房屋进水。沿海地区共有 50 多个村受灾,冲毁防潮堤坝 170 多 km,决口 250 多处,鱼港堤坝、养虾池、盐场及船只也遭严重破坏,农田被淹,死亡 4 人,经济损失严重。又如 1972 年 7 月 26—27 日,大连、营口、锦州等沿海地区遭 3 号台风袭击,海边和港湾出现大暴潮,海水倒灌,造成严重灾害。

据统计,1949—2005 年,辽宁风暴潮造成的经济损失约 60 亿元,且损失随着时间的推移呈现上升趋势。20 世纪 50 年代,辽宁累计损失 4.19 亿元;60 年代上升至 8.19 亿元,接近 50 年代的 2 倍;80 年代达到 13.46 亿元,比 50 年代增加 3 倍。90 年代达到 20 亿元。

第二节　海　冰

海冰是指海洋中存在的一切冰类型,它包括直接由海水冻结而成的咸水冰,亦包括进入海洋中的大陆冰川(冰山和冰岛)、河冰及湖冰等。咸水冰是固体冰和卤水(包括一些盐类结晶体)等组成的混合物,其盐度比海水低 2‰~10‰。海冰按照其运动状态可划分为浮(流)冰和固定冰。浮冰是指自由浮在海面上,能随风、流漂移的海冰,它可由大小不一、厚度各异的冰块形成;固定冰是与海岸、岛屿或海底冻结在一起的冰。当潮位变化时,能随之发生升降运动。

辽宁省的结冰海区主要为辽东湾和黄海北部海域。其中辽东湾是我国所处纬度最高的海区，也是我国冰情最严重的区域。

一、海冰分布特征

我国渤海及黄海北部海域每年冬季都会有不同程度的海水结冰现象出现，同时在各大河流（辽河、滦河、大清河、海河、黄河以及鸭绿江）的入海口海域，由于有大量的淡水冰流入海中，海水的盐度变低，更易于结冰。结冰期地区差异较大，一般在每年的 12 月至翌年的 3 月。渤海结冰范围一般由浅滩向深海发展，在环境因素的作用下，流冰在海中漂移运动，造成渤海海冰的再分布。因此，尽管渤海为一年生海冰，但在热力和动力诸多因素的影响下，各海区的冰情时空分布差异较大。

（一）辽东湾冰情特征

广义上的辽东湾西起河北省大清河口，东到辽东半岛南端老铁山角，大部分区域处于辽宁省的海岸线环绕之内。整个海湾西北与大陆相连，东南被辽东半岛包围，湾口朝向西南，海湾北部湾顶位置多浅滩，且有几条主要的淡水径流注入（辽河、双台子河、大凌河等），湾内平均水深约 10 m，最大水深 32 m。辽东湾是我国所处纬度最高的海区，也是我国冰情最严重的区域。

1. 冰期的变化

辽东湾沿岸海区通常在每年的 11 月下旬、12 月上旬前后进入初冰期，至翌年的 3 月中旬前后逐渐消融，平均结冰期 105～130 天。但是进入 20 世纪 80 年代以来，冬季气温偏高，结冰期有所变化，到整个 90 年代平均结冰期一般在 100 天左右。

由于辽东湾内地理位置的不同，其冰期也有较大差异（见图 14.2），一般说来，北部湾顶位置冰期最长，东部冰期长于西部冰期，南部海域冰期最短。

2. 海冰分布

每年进入初冰期后，辽东湾一般从北部湾顶大面积的浅滩区和海湾内开始形成初生冰。辽东湾西部、东部在 12 月上、中旬很短的时间内，海冰由近岸向海区中央扩展。1 月末西部浮冰范围距岸约 18 km，东部浮冰范围距岸约 24 km，辽东湾浮冰外缘距湾顶约 74 km。2 月中旬盛冰期间浮冰范围最大可距湾顶 80～100 海里以上，在东岸一带浮冰带甚至可达金普湾外围、旅顺一带，这个时期辽东湾浮冰分布范围最大。2 月末至 3 月初融冰后段，浮冰范围逐渐缩小。一般年份，至 3 月中旬前后，辽东湾海域海冰消融完毕，冰情结束。

3. 海冰类型及冰厚度分布

辽东湾海域海冰类型分布及冰厚度的变化比较复杂。初冰期，辽东湾北部一般出现的海冰类型主要有莲叶冰（P）、尼罗冰（Ni）、灰冰（G）等，其冰厚度一般 10～20 cm；东部海域出现海冰类型一般是冰皮（R）、初生冰（N）、尼罗冰、灰冰，其冰厚度一般在 5～15 cm；西部海域一般出现冰类型是初生冰和冰皮，其冰厚度小于 10 cm。

随着寒潮和冷空气的不断侵袭，辽东湾冰情逐步生长进入严重冰期，这个时期出现海冰类型较多，冰厚度变化也较大，冰表面粗糙度明显增强，冰面出现了堆积、重叠现象。此时辽东湾北部出现海冰类型一般为灰冰、灰白冰（Gw）、白冰（w）、尼罗冰等，浮冰厚度一般 15～30 cm，固定冰厚度一般 30 cm 左右，最大可达 50～60 cm 以上。东部海域海冰类型一般是灰冰、尼罗冰、冰皮以及灰白冰，浮冰厚度一般 10～30 cm，固定冰厚一般 25～30 cm 左右。西部海域海

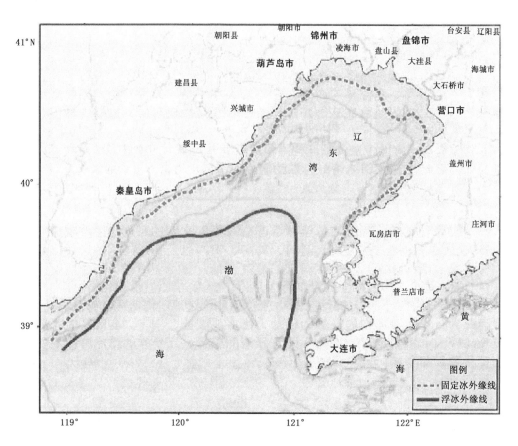

图 14.2　辽东湾海冰分布示意图

冰类型较为复杂,既有不成形状的初生冰,也有较薄的冰皮,同时还有大量的尼罗冰、灰冰、灰白冰等,其冰厚度一般 10～30 cm,也有小于 5 cm 的,冰厚分布变化复杂。

　　进入 2、3 月以后,天气逐渐回暖,辽东湾逐步进入融冰期。首先西部海域最早进入融冰期,一般 2 月末、3 月初海面海冰基本全部消融;东部海域在 2 月末至 3 月中上旬海冰也逐渐消融;北部湾顶海域的浅滩海冰在气温回升后逐步消融,在融冰期内会形成面积巨大的冰盘(一般直径几百米)在海面漂浮,顺东岸一带漂浮流动,直至完全消融;一般到 3 月上、中旬,辽东湾内海冰全部消融。

　　(二)黄海北部冰情特征

　　黄海北部结冰海域主要包括辽东半岛东岸鸭绿江口附近海域,该海域是我国海冰时空分布差异比较大的海区之一。

　　1. 冰期的变化

　　黄海北部海域结冰期变化复杂,东部和西部的冰期时空分布差异较大,东部处于河口海区,通常在 11 月下旬到 12 月初进入初冰期,至翌年 3 月中旬融冰结束,平均冰期 112 天;西部通常在 12 月下旬进入初冰期,至翌年 1 月初、2 月中旬融冰结束,平均冰期 56～70 天,冰期年际变化较大。

2. 海冰分布

如图 14.3 所示,黄海北部海域的海冰以鸭绿江河口处海区较重,浮冰以此为中心,向东、西两侧分布逐渐减轻。鸭绿江口海域浮冰范围距岸 20~40 km,其西侧海域浮冰范围距岸 10~20 km 并逐步减小。严重冰期间,鸭绿江口处海域有固定冰分布,但该海域固定冰时空分布很不均匀,通常固定冰范围距岸宽度约在几百米至 3 km 以内,同时,鸭绿江口处海冰表面堆积明显,一般堆积高度约在 2~3 m。

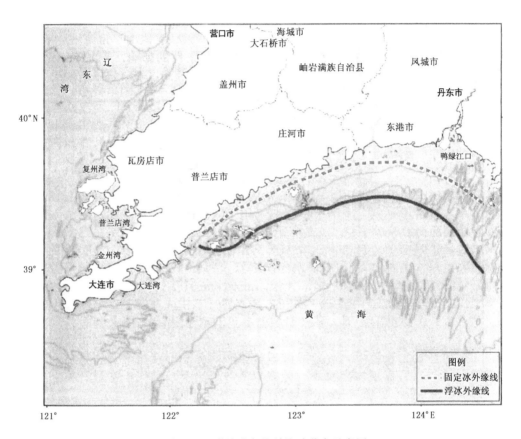

图 14.3　黄海北部海域海冰分布示意图

3. 海冰类型及冰厚度分布

黄海北部海域海冰类型分布主要集中在鸭绿江口、沿岸浅滩、海湾及其附近海域,此海域内的冰厚度一般较大,浮冰类型主要是冰皮、莲叶冰,一般冰厚 10~20 cm;固定冰类型主要是灰冰、灰白冰,一般冰厚 10~40 cm。鸭绿江口以西海域浮冰类型主要是灰冰、冰皮、莲叶冰,一般冰厚度 5~15 cm;固定冰类型主要有灰冰、灰白冰,一般冰厚度 10~30 cm。

(三)大连近岸无冰区

辽宁省沿海各城市当中,仅大连近岸大连港—旅顺老铁山一带海域属于无冰区,因其所处纬度以及海区水深、动力条件等众多条件的影响,本海区不易有海冰生成,属于辽宁省所辖海区当中仅有的不受海冰影响的区域。

第三节　海　雾

　　海雾是海上重要天气现象之一,沿海地区的雾有持续时间长、范围广、厚度大、浓度高等特点。沿海雾多于内陆,海上雾又多于沿海。沿海地区一年四季均有雾生成,总的分布是黄海北部大于渤海。全年雾日数,黄海北部海岸段大约 50～60 天,渤海 15～20 天,大陆一侧的雾日数少于海面。黄海北部的海雾一般多发生在 7 月,渤海多发生在 12 月。由于黄渤海域的海雾主要是平流雾,因而日变化不明显,一天中任何时间均可产生。沿海雾在日落后或夜间生成,后半夜至清晨达到最强,中午前后减弱消失,在雾多的季节可持续数日不散。大连雾的开始时间有 67.5% 在 23—08 时,同一时间海区出现海雾只占 52.8%。

　　由于海上气象台站稀少,1974 年大连市气象台派员查阅了大量航海日志,根据雾航资料与陆地测站资料进行对比分析,得到我国北方主航道海雾分布的一般特征和活动规律。

一、发生大雾的天气系统

　　根据 1961 年以来北方主航道附近海域出现的 1100 个雾日,普查它们的影响系统,除了锋面外,都是由于暖湿空气流到冷海面上形成的雾。所以,海雾以平流雾为主。

表 14.14　北方主航道附近海雾的影响系统

项目	高压后部	锋面	气旋	切变线	其他	合计
海雾日数	212	105	76	69	26	488
百分比%	43.4	21.5	15.6	14.1	5.3	99.9

　　由表 14.14 可以看出,海上高压后部出现的雾最多。它有两种情况:一是西风带高压入海,当高压中心位于黄海北部、日本海以及长白山一带时,我国北方主航道附近海域均可形成大雾,多见之于春季。再者,海区处于弱气压场或副热带高压边缘持续东—东南风时往往形成大雾,多见于夏季。

　　海上的锋面雾是发生于海上高压较强的情况下,锋面东移受阻、减弱时发生的大雾。这主要见之于夏、秋季节。

　　气旋引发的雾主要是东移的黄河气旋和向东北方向移动上的江淮气旋,进入黄渤海时产生的大雾。这多见于春、夏季节。

　　切变线引发的雾,一是西来的低槽、冷锋在海上停留下来,变为东西向切变;二是高压后部的暖切变。此型与高压后部的雾相近似,区别在于雾产生于切变线的两侧。

　　其他天气系统产生的雾很少,主要是在台风前方或北方高压南部的偏东气流里形成。

二、海雾的月变化

　　丹东附近海域的海雾有明显的月变化。海雾(平流雾)形成时海温起了决定性的作用,所以海雾的月变化与海温的月变化非常一致。经分析看到,无论用东港观测站资料还是 NOAA—17 卫星遥感资料,海雾月平均日数变化曲线都呈单峰型且两者位相一致,7 月是丹东海雾平均日数最多的月份。卫星遥感观测到的海雾日数多于东港观测站海雾日数,这是因为有的海雾没有登陆或靠近海岸。从 1 月到 7 月,海雾日数逐渐增多,到 7 月达到顶峰,而到了 8 月份海雾平均日数急剧下降。在 11 月到次年 2 月之间几乎没有海雾(见图 14.4)。值得注意的是,在每年的 8 月和 9 月卫星观测的海雾日数比东港站观测到的平均日数略少。从常规观测资料的雾记录中得知,在这两个月中,来自辽东半岛北部山区的陆风环流使距离海岸较近的近海海面经常有来自陆地的平流蒸发雾和辐射雾,但是这种雾只在海岸附近,过了海岸一定距离后就消散了,所以东港站观测到的平均海雾日数相对较多。大鹿岛和海洋岛的海雾月变化与东港站略有不同,而与卫星遥感影像资料相同,主要是因为海岛站点几乎不受陆地雾影响的缘故。

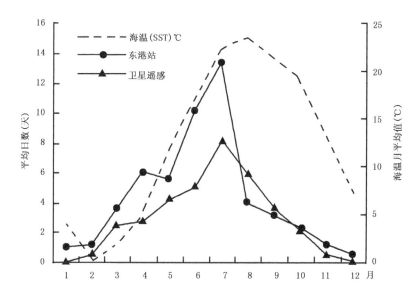

图 14.4　东港站和卫星遥感影像观测海雾月平均日数及丹东附近 SST 逐月变化图

三、海雾的日变化

　　海雾的日变化受当地的海陆分布和局地环流影响很大。越靠近海岸处越明显。普查 2001 年到 2005 年逐日卫星遥感影像资料时发现:内海的海雾日变化不明显,而近海的海雾有比较明显的日变化;一片海雾中与大陆靠近的部分其日变化明显;海雾在夜间生成的次数最多,在 14 时到 17 时生成的次数较少(见图 14.5)。NOAA—17 卫星遥感影像记录到的 2005 年 6 月 23—24 日海雾的演变过程,从中可以明显看到海雾的日变化特点及海雾深入陆地的过程:北京时间 2005 年 6 月 23 日凌晨 6 时 09 分,黄海北部海面已经生成海雾并深入到丹东地区内陆直达北部山区,地面能见度降到 200 m 以下。到了 9 时海雾的陆地部分开始消散,而海面部分的北缘保持与辽东半岛南部海岸线走向一致,整体分布范围几乎没有变动,这种状态一直维持到傍晚。从当天 17 时开始,海雾开始向内陆推进,到了 21 时 06 分,海雾已经深入陆地大约有 70 km 的距离,到 24 日凌晨 4 时 52 分,海雾已经覆盖了丹东地区的大部分陆地,而海面部分在这 24 小时内基本一直没有变化。

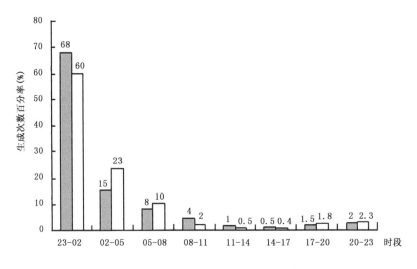

图 14.5　一日内海雾生成次数百分率

四、海雾分布

在多数情况下,海雾都不是均匀地覆盖整个海面,而是成片散布在海域上。雾区的形状不规则,尺度大小不一。据雾航记录,最大的 230 km,最小的 9 km,一般的在 30~50 km。海面温度状况决定了雾的形成,而天空云的状况决定雾的上层能否蒸发消散。

把渤海、渤海海峡和黄海北部划分 5 个小区,以便了解各海域海雾的分布规律。

1. 辽东湾及其以南海域　　由于夏初时节(以 7 月为代表)辽东湾及其以南是一个暖水区,所以这个海域雾很少。其分布是西岸多于东岸及北岸,锦州、兴城、绥中一带为 14~18 天,而营口、熊岳分别为 10.3 天、5.2 天。熊岳附近一段海岸是渤海沿海雾日最少的地方,而且以夏季为最少。与熊岳相距 50 km,位于黄海北岸的皮口,雾日为 51.2 天,而大雾多发生于夏季。由此可见,辽东湾的雾比黄海北部要少得多,而且全年都少。

2. 渤海海峡北部　　渤海海峡北部指 123°E 以西,大连沿海以南,38°N 以北海域。根据 1966—1970 年对比观测资料,海面年平均发生雾 29.6 天,大连 23.8 天。应该指出的是对比观测的 5 年恰是大雾较少的年份,而据 1951—1980 年大连资料统计,平均雾日为 40.4 天,以此推论:海面雾多年平均日数应高于 29.6 天。该海域的雾以 7 月最多,9 月最少,多雾期集中在暖季。

3. 渤海海峡南部　　渤海海峡南部是指 38°N 以南,到龙口、烟台和威海一线沿岸的近海海域。5 年对比观测资料表明,海中年平均海雾 10.6 天,而烟台为 7.0 天。比北方海面少很多,与辽东湾一样是一个少雾的海域。

4. 成山头附近海域　　山东半岛最东端的近海海域海雾特别多,但海上雾日数少于沿岸。1966—1970 年观测资料表明,海上平均雾日 50.0 天,而成山头为 58.4 天。这是与辽东半岛附近各海区不同的一个特点。

5. 黄海北部海域　　黄海北部大雾显著多于渤海北部,丹东雾多于大连。1951—1980 年,年平均雾日日数丹东为 49.7 天,大连 40.4 天。逐月平均雾日,丹东 7 月以前各月雾日的变化趋势与大连略同,大连 7 月雾最多,9、10 月基本无雾,而丹东秋雾依然相当多。

黄海北部的东半部分的雾比西半部分多;西半部分雾多发生于春、夏季节的 4—7 月间,8 月急剧减少,秋季 9—10 月基本无雾;东半部分雾多发生于夏、秋季节的 6—10 月,但春季 3—5 月雾也不少。沿海及海上冬季 11 月—翌年 2 月雾都较少。

五、黄、渤海域海雾的监测

应当指出,上述分析是基于船舶定时观测资料,只能宏观上反映出海雾变化的一般趋势。因此,所列数字仅有相对比较的意义。从沿岸测站资料的对比来看,这里的数字大致要比实际发生海雾的日数少 30%～40%,这是由于人为定时观测造成夜间雾可能有遗漏观测的原因。2005 年,大连市气象台使用 EOS/MODIS 遥感卫星对黄、渤海域连续观测之后,海雾的监测得到改观,海雾资料的获取更加及时、直观、客观、科学。大连市气象台于 2005 年 6 月 24 日 10 时,通过 EOS/MODIS 遥感卫星对黄海北部和渤海连续跟踪监测,获得的卫星大雾遥感监测图。资料显示,辽东半岛、渤海海峡北部和黄海北部海域在浓密的海雾笼罩之下。

六、海雾灾害

海雾对海上运输、渔业、盐业、港口作业和军事活动等影响极大。过去,由于海雾造成船只碰撞和触礁等海难事故屡见不鲜。海雾登陆,气势磅礴,大有排山倒海之势,影响陆路交通、航空等运营安全。

1968 年 7 月 20 日,辽宁省大连水产公司 354 号 250 马力钢壳渔轮,在 140 海区因雾与"大庆 25 号"货轮相撞沉没。

1969 年 3 月 20 日,旅大市海洋捕捞队 317 号 250 马力钢壳渔轮,由上海驶向 212 海区,在浓雾中航行触礁,在拖往大长山途中沉没,损失价值 40 万元。

1970 年 1 月 2 日,旅大市海洋捕捞队 278 号 200 马力木质渔轮,因雾在赴上海港卸鱼途中与"上电"2 号船相撞,7 分钟后 278 号沉没。

1970 年 8 月 10 日,250 马力钢壳渔轮 353 号,在转移渔场途中因雾能见度差,23 时 10 分在北纬 32°01′,东经 122°35′处与大庆 15 号油轮相撞沉没,12 名船员遇难。

1977 年 10 月 20 日,我国"汉明号"货轮载运钢材 12000 吨、纸张 2000 吨,由日本返回,6 时 55 分,因海上大雾(能见度仅 100 米)在大连港外与巴拿马籍"凯歌号"货轮相撞,"汉明号"沉没,"凯歌号"船头鼻子被碰断。

1990 年 11 月 27—28 日,海雾影响作业渔船及航行,造成渤海湾 16 艘外轮、10 艘国内远洋轮,15 艘其他各类船只推迟进港。

1992 年 11 月 6 日,大连附近海面海雾弥漫,大连水产供销虎滩分公司 10 多条船发生碰撞,损失 465 万元。

2004 年 5 月 2 日和 27 日,因大雾影响大连机场 169 个航班起降;大连至烟台"海燕号"快船停航,大连港滞留旅客 1500 多名。7 月 20 日上午 8 时 10 分,黄海北部海面突起浓雾,长海县开往普兰店皮口港的"大长山 1 号"与开往大长山港的"海汇 1 号"擦碰,船体没有破损,两船上共有 4 名乘客受轻伤。

第四节　海陆大风

一、海陆大风的空间分布

由于缺少海上站点资料,将长海站大风资料作为海面大风资料,丹东、东港、庄河三个沿海站点大风资料作为沿海陆地大风资料,进行对比分析后的结果表明,近30年海面大风次数略有减少,沿海陆地(尤其是东港和庄河)大风次数有所增加(见表14.15)。

表 14.15　四站大风风向对比分析

站点 风向	长海		庄河		东港		丹东	
	次数	百分比	次数	百分比	次数	百分比	次数	百分比
N	1456	65.29%	722	73.45%	65	24.81%	262	62.53%
S	774	34.71%	261	26.55%	197	75.19%	157	37.47%

1971—2000 年的近 30 年中,海上大风平均每年 77 次,其中偏北风 50 次,偏南风 27 次,在 1974—1979 年期间大风频繁,每年都在 100 次以上。而在 1992 年至今,大风次数明显减少,均在 60 次以内,陆地大风平均每年 18 次(其中偏北风 12 次,偏南风 6 次)。从海面(长海站)与陆地(丹东、东港、庄河)大风的年变化中可以得到,海面大风在最近几年呈减少趋势,而陆地大风近几年处于大风频繁期。陆地三个站的大风年变化趋势明显不同,东港和庄河大风次数增加,丹东大风次数略有减少。从表 14.15 中可以看出长海、庄河、丹东三个站的全年大风中偏北大风占大部分,分别为 65.29%、73.45%、62.53%,而东港偏南大风所占比重最大,为 75.19%。其中庄河平均每年 37 次,偏北风 28 次,偏南风 9 次;东港平均每年 9 次,偏南风 5 次,偏北风 4 次;丹东平均每年 14 次,偏北风 12 次,偏南风 2 次。经分析得出丹东大风呈周期性变化,大约 16 年一个周期,目前正处于大风频繁期,东港大风在 1990—1997 年均在 10 次以上,其中 1992—1995 年大风次数在 20 次左右,近几年处于大风较少时期,而庄河大风一直比较多,并且最近呈上升趋势。

二、海陆大风的季节变化

大风分布有明显的季节变化:其中的共同点是夏季黄海北部海面和陆地大风次数都是四季中最少的,仅占 14.26% 和 10.28%;不同点是陆地春季大风占 41.29%;海面冬季风最大,占 31.39%,明显多于其他三季;海面秋季大风所占比重较大,为 27.67%,而陆地秋季大风所占比重相对比较少,为 20.07%。

从表 14.16 中可以看出:长海、庄河、丹东三站的春夏秋季大风次数均多于夏季,除东港春季略多外,其他三季均相差不多;另外,长海、庄河、丹东春夏秋季偏北大风多于偏南大风,夏季偏南大风多于偏北大风,东港四季的南北大风次数相差不多。

表 14.16　海陆大风次数季节分布

	长海	庄河	东港	丹东		海面			沿海地区		
春季大风	20	15	4	5	春季大风	595	26.68%		687	41.29%	
北	11	10	2	4	北	325		54.62%	460		66.96%
南	9	5	2	1	南	270		45.38%	227		33.04%
夏季大风	11	3	1	1	夏季大风	318	14.26%		171	10.28%	
北	3	1	0	0	北	92		28.93%	42		24.56%
南	8	2	1	1	南	226		71.07%	129		75.44%
秋季大风	21	6	1	2	秋季大风	617	27.67%		334	20.07%	
北	14	5	1	2	北	414		67.10%	270		80.84%
南	7	1	0	0	南	203		32.90%	64		19.16%
冬季大风	25	9	2	5	冬季大风	700	31.39%		472	28.37%	
北	22	8	2	5	北	625		89.29%	443		93.86%
南	3	1	0	0	南	75		10.71%	29		6.14%

从陆地大风资料统计表 14.17 中可以看出：三站春、秋、冬季偏北大风所占比重都较大，丹东冬季偏北大风所占比重最大为 98.69%，其次为庄河冬季的偏北大风，占 92.40%；夏季偏南大风所占比重较大，其中东港夏季偏南大风所占比重最大，为 91.30%。

表 14.17　陆地大风季节布表

	庄河			东港			丹东		
春季大风	429	43.60%		114	43.51%		114	34.29%	
N	289		67.37%	53		46.49%	118		81.94%
S	140		32.63%	61		53.51%	26		18.06%
夏季大风	88	8.94%		46	17.56%		37	8.81%	
N	36		29.55%	4		8.70%	12		32.43%
S	62		70.45%	42		91.30%	25		67.57%
秋季大风	203	20.63%		46	17.56%		85	20.24%	
N	164		80.79%	32		69.57%	74		87.06%
S	39		19.21%	14		30.43%	11		12.94%
冬季大风	263	26.73%		56	21.37%		153	36.43%	
N	243		92.40%	49		87.50%	151		98.69%
S	20		7.60%	7		12.50%	2		1.31%

三、海陆大风的日变化

从大风时间变化可以明显看出：陆地大风多出现于 07—17 时，最多为 14 时，海面大风多出现于 17—22 时，最多为 20 时。这是由于白天太阳辐射使地面迅速增温，大气层结趋于不稳定，到午后尤其显著，所以 14 时前后陆风最大；太阳落山以后，地面迅速冷却，风速减小，加之近地面层水汽充足，夜间往往形成逆温层，大气层结趋于稳定，因此，夜间风速迅速减小，一般在 22 时至次日 06 时达最小。而海面上温度场与陆地正相反,白天海面比陆地增温要慢,相对是一个暖区,所以海面风的极值出现时间刚好与陆地相反。从丹东、东港、庄河三站大风时间变化曲线也可以看出,大风多出现在 07—17 时,其中 12—14 时大风次数最多。

四、海陆大风风向频率的对比

对海陆大风风向分布的资料表明,海上大风多为北风,陆地多为北西北风,且陆地大风比较集中。

对单站风向分布频率的资料分析表明,丹东大风更多为北西北风,东港大风多为北西北、北风和南东南风,庄河大风多表现为北西北风和西北风。

海面大风的最大值与平均值均大于陆地,其中秋季的北风最大值差值明显大于春季,其次为北西北风,而南风最大值差值明显小于春季,从平均值差值中可以看到春季南风的平均值差值明显大于秋季,而北西北风小于秋季,其次为北风。

五、海陆大风变化规律

综上所述,可以得出以下结论:

1. 海面大风在最近几年呈减少趋势,而陆地大风近几年处于大风频繁期。其中,丹东大风呈周期性变化,大约 16 年一个周期,目前正处于大风频繁期,东港大风在 1990—1997 年均在 10 次以上,其中 1992—1995 年大风次数在 20 次左右,近几年处于大风较少时期,而庄河大风一直比较多,并且最近呈上升趋势。

2. 大风分布有明显的季节性变化。夏季黄海北部海面和陆地大风次数都是四季中最少的,仅占 14.26% 和 10.28%,陆地春季大风占 41.29%,海面冬季风最大,占 31.39%,明显多于其他三季,海面秋季大风所占比重较大,为 27.67%,而陆地秋季大风所占比重相对比较少为 20.07%。

陆地春秋两季多为北西北风和西北风,春季大风次数明显多于秋季,而海面春季多为北风、北西北风和南西南风,秋季偏南风次数明显减少,北风次数明显增多。

3. 陆地大风多出现于 07—17 时,最多在 14 时,海面大风多出现于 17—22 时,最多在 20 时。

4. 海上大风多集中于北风,陆地多集中于北西北风,且陆地大风比较集中。

第五节　海　浪

海浪是指由风产生的海面波动,其周期为 0.5～25 s,波长为几十米至几百米,一般波高为几厘米至 20 m,在罕见的情况下,波高可达 30 m。由强烈大气扰动,如热带气旋(台风、飓风)、温带气旋和强冷空气大风等引起的海浪,在海上常能掀翻船只,摧毁海上工程和海岸工程,造成巨大灾害。这种海浪称为灾害性海浪。也有的把这种能导致发生灾害的海浪称为风暴浪或飓风浪。

一、渤海风浪

从辽东半岛南端老铁山至山东半岛北端蓬莱角的一段水域,宽 57 海里,最大水深 78 m,

是渤海与黄海的通道和分界线。由 32 个大小不等的岛屿组成的庙岛群岛纵列于渤海海峡偏南三分之二的海面上,北与老铁山相对,南与蓬莱角(登州头)相望。渤海海峡复杂的地形地貌和风浪分布特征直接影响大连至烟台和威海客滚船安全航行,1999 年 11 月 24 日"大舜轮"滚装船因遇锋面气旋大风巨浪,途中返航时起火,倾斜翻沉搁浅,造成了我国近海海域非常罕见的海难事故。渤海的大风浪主要出现在 10 月至次年 3 月,引起大风的天气系统主要是冷高压、温带气旋和热带气旋。

渤海海峡表层海流主要由二支基本海流组成,一支是沿着黄海水下洼地北上的黄海暖流余脉,另一支是沿着渤海西部南下的沿岸流,形成一个相对稳定的弱环流系统。

渤海海峡的海流分布非常复杂,季节变化比较大。通过多年的实测分析表明,海流的总体流势特征为海峡北部为入流,即从黄海流入渤海,海峡南部为出流,即从渤海流到黄海。

1—3 月,渤海海峡的表层海流流速南北部相对较大,中部较小,北部海流平均流速 0.2～0.3 kn[①],南部约 0.1 kn,中部小于 0.5 kn。最大表层海流出现在老铁山水道,流速达 2.6 kn。海峡南部以 E～SE 流为主,在北部以 W～SW 流为主,在城隍岛北部海域,西边为 W 流,东边为 E 流,出现汇合流。

4—6 月,渤海海峡中部的表层海流加大,平均流速约 0.5 kn,最大流速达 3.5 kn。南北部的表层海流相对 1—3 月明显减弱,平均流速小于 0.5 kn,最大表层流速 1.8～2.5 kn,海峡南部以 E 流为主,在北部以 SE～S 流为主,中部海流流向为 W～NW。

7—9 月,渤海海峡的表层海流分布比较均匀,在老铁山水道和登州水道均为 W 流,中部为弱的 E 流。表层海流平均流速 0.2～0.3 kn,平均最大流速达 1.5 kn,在老铁山水道的极值流速为 3.5 kn。

10—12 月,渤海海峡的表层海流分布比较复杂,在老铁山水道出现 E 流,平均流速约 0.5 kn,最大流速 1.7 kn。在城隍岛北部海域,东边为 W 流,西边为 E 流,平均流速 0.2～0.3 kn,最大流速 1.5 kn。海峡南部的登州水道以 E 流为主,平均流速约 0.2 kn,最大海流出现在烟台外海海域,流速达 2.1 kn。

二、渤海风场

1. 渤海海峡海面风

渤海为我国的内陆海,由于受陆地和水文影响较大,加上海深较浅,因而具有明显的季风气候特征。风向季节变化明显,冬季多盛行偏北风,夏季盛行东南风,海上风速一般比沿岸陆地的要大,并且离岸愈远,风速也就愈大。冬半年(9 月—次年 3 月)渤海海峡以西北风和北风为主,东北风次之。夏半年(4—7 月),盛行南和东南风。渤海海峡的月平均风速在 5.7～8.5 m/s 之间,冬季(12 月—次年 1 月)大,夏季(6—8 月)小,春秋次之。6 级以上的大风频率冬半年均在 15% 以上,其中 11 月—次年 1 月大风频率达到 20% 以上,夏半年大风频率均在 10% 以下(表 14.18)。冬半年主要盛行 N～NW 风,夏半年主要盛行 S～SE 风(见表 14.18)。

---

① 1 kn＝1 海里/时,下同。

表 14.18　渤海海峡各月风速风向统计

项目 \ 月份			1	2	3	4	5	6	7	8	9	10	11	12
平均风速(m/s)			8.5	7.7	6.7	6.5	6.4	6.3	6.1	5.7	6.2	7.1	7.8	8.5
6～7级风频率(%)			17	13	9	9	8	8	6	5	8	15	18	21
≥8级风频率(%)			4	3	2	1	1	1	///	///	1	2	2	2
最大风	风向		NW	N	SW	W	ESE	SW	SW	E	N	NW	NE	N
	风速(m/s)		28	24	26	22	24	20	20	20	20	25	23	22
主要风向频率	最大	风向	N	N	N	S	S	SE	SE	SE	NW	N	N	N
		频率(%)	29	23	18	17	22	24	28	21	16	20	22	28
	次大	风向	NW	NW	NW	SE,W	SE	S	S,E	S,E	N	S	NW,S	NW,W
		频率(%)	18	20	15	14	18	16	18	14	14	18	14	18
	第三	风向	W	W	W	SE	SW,W	E	SW	NE	NW,SW	SW		W
		频率(%)	15	12	14	13	12	15	10	12	13	13	13	15

2. 渤海大风

进入 20 世纪 90 年代,渤海海域的年大风日数明显减少。表 14.19 列出了辽东半岛至山东半岛沿岸 9 个气象站 1991—2005 年风力≥7 级的年大风日数,该结果是根据每日定时观测的风数据进行统计的结果。统计表明,风力≥7 级的年大风日数比过去减少了一半以上。年平均大风日数最多的成山头只有 61 天,旅顺和威海 24 天,长岛 22 天,大连 7 天,其他站减少到 1～2 天。

图 14.6、图 14.7 分别给出了 1973—2005 年长岛和 1971—2005 年大连气象站风力≥7 级的年大风日数变化曲线。年大风日数变化曲线趋势逐渐降低,如 1973 年长岛大风日数 80 天,2000 年只有 11 天;大连气象站 20 世纪 70 年代的年平均大风日数在 40 天以上,而 90 年代以后只有 7 天。根据对烟台银河轮渡公司和山东渤海轮渡公司 8 条客滚船调研统计分析,2000 年因大风浪停航 18 天,2001 年因大风浪停航 36 天,2002 年因大风浪停航 21 天,2003 年前 7 个月因大风浪停航 15 天,这一统计结果基本与大风日数相吻合。

表 14.19　1991—2005 辽东半岛至山东半岛沿岸各气象站风力≥7 级的年大风日数

台站 \ 年份	1991	1992	1993	1994	1995	1996	1997	1998	1999	2000	2001	2002	2003	2004	2005	平均
大连	18	7	15	20	7	6	7	6	5	1	2	0	2	2	0	7
旅顺	46	41	23	38	18	20	26	25	26	20	22	20	20	9	9	24
长岛	34	24	22	28	26	17	18	11	14	11	23	19	20	24	33	22
福山	///	1	1	1	2	0	0	0	0	0	0	3	1	0	3	1
龙口	8	1	0	1	0	0	0	0	0	0	0	0	0	0	0	1
羊角沟	3	0	2	5	6	2	1	3	0	2	1	1	///	///	///	2
威海	27	39	33	22	26	22	16	12	19	13	13	15	63	25	19	24
成山头	77	54	70	57	62	48	48	36	49	35	60	77	75	83	86	61

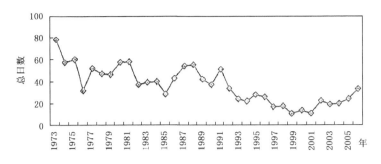

图 14.6　1973—2005 年长岛气象站风力≥7 级的年大风日数

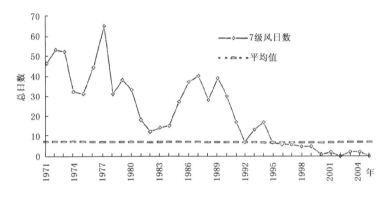

图 14.7　大连 1971—2005 年 7 级以上大风年日数变化图

三、渤海风浪和涌浪

渤海海域风的特征和渤海的地理位置决定了渤海海域波浪分布的基本特征。冬季盛行偏北向的风浪,夏季盛行偏南向的风浪。由于渤海海浪的成长受到区域的限制,主要以风浪为主。渤海风浪冬季最大,通常为 3、4 级。其他季节一般都是 2~3 级。遇有寒潮、台风、气旋影响时有较强的巨浪、大涌出现,最大可达 6 级浪。这种突发性的灾害性海浪在渤海海峡也会出现。

1. 渤海海峡风浪和涌浪统计分析

由表 14.20 和表 14.21 可以看出:冬季(12 月—次年 1 月),海区盛行偏北强风,因而风浪中的北向风浪频率各月均在 27%~28%,其次为西北向风浪,占 22%~23%,东北到西北向风浪约占 60%。大于 5 级以上(≥2.8 m)的风浪占 10%以上。渤海海峡及天津东南方系西北风与东北风的风区下沿,易有大浪出现,本区涌浪多为当地风浪在风变小后残留的,其中北向涌浪频率为 42%,多出现在渤海南部沿岸海域。

春季(4 月),海区偏北风逐渐减弱,偏南风开始增多。各向风浪均能出现,但以偏南向风浪居多,其中南向风浪频率为 21%,东南向风浪占 18%,西南向风浪占 12%。5 级以上的风浪占 4%,辽东湾为风浪较小区域,渤海海峡仍为波高较大区域,涌浪次数较少,以偏北向涌浪居多,偏北风速常大于其他向风速。

秋季(10 月),海区东南风逐渐减弱,偏北风开始影响本区,风浪中东北向到西北向风浪居多,达 43%,但南向到西南向风浪还占 27%。5 级以上风浪增加到 10%,涌浪增多,东向、北向、西北向涌浪均有。

渤海为内陆海,外海的海浪不易传入,因此,使得该海区出现的海浪以风浪为主;又因海域狭小,风区又短,其风生浪能在较短的时间内达到稳定。渤海海区波浪周期分布与波高分布有共同之处,渤海波浪周期年平均小于 5 秒。冬半年波浪周期长,夏半年周期短。

表 14.20　渤海海峡各月浪高浪向统计

项目 \ 月份			1	2	3	4	5	6	7	8	9	10	11	12
平均浪高(m)			1.5	1.2	1.1	1.0	1.0	1.0	1.0	1.0	1.0	1.2	1.3	1.5
3~4级浪频率(%)			76	74	72	71	69	65	66	66	65	71	75	75
≥5级浪频率(%)			11	9	5		2	2	2	3	4	10	12	14
周期中位数(s)			4.8	3.0	4.1	2.2	3.0	3.0	2.9	2.7	3.2	3.0	3.0	4.1
最大浪	浪向		NW	N	NE	ENE	W	W	NE	N	NW	NNW	W	NW
最大浪	浪高(m)		7.3	7.0	5.0	7.0	7.3	5.0	8.0	5.0	7.3	7.5	7.5	7.5
主要浪向频率	最大	浪向	N	N	N	S	S	SE	SE	SE	N	N	N	N
		频率(%)	29	27	19	21	23	22	30	19	18	23	23	26
	次大	浪向	NW	NW	NW	SE	SE	S	S	S	NW	S	W	NW
		频率(%)	23	23	17	18	18	21	20	18	18	15	18	22
	第三	浪向	W	W	W	W	W	E	E	E	S	NW,SW	W	W
		频率(%)	15	13	15	14	15	15	17	14	14	13	15	19

表 14.21　渤海海峡各月涌高涌向统计

项目 \ 月份			1	2	3	4	5	6	7	8	9	10	11	12
平均涌浪高(m)			1.5	1.3	1.2	1.0	1.0	1.0	1.0	1.0	1.0	1.1	1.2	1.3
0.3~2.3 m涌频率(%)			77	85	87	88	90	93	96	88	92	83	79	80
≥2.3 m涌频率(%)			21	14	10	7	7	3	3	11	7	16	19	19
最大涌浪	涌向		NW	NNW	NE	S	///	///	///	N	///	N	W	NE
最大涌浪	涌高(m)		5.0	5.0	5.0	5.0	///	///	///	5.0	///	5.0	5.0	6.5
主要涌向频率	最大	涌向	N	N	W	NW	SE	SE	SE	SE	N,NW	N	N,W	N
		频率(%)	32	37	18	18	28	25	43	23	15	23	19	29
	次大	涌向	NW	NE	N	N,W	SE	S	S	S	S,NE	NE	NW	W
		频率(%)	20	13	16	14	21	21	20	22	14	20	18	23
	第三	涌向	NE	NW,SW	NW	S	W	E,SW	E	E	SE,E	NW	NE	NW
		频率(%)	14	12	14	13	14	11	14	18	12	13	15	19

2. 渤海风浪统计分析

渤海是一个典型的半封闭海湾型内陆架浅海。由于渤海海浪的成长受到渤海特殊的地理区域限制,波浪不能得到充分成长,因此,同样级别的风力在渤海海域形成的浪比开阔海面上形成的浪要小。研究发现,在渤海海域不同风向的风,形成的浪高也有较大差异。表 14.22 给出了渤海海域风浪对照情况,由此看出各种等级不同风向的风形成浪高的差异。在时间上,渤海海域风浪的形成比海面风平均滞后约 1 小时,而且不同季节不同风向滞后时间也有差异。秋冬季节滞后时间短,春夏季节滞后时间长。偏北风起浪慢,滞后时间长;偏南风起浪快,滞后时间短。分析表明,在渤海海域同等风力条件下,秋冬季节的波浪高于春夏季节,秋冬季海水温度高于气温,水气界面不稳定,海面风容易激发波浪形成或波高增大;春夏季海水温度低于气温,水气界面稳定,抑制波浪的形成或波高增大。

表 14.22　渤海海域风浪对照表

风力等级		≤2	3	4	5	6	7	≥8
风速(m/s)		≤3.3	3.4～5.4	5.5～7.9	8.0～10.7	10.8～13.8	13.9～17.1	≥17.2
各风向浪高(m)	NW	<0.1	0.1～0.2	0.2～0.4	0.4～0.8	0.8～1.4	1.4～2.1	≥2.1
	SW—S	<0.1	0.1～0.2	0.2～0.4	0.4～0.7	0.7～1.0	1.0～1.5	≥1.5
	NNE—SSE	<0.4	0.4～0.7	0.7～1.1	1.1～1.6	1.6～2.1	2.1～2.7	≥2.7

四、海浪灾害

从某种角度看,海浪灾害属于气象灾害中台风灾害的次生灾害,台风掀起的巨浪是导致海浪灾害的主要原因。下面列举几例。

1949 年 7 月 26—27 日,4906 号热带风暴在大连登陆,全市狂风暴雨,降雨持续一周,降水量达 408.7 毫米,风力 8～10 级,阵风 12 级。据目击者反映,当时大面积高棵农作物或倒伏或折断,河水漫堤,房屋进水淹没窗台。全市死亡 175 人,经济损失 22.46 亿元(苏军币)。

1985 年 8 月 19 日 19—24 时,8509 号强热带风暴在大连至旅顺口之间登陆,由南及北横扫大连全境,风力 9～10 级,最大阵风达 12 级,持续 6 个多小时。伴随强风,全市普降暴雨和特大暴雨,一般降水量 150～200 mm,最大 360 mm。暴雨倾盆,狂风肆虐,河水猛涨,库水剧增,土壤饱和,洼地尽成泽国。据统计,这次灾害损失总计 11.47 亿元,其中农村损失 9.605 亿元,城市损失 1.865 亿元,全市 68 人死亡,1 人下落不明。

2004 年 6 月 18—20 日,受台风(0406 号)"电母"与冷空气共同影响,黄海出现 4 m 以上巨浪,使大连旅顺市沿海水面养殖受灾面积 40 hm²,损毁渔船 94 艘,直接经济损失 520 万元。

2004 年 8 月 25、26 日,受 0417 号台风"暹芭"的影响,黄海形成 4～6 m 巨浪,辽宁省庄河市沿海地区被台风浪冲毁道路 7600 m、围堰 610 m、海堤 200 m、台筏 13100 台,损失水产品 9000 t,损毁渔船 32 艘,直接经济损失 9012 万元。

2005 年热带风暴"麦莎"于 8 月 9 日 07 时 10 分在大连至旅顺口之间的龙王塘街道登陆。受"麦莎"影响,8 月 8 日 01 时—10 日 08 时,大连地区普降暴雨,庄河、普兰店中东部地区、旅顺口、大连市区及长海大部降大暴雨。最大雨量出现在庄河市光明山镇北关水库,为 188 mm。热带风暴影响大连期间,大连附近海面最大风力 8～9 级、东风 11 级;陆地最大风力 7 级,阵风 9 级。瞬时最大风速出现在 8 日早晨成山头 29 m/s(东南风 11 级);大连地区瞬时最大风速出现在 8 日 11 时,为 21.9 m(东北风 9 级)。"麦莎"影响大连海域时,适逢天文大潮高峰期,在暴风骤雨的推波助澜之下,渤海和黄海北部海域出现 4 m 以上的大到巨浪,形成了风暴潮。8 月 8 日,因热带风暴和天文大潮叠加,大连沿海地区遭遇 20 年来最高潮位,8 日午间海水潮位一度达到 4.42 m,超过警戒潮位 2 m。据统计,大连市因"麦莎"造成直接经济损失总计 3.1 亿元。全市农村房屋进水 7284 间,倒塌 334 间,受灾农作物约 46 万亩,水果落地约 240 万 kg,水淹大棚 3409 个,倒塌 997 个,冲毁道路约 420 km、工程 129 处、堤坝 6 处 7486 m,损失防潮堤 4.1 km。山体滑坡 3 处,冲毁养殖圈 1000 亩。

第十五章　海洋地质灾害

海洋地质灾害包括海岸侵蚀、海水入侵、海岸滑塌、海平面上升等。

第一节　海岸侵蚀

海岸侵蚀是指海岸带在海洋动力作用下,沿岸供沙少于沿岸失沙而引起海岸后退的破坏性海洋动力地貌过程。按动力学观点,把它归属于水文灾害子系统。

海岸侵蚀灾害是由海岸侵蚀造成的人民生命财产遭受损失的灾害。狭义的海岸侵蚀仅指自然海岸侵蚀后退过程;广义的海岸侵蚀除自然海岸的蚀退外,还包括人为对海岸的破坏过程。

海岸侵蚀灾害可分为渐进式和突发式两种。渐进式海岸侵蚀灾害演进缓慢,损失是逐渐累积的,不容易引起人们注意;突发式海岸侵蚀灾害是在一次风暴潮过程中发生的灾害,它来得突然,损失巨大。

辽宁海岸侵蚀因素除了地壳变动和海洋水文变化自然因素外,人为不合理的经济行为因素居主导地位,如超量抽取地下水、河流上游兴修水库、流量减少、截断入海的泥沙和海岸、海底挖砂,采贝壳以及不合理的海岸建筑物等活动,都能致使沿岸泥沙沉积动力失去平衡,改变海洋水文状况,酿成海岸侵蚀。

一、海岸(滩)侵蚀危害

近 20 多年来,渤海沿岸土地因海岸侵蚀而被吞蚀,渔村被迫后退、搬迁或淹没,危及沿海人民生命安全。由于沿岸到处大量挖沙外运和筛选贝壳做饲料,破坏了天然贝壳堤,使海岸沙滩明显退后,变窄、减薄、消失、沙粒变粗,基岩裸露,造成严重侵蚀。辽东湾盖县沿海,从盖平角至太平湾长 80 km 海岸有近半海岸侵蚀严重,造成海岸连年大幅度后退,每年达 5 m,其中鲅鱼圈和熊岳部分海岸岸段侵蚀规模达 10 m 以上,成为我国典型国土流失地区。渤海海岸侵蚀,20 世纪 70 年代与 50 年代相比,水量、沙量分别减少 37.1% 和 36.5%,而入海水量、沙量多少与海岸侵蚀程度成正比,河流入海水量减少越多,它附近海岸侵蚀就越重,造成海岸线后退,海岸侵蚀日趋严重。

辽宁田家崴子鲅蛸窝海湾自 1969 年以来,由于当地盲目开采砂石,海岸线抵御风浪功能减退,加强了海蚀作用,沿海公路被侵蚀截断,西崴子村岸线每年向陆地后退 6 m 左右。

辽宁旅顺柏岚子沿岸原有一条经波浪横向搬运而成的典型天然护岸砂石堤,堤长 2000 m,宽约 80 m,十多年来,由于村民盲目大量采掘(出口作球磨用料),年采掘量达 5000～6000 m³,现砾石补给已枯竭,至使砾石堤缩小,连年后移。解放后建在堤顶上的库房等设施被迫后迁三次。

鲅鱼圈南八号房村海滩,一年内在长 960 m,高 3.2 m 的堆积岸挖沙 2.4 万 m³,每年被浪吞食的沙量达 3 万 m³,相当于每年损失土地 5.3 hm²,现代海相沙层或沿岸沙堤已不复存在。早期发育的远离岸边的风积沙层及其下的湖沼相黑色亚黏土层直接裸露岸边,构成高 2～5 m 的泥沙质侵蚀陡坎,每遇大潮或风暴潮,海水直逼崖脚,崩塌滑落十分严重,后退速度每年达 5～7 m。

二、典型岸段侵蚀特征

1. 辽东湾西岸

辽东湾西岸多为砂质海岸,侵蚀最严重的为绥中六股河以南至新立屯的约 51 km 的平原型砂质海岸。其中,台子里附近约 3.2 km 的砂质海岸每年后退速率在 4～6 m,侵蚀陡坎高度最高达 2.2 m。

新立屯岸段的后退速率约每年 0.9 m。现场测量陡坎最高达 2.2 m,且滩面物质严重粗化,以砾石为主,砾石的直径在 4～5 cm。

2. 辽东半岛东岸

旅顺柏栏子是港湾基岩海岸,位于老铁山东角处,动力条件较强,潮间带沉积物主要为砾石,直径在 15 cm 左右,海岸处于弱侵蚀状态,主要受极端天气产生的风暴潮控制。为保证当地居民正常的生活,地方利用堆石组建防浪堤。

星海湾浴场是港湾基岩海岸,位于大连市南部,是大连重要的人工浴场之一,大连市政府通过修建人工岬角、人工浅堤、人工填砂养滩、护滩等积极的措施修复该区的海岸。但基于满足海滩浴场游泳戏水的舒适性考虑,选择的养滩泥沙粒径太细,导致该处沙滩受侵严重,滩面物质粗化明显。

庄河黑岛湾底的岸滩粗化现象极为严重,侵蚀陡坎的高度在 2～3 m,因多年持续侵蚀,地方已修建人工堤坝,但受极端天气的影响,人工护堤也已遭到破坏。

3. 辽东湾东岸

①固定桩监测

辽东湾东岸主要侵蚀岸段均分布于营口境内,其中腾房身、熊岳河口、白沙湾是最典型的岸段。根据 1990 年、2000 年和 2005 年高精度遥感影像的岸线对比分析,滕房身岸段岸线侵蚀后退最高达 54 m,熊岳河岸段岸线侵蚀后退最高达 90 m。白沙湾岸段岸线侵蚀后退最高达 58 m。

为了监测辽东湾东岸的海岸稳定状态,于上述三个典型岸段布设 10 个监测桩,进行了定点监测。

②断面监测

分别在营口滕房身松春养殖场、鲅鱼圈月亮湖公园、月亮湖浴场和白沙湾龙海酒店先后布设 4 条固定监测断面,于夏季到冬季开展监测。

由监测结果可知,月亮湖公园的岸滩滩面侵蚀下切深度随着距离平均高潮线距离的增加而增大,最大可达 0.3 m,反映了该处岸滩未达到新的平衡状态;月亮湖浴场的岸滩滩面处于微淤的状态,淤积主要位于平均高潮线和小潮高线之间的区域,淤积高度约为 0.8 m,海岸侵蚀带来的泥沙是导致滩面淤积增高的主要原因;腾房身岸段滩面处于淤积状态,由岸向海淤积高度呈增大的趋势。夏季—冬季最大淤积高度达 1.1 m,夏季—春季,最大淤积高度达 1.3 m,

该处滩面地形演化同样与海岸侵蚀带来的物质供应有重要关系;白沙湾滩面在夏季和冬季侵蚀下切,而小潮线与高潮线之间的潮间带则处于淤积状态。

三、不同海岸类型侵蚀特征

为了获得全省海岸的演变规律,在重点岸段现场监测的基础上,利用 1990 年、2000 年、2001 年和 2005 年 TM、SPOT 影像和部分航片影像,提取分析全省海岸动态变化信息,对提取分析的主要侵蚀岸段分述如下。

1. 粉砂淤泥质海岸

南岛至楼上岸段,现场踏勘得知该岸段滩面物质粗化明显,沉积物主要是以砂为主,夹杂砾石和软泥。岸线对比分析显示,1990—2005 年岸线侵蚀后退最高达 38 m,1990—2000 年侵蚀后退最高达 30 m,2000—2005 年侵蚀后退最高达 21 m。

2. 基岩岸段

大连金石滩岸段,岸段南北两侧发育常江嘴岬角和鲨鱼嘴岬角,湾底发育沙砾质海岸,海滩缺失滩肩,滩面坡度较陡。岸线对比分析显示,1990—2005 年岸线侵蚀后退最高达 28 m,1990—2000 年侵蚀后退最高达 13 m,2000—2005 年侵蚀后退最高达 6 m。

大连塔河湾岸段,滩面沉积物以粗砂、微砾为主,滩面坡度较陡,不发育滩肩。岸线对比分析显示,1995—2005 年岸线侵蚀后退最高达 34 m,1990—2000 年侵蚀后退最高达 25 m,2000—2005 年侵蚀后退最高达 8 m。

旅顺柏岚子岸段砾石滩,砾石直径多在 15 cm 以上,坡度极陡,岸线对比分析显示,1990—2005 年岸线侵蚀后退最高达 33 m,1990—2000 年侵蚀后退最高达 19 m,2000—2005 年侵蚀后退最高达 9 m。

大连黄龙尾岸段,滩面沉积物以中细沙为主,北山附近发育侵蚀陡坎,陡坎高度在 2～4 m,岸线对比分析显示,1990—2005 年岸线侵蚀后退最高达 54 m,1990—2000 年侵蚀后退最高达 35 m,2000—2005 年侵蚀后退最高达 10 m。

葫芦岛龙湾岸段,滩面物质以粗中沙为主,发育滩肩,滩面坡度较陡。岸线对比分析显示,1990—2005 年岸线侵蚀后退最高达 28 m,1990—2000 年侵蚀后退最高达 17 m,2000—2005 年侵蚀后退最高达 8 m。

3. 砂质岸段

仙浴湾岸段,岸滩物质北粗南细,靠近复州湾口沉积物以分选极好的细砂为主,北部以粗中砂为主,夹砾石。岸线对比分析显示,1990—2005 年岸线侵蚀后退最高达 36 m,1990—2000 年侵蚀后退最高达 32 m,2000—2007 年最高达 12 m。

六股河至狗河岸段,河口发育拦门砂和河口沙咀—泻湖体系。岸线对比分析显示,1990—2005 年岸线侵蚀后退最高达 61 m,1990—2000 年侵蚀后退最高达 36 m,2000—2005 年侵蚀后退最高达 21 m。据有关研究成果,该岸段侵蚀速率约在 3.1 m/a。

狗河至石河岸段,河口及沿岸发育沙咀—泻湖。岸线对比分析显示,1990—2005 年岸线侵蚀后退最高达 56 m,1990—2000 年侵蚀后退最高达 31 m,2000—2005 年侵蚀后退最高达 18 m。

石河至姜女庙岸段,河口发育沙咀—泻湖地貌体。岸线对比分析显示,1990—2005 年岸线侵蚀后退最高达 38 m,且大部分岸段在 5～30 m,1990—2000 年侵蚀后退最高达 26 m,2000—2005 年最高达 10 m。该处岸段侵蚀速率<0.5 m/a。

四、海岸侵蚀分级

根据调查资料,将辽宁省海岸划分为严重侵蚀、强侵蚀、侵蚀、微侵蚀、稳定和淤涨 6 个海岸蚀淤等级。

其中严重侵蚀岸段主要为葫芦岛六股河至狗河和营口腾房身,长度约 17.7 km,占全省总岸段的 1.2%;强侵蚀岸段为葫芦岛六股河至徐大堡和营口白沙湾至浮渡河,长度约 15.6 km,占 1.1%;侵蚀岸段为狗河至石河、兴城河南侧、盖州北海浴场、月亮湖公园、营城子黄龙尾、鲅鱼圈至腾房身等岸段,长度约 46.6 km,占 3.3%;微侵蚀岸段为龙王庙浴场、仙浴湾、柏岚子、星海公园、黑岛等岸段,长度约 36 km,占 2.5%;稳定岸段为芷锚湾、长山寺角至桐家屯、熊岳河至白沙湾、浮渡河至白沙山、黄龙尾至柏岚子、老虎尾至星海公园、星海湾至猴儿石、碧流河至庄河港、青堆子湾至蜊坨子、兴城河至团山角等岸段,长度约 1132.7 km,占 79.2%;淤积岸段为碧流河至猴儿石、由家屯至大洋河、鸭绿江口、山前至复州湾等岸段,长度约 180.7 km,占 12.6%。

第二节　海水入侵

分析研究表明,辽宁省海水入侵总面积 6443 km²,主要分布在辽西沿海、下辽河三角洲、营口沿海、大连沿海和丹东沿海,其中辽东湾北部沿海、下辽河三角洲、丹东沿海以及葫芦岛沿岸区域为严重入侵区域,面积约 928 km²。海水入侵的成因有两种,其一是原生沉积的海相地层中天然形成的海水入侵层,必定受海水的影响。如下辽河三角洲、大东港海水入侵区;其二是人为的过量开采地下水,破坏了原来咸淡水的平衡界面,导致海水入侵,如大连与辽西海水入侵区。

一、海水入侵的分布特征

20 世纪 70 年代,随着地下水开采量增加,1964 年首先在大连地区发现海水入侵现象,入侵面积仅 4.2 km²,入侵带宽度不到 200 m。从 70 年代末开始,辽宁沿海地区海水入侵现象日渐发展。1991—1993 年的监测结果表明,辽宁沿海地区的大连、锦州、葫芦岛等地海水入侵总面积已达 766 km²,其中侵及耕地大约 3.86×10⁴ hm²,并使海侵区 580 眼机电井报废,减少水田面积大约 20×10⁴ hm²,每年减产粮食 1300×10⁴ kg;工业上因地下水水质下降、水中含氯度高,生产设备受腐蚀,更新年限明显缩短,给工农业生产和人民生活造成了较严重的影响。

自 20 世纪 90 年代以来,由于海水入侵造成的灾害日渐严重,有关部门开始采取压缩地下水开采、调整地下水开采布局以及实施地下防渗工程等治理措施,海水入侵发展趋势逐步得到控制。自 1997 年至今,辽宁省海水入侵面积基本稳定,仅局部地段略有增加。其中,锦州地区海水入侵面积仅增加 16.5 km²,而大连市甘井子等地段海水入侵面积则减少 76.7 km²。总的趋势是葫芦岛、凌海、盖州、金州逐渐加重,大连城区逐渐好转,其他地区基本稳定。

(一)辽西沿海海水入侵区

1. Cl⁻ 浓度平面分布

葫芦岛市入侵面积约 129 km²,入侵内陆最大距离 7~9 km,入侵区平行海岸呈条带状断续分布,曹庄和稻池地区表现严重,氯离子含量高达 4205 mg/l,矿化度 7.8g/l,淡水咸化程度水平方向由内陆向海岸加重,垂直方向由浅层向深层加重。

凌海市海水入侵分布于娘娘宫—北二沟—义合屯—喜鹊沟一线以南,面积约 335 km²。氯离子含量 340～440 mg/l,矿化度 4.8～9.55 mg/l。

绥中沿海地段,主要分布于河流入海口处,面积较小,猫眼河口和六段河口地下水氯离子含量最高分别为 1051 mg/l 和 1205 mg/l,矿化度 2.6g/l。

2. 浅层地下水水化学类型

浅层地下水水化学类型是衡量水质的重要指标之一,也是判别海水入侵的重要标志。本区段在 5 个大类型中包括 9 个类型,即 Na^+-Cl^-,$Na^+ \cdot Ca^{2+}-Cl^-$,$Na^+-Cl^- \cdot HCO_3^-$,$Na^+ -HCO_3^- \cdot Cl^-$,$Na^+ \cdot Ca^{2+}-HCO_3^- \cdot Cl^-$,$Ca^{2+}-HCO_3^- \cdot Cl^- \cdot SO_4^{2-}$,$Ca^2-Cl^- \cdot HCO_3^- \cdot SO_4^{2-}$,$Ca^{2+}-SO_4^{2-} \cdot HCO_3^-$,$Na^+ \cdot Ca^{2+}-HCO_3^-$ 型等。

(二)下辽河三角洲海水入侵区

1. Cl⁻ 浓度平面分布

Cl^- 浓度最高值位于 $V-1$ 测井,$Cl^->1000$ mg/dm³ 浓度的高值区沿海岸呈带状分布,其宽度约 3～10 km。由此带向陆域过渡为 250～1000 mg/dm³ 的中浓度带,分布面积大,主要是受地下咸水入侵的影响,在其外围向陆域为<250 mg/dm³ 的低值分布区。

该区为全新世海侵地层分布区,其地下水矿化度最高可达 10～50 g/l,属咸水区。其一是原生沉积的海相层中天然形成的海水入侵层,受到海水的影响,在近代地质史上(即上第三纪以来)由于地壳的抬升与下降,在下辽河平原南部造成了多次海侵,并残留了大量海水,这些残留海水是现代下辽河平原咸水体的主要来源,后期又受到降水稀释和蒸发浓缩两种截然相反的表生地质作用的多次影响,地下水的含盐浓度多次发生变化,从而形成现在不同层位、不同地区差异较大的微咸水、咸水、盐水及卤水。本区明化镇组成水体主要分布于工作区中南部地层中,总的格局是咸水体超覆在淡水体之上,形成"上咸下淡"的区域形态,但从咸淡水界面局部上看,咸水与淡水体互相穿插,表现为复杂的咸淡水结构。

2. 浅层地下水水化学类型

本区段在 4 个大类型中包括 11 个化学类型,即:Na^+-Cr^-,$Na^+-HCO_3^- \cdot Cl^-$,$Na^+ Cl^- \cdot HCO_3^-$,$Ca^{2+}-HCO_3^- \cdot Cl^-$,$Na^+ \cdot Ca^{2+}-HCO_3^- \cdot Cl^-$,$Na^+-HCO_3^- \cdot SO_4^{2-}$,$Mg^{2+} \cdot Ca^{2+}-HCO_3^- \cdot SO_4^{2-}$,$Na^+-HCO_3^-$,$Ca^{2+}-HCO_3^-$,$Na^+ \cdot Ca^{2+}-HCO_3^-$,$Na^+ \cdot Mg^{2+}-HCO_3^-$ 等类型。

(三)营口沿海海水入侵区

1. Cl⁻ 浓度平面分布

Cl^- 浓度最大值(23165.8 mg/dm³)分布于 $X-1$ 测井,Cl^- 浓度>1000 mg/dm³ 的高值区沿海岸呈带状分布,其宽度约 7～18 km;在此带的东至北侧过渡为 250～1000 mg/dm³ 的浓度带及南部 $XIII-1$ 测井(845.0 mg/dm³)南北沿岸呈带状分布;Cl^- 浓度<250 mg/dm³ 分布于前者的陆域上部或沿岸基岩带的后侧,呈连续带状、鸡瓜状、片状分布。

营口海水入侵主要分布于盖县的团山子—西海、归州—仙人岛、鲅鱼圈地带,总面积约 5 km²。团山子—西海地段近年监测结果是,Cl^- 含量 420 mg/l,矿化度 903 mg/l。与前期比较,趋势加重。

鲅鱼圈地带是新建的港口开发区,据近年水质监测资料,海水入侵距离 616.72 m,地下水中氯离子、矿化度含量较建港前突增,水化学类型由重碳酸钙型转为氯化钠型,水中氯离子含量最高达 1200 mg/l,目前海水入侵势头仍十分强劲。

归州—仙人岛地区为严重海侵地段,据近年监测资料,氯离子含量为 512 mg/l,矿化度为 2790 mg/l,与前期相比,入侵面积进一步扩大,水质进一步恶化。

2. 浅层地下水水化学类型

该区段有三个大类型,包括 8 个水化学类型,即:$Na^+ - Cl^-$,$Na^+ . Ca^{2+} - Cl^-$,$Na^+ - Cl^- . HCO_3^-$,$Ca^{2+} - Cl^- . HCO_3^-$,$Ca^{2+} - HCO_3^- . Cl^-$,$Na^+ - HCO_3^-$,$Ca^{2+} - HCO_3^-$,$Ca^{2+} . Na^+ - HCO_3^-$ 等类型。

(四)大连沿海海水入侵区

依据 2007 年大连市水文水资源局开展的大连地区海(咸)水入侵分布现状普查和监测资料,大连地区海水入侵面积为 856.1 km^2(不包括长海、交流岛、长兴岛等沿海岛屿),占大连行政区域面积的 6.8%。其中黄海岸海水入侵面积为 171.1 km^2,渤海岸海水入侵面积为 685.0 km^2。

大连地区海水入侵比较严重,特点是地块多,发展快,海水入侵加剧,面积增大。据大连市海洋局海水入侵监测结果表明,海水入侵纵向最大入侵深度达 7.0 km。其中海水入侵面积较大的区域有:旅顺—甘井子—金川沿海地带,海水入侵面积为 377.7 km^2;谢屯—复州湾—炮台,海水入侵面积为 229.6 km^2。金州湾沿海地区的近岸海水入侵严重,在金州区荞麦山村氯度含最高达到 1147.2 mg/l。甘井子区城子村仅为 127.5 mg/l,两地相差近 10 倍。各地矿化度都在 0.72~2.61 g/l 范围内。

表 15.1　大连市监测站位氯度和矿化度含量

观测井号	监测点位置	观测时间(年.月)	Cl^-(mg/l)	矿化度(g/l)
DL−1	大连甘井子区棋盘磨村	2008.3	372.4	1.29
DL−2	大连甘井子区土城子村	2008.3	127.5	0.72
DL−3	金州区荞麦山村	2008.3	1147.2	2.52
		2008.10	1016.4	2.44
DL−4	金州区西甸子村	2008.3	479.8	2.61
		2008.10	396.5	2.27
DL−5	金州区小阎家楼村	2008.10	349.9	1.19

(五)辽东(庄河—丹东)沿海海水入侵区

1. 大东港海水入侵段

东港市沿海地区咸淡水界线距海岸 3~6 km 展布,这里分布有全新世海相地层,咸水基本上与此有关,矿化度高达 1000~5800 mg/l。

辽东大洋河河口至鸭绿江河口由于海进和海退的作用,在山前滑海岸带形成了较大面积坡洪积和海积成因的滨海倾斜平原,沉积了较厚的淤泥质亚黏土。伴随着海进和海退,海水中的盐分也同时滞留于地层中。经后期雨水及丘陵区地下淡水的径流稀释,造成了现状滨海平原区地下水由北向南矿化度逐渐升高的咸水体。咸水体分布面积 470 km^2,咸淡水界限基本与海岸线平行。距海越近,矿化度越高。大孤山以东咸水体宽度 1~6 km,最宽处 9 km,大孤山以西咸水体宽度 1~2 km。咸水体最宽处主要沿大洋河、龙太河等河口分布。咸水体垂直向上随着深度增加,矿化度呈逐渐增高趋势,浅层矿化度一般在 1~3 g/l,至基岩风化壳附近可达 7.8~8.5g/l。

2. 大洋河河口和庄河河口海水入侵段

这两个岸段由于目前河口地带用水量并不十分大,氯离子含量仅个别点大于 150 mg/l,矿化度在 1000 mg/l 左右。属于潜在入侵区,未来应在注意保护的前提下,适量开采。

二、海水入侵等级划分

按照 908 专项调查技术规程划分标准,根据辽宁省海水入侵的区域分布特点、危害程度,按地域将全省划分为五个灾害区,分别为辽西沿海海水入侵区、下辽河三角洲海水入侵区、营口沿海海水入侵区、大连沿海海水入侵区和丹东沿海海水入侵区。严重入侵的区域主要分布在鸭绿江、双台子河两大河口区域,占整个入侵区的面积约为 15%。海水入侵等级分布状况见图 15.1 和表 15.2。

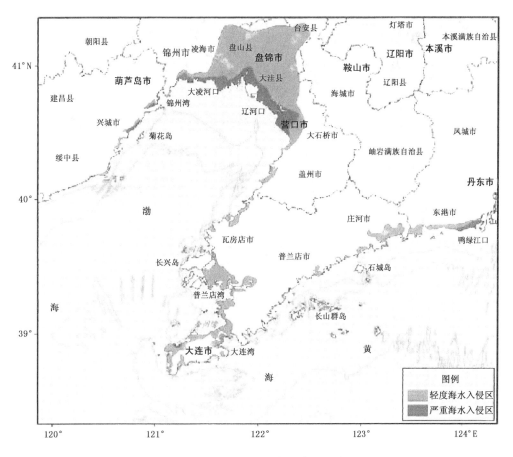

图 15.1　辽宁省海水入侵灾害区分布图

表 15.2　海水入侵水化学观测指标与入侵程度等级划分

分级指标	I	II	III
氯离子 Cl^-（mg/l）	<250	250～1000	>1000
矿化度（g/l）	<1.0	1.0～3.0	>3.0
入侵程度	无入侵	轻度入侵	严重入侵
水质分类范围	淡水	微咸水	咸水

三、海水入侵的成因

海水入侵的具体形成因素可归纳为自然因素和人为因素两大类。

（一）自然因素

1. 含水层的埋藏条件及与海水水力联系

含水层岩性、结构、厚度、渗透性及水力性质直接影响海水入侵的形成。例如,辽宁省辽西地区为第四系砂质海岸,其潜水含水层具有自由水面,渗透性强,与海水水力联系极为密切。加上受到强烈开采,海水常呈面状、带状、楔状渗入进潜水含水层中,是发生海水入侵的主要的含水层。大连沿海地区灰岩广布,在-80 m以上,岩溶发育较普遍,溶洞、溶隙互相连通,含有丰富的岩溶裂隙水,是该地区主要的工农业供水水源。该地区地下水与海水水力联系密切,当强烈开采地下水时,水位下降到"0"m高程以下,近海咸水即沿着岩溶通道向内陆入侵。

2. 沿海地区地下水流场状态

海水入侵一般存在三种关系。一是临海地下水位高于海平面,地下水以自然状态排泄入海,不易产生海水入侵;二是地下水位与海水面处于相对动力平衡,海水与地下水在界面上互相位移。主要表现在沿海非开采区季节性变化和受海潮影响而产生的不同型态的推移式海水入侵;三是地下水位低于海平面,主要在近海地下水开采区,地下水位下降,形成区降漏斗,特别在连通性良好地段,必然产生不同程度的海水入侵。

3. 新构造运动的影响

第四纪以来,由于新构造运动及古气候变化,在沿海某些地段多次发生海水入侵。每次海水入侵都沉积了大量海相地层,其层内保留了原来的咸水,形成天然海水入侵层。这是辽宁省一种特殊类型的海水入侵。如辽宁省下辽河三角洲即属于这种类型的海水入侵。下辽河三角洲自第四纪以来共发生三次海水入侵,每次海侵沉积的海相地层中保留了大量咸水。在其后缘,咸水体超覆于淡水体之上,形成上咸下淡的含水结构,前缘第四纪含水层均为咸水。

（二）人为因素

辽宁省的海水入侵除一部分为天然的原生沉积的海相地层中形成的海水入侵层外,绝大部分(包括大连、辽西等沿海地区)形成的主要原因是人为因素。其中过量开采地下水是最主要的直接原因。葫芦岛市辖区内的五里河、连山河、兴城河、六股河等河谷,分布有众多水源地,这些水源地承担着葫芦岛市及县(市)乡的工农业用水及生活用水。近十年地下水动态监测资料显示,地下水的补给区及径流区水位已经降到最低水平,分别为20.54 m和6.65 m。而排泄区即地下水的开采区平均水位1.83 m,并形成多个小的季节性水位降落漏斗,其中以稻池村为中心的集中开采区已形成面积约4 km²的较稳定的降落漏斗,漏斗中心水位已低于海平面,并引起海水入侵。锦州市辖区内的小凌河冲洪积平原及大小凌河扇地,分布有众多水源地,这些水源地承担着锦州市及葫芦岛市部分的工农业用水及生活用水。由于连续大量开采地下水,已形成了4个地下水降落漏斗,分别为锦州市南山水源漏斗、锦州市新庄子水源漏斗、锦州市大有水源漏斗、锦州市东三义水源漏斗。城市工业、生活及近郊区灌溉用水均取自大小凌河扇地的孔隙潜水。其中南山水源经过多年开采,加之近两年持续干旱及小凌河、女儿河断流,补给不足,已形成较稳定的区域降落漏斗,面积约 $1.0 \sim 1.8 \ km^2$,2000年枯水期漏斗中心水位埋深达9.1 m,为历史最大值,比1998年同期下降了0.65 m,呈持续缓慢下降趋势。盘锦市辖区内分布有众多水源地,由于连续大量开采地下水,已形成了2个地下水降落漏斗:盘锦市胡家明化镇组漏斗和盘锦市大洼县馆陶组漏斗。盖州大清河下游永安水源地是营口市的主要供水水源,近十年的动态监测资料表明,其地下水水位始终呈下降状态。枯水期平均降幅为 $0.47 \sim 9.70$ m,丰水期平均降幅为 $0.01 \sim 5.47$ m,2000年枯水期漏斗中心水位埋深已达到历史最低,为14.70 m,低于海平面7.85 m,比1998年同期下降2.53 m。漏斗面积也由 $5.61 \ km^2$,扩大到 $25.02 \ km^2$ 。大连市2007年地下水降深较大的地段依然分布在旅顺口区水师营的龙引泉(已断流枯竭)、台山西(-10.58 m)、小黑石(-1.62 m)、石棉矿、瓦房店市的复州湾、谢屯等地。这些地下水降落漏斗的形成,破坏了咸淡水的动态平衡,引发了海水入侵,使滨海地区水动力和水化学平衡以及生态平衡条件均发生了改变。

另外,养虾、晒盐、海蜇的加工处理及河道管理不善等人为活动,对海水入侵也起着不同程度的促进作用。例如,凌海市建业乡头沟附近,每年5—9月的水田灌溉期都大量抽取地下水,地下水位下降到海平面以下,地下水中氯离子含量随着水位的下降不同程度的升高,当水位降至最低-1～-1.5 m的时段,同一深度地下水中氯离子含量达最高,为 $340 \sim 440$ mg/l。9月中旬以后,农业用水停采,地下水位逐渐上升恢复,水中氯离子含量亦随之下降。由12月至翌年4月,氯离子含量最低为 $80 \sim 100$ mg/l。由此可见,海水入侵的程度与人为开采地下水有着极其密切的联系。所以,更加要求各地区有关部门,从当地实际出发,坚持合理开采地下水,杜绝海水入侵的进一步蔓延。

四、海水入侵防治对策

(一)统筹规划分区治理

根据辽宁省的海水入侵现状、发展趋势、地表景观,把由海岸向内陆腹地垂直距离延伸的海水入侵区,依前述的理化特征,进行分区开发利用治理。

滨海滩地盐碱区,营造与海岸线平行的针、灌混生防护林,强化生草过程,培植天然的黄须、柳等盐生植物;建不同规模的滩涂养殖与盐业基地,进行虾、贝类海水养殖与卤水制盐生产。

沿海潮盐土区,营建具不同特点、不同功能的沿海防风固沙林、水源涵养林、用材林防护体系,改善地上地下的生态环境;抽取次高矿化度卤水晒盐,发展适度盐业与盐化工;保护与繁殖马绊草、篙子、白花混生自然群落;同时蓄雨、引淡、洗盐,建立人工草场,饲养食草畜禽,提供副食商品。

脱盐化沿海潮盐土区,栽种落阔、针阔灌混生的防风固沙林、水源涵养林、用材林、薪炭林、经济果树林;酌情提取地下卤水晒盐;引淡洗盐种稻;繁殖与保护芦苇—茅草群落,以起减盐、减少水分蒸发、增加有机质作用;种植耐盐绿肥(田蓄、草木梅、若子、首蓓)作物(掺子、碱豆、高粱、向日葵、棉花、升麻)与菜业(芜菜),实行粮枣、林粮间作,建立适度生的粮棉油生产基地。

大田农业作物群落区,全面营造具有不同功能的林业体系,规划与修建各级管道式的灌排渠系,推广地膜覆盖,低压管道输水定额灌溉,采用窄畦、短畦、沟灌、滴灌等节水技术,提高水的利用率;引选耐旱、抗盐新特优品种,推行高稳产栽培模式;实施科学测土、按需配方、视苗施肥;发展耐旱、雨养、水旱粮棉油皆有、国内外均需的作物,逐步建成适应发展需要的双向型主副食供应基地。

为达此目的,可分阶段进行。首先建立高标准的试验示范区,待摸出规律、建立起优化环境的模式后,再辐射面上。以达到覆盖海水入侵区的目的。

(二)调整产业结构,建立节水型农业、工业和城市体系

调整产业结构是缓解区内以淡水资源短缺为主要矛盾的宏观调控手段。经济结构和产业布局调整应以水资源承载能力为基础,建立节水型农业、工业和城市的社会体系。从适应、改良、治理区域不良环境和发展节水型农业入手,大力推广节水灌溉新技术,开发适应于海(咸)水入侵区农业生态工程配套技术和区域经济发展新技术,建立生态农业经济体系。应提高二、三产业的比例,适度控制城市发展规模;要采取有效措施,限制社会对水资源的无限需求,推广可使用咸(微咸)水的耐旱、耐盐农作物种植及养殖业发展,以及利用咸水淡化、海水淡化等水源发展工业;实施多水源供水战略,防止在区内规划、建设高耗淡水的工业。加强污水资源化,逐步在有条件的城市实施分质供水。

(三)合理规划利用水资源与土地资源,加强水土资源的科学管理

根据地下水资源情况,以海水入侵为约束条件,制定地下水合理开发方案,划分沿海禁采区、近海限采区、远海扩采区,通过合理规划地下水开采布局和开采量,有效控制地下水位,指导当地政府调整水资源开发利用结构,合理利用地下水资源;要规范海岸带陆地海水养殖场、盐场等用地审批,减少因海水养殖场、盐场盲目建设诱发海(咸)水入侵;在卤水开采中要注意盐田的合理布局,开采应集中在卤水分布区的中部,这样可使两侧地下卤水向中部汇集,从而控制咸水入侵的发展。要合理规划水利工程布局,强化水资源科学管理,实现水资源的可持续利用和水环境的有效保护。

滨海地区限制地下水开采量,是制约海水入侵的关键措施。在咸水边界1 km地带内,严禁兴建常年性开采水源地,特别是受海水入侵威胁的地段,除严禁打井、关闭部分集中分布或水质变异的水井外,还要采取定期停采、轮换开采等方式,以促进地下水位回升,使咸淡水界面保持相对稳定。

(四)因地制宜建造阻咸蓄淡工程和地下水库,加强地下水回灌

为充分利用滨海地区淡水资源,在一些适宜的、有条件的地区,建造地下或地表拦蓄工程,拦蓄地下径流、地表径流和雨水资源,对地表水、地下水、雨水、海岸带洼地水体等进行联合调度。如滨海地区的河流多独流入海,源短流急,降雨后洪水暴涨暴落,河水平均拦蓄利用率30%～40%。显然,通过工程技术拦蓄这部分入海径流是一项重要的开源措施。这不仅增加了水资源的有效供给量,还可有效防止海水入侵,具有水资源开发与水环境保护的双重效益,在长海县建成一座地下水库。在滨海地区有计划地回补地下水,是世界各国普遍施行的有效控制海(咸)水入侵的办法。可利用汛期降水或引调客水,通过注水井、渗井、坑塘、沟渠、河道及田间工程等,增加对含水层的补给,抬高地下水位,形成淡水帷幕。在发生海水入侵的海岸、

河口等地,还可以修建防潮堤(闸)、防渗帷幕等工程,阻断海水入侵通道。大连市已在旅顺口区的三涧堡、龙河、龙王塘建成三座地下帷幕坝,其中三涧堡的帷幕坝建在离石灰窑村不远处的大潮口,沿着海边方向长度近千米,地面上的橡胶坝长约几十米、高约 1 m。由此带来的转变逐渐产生,监测显示,三涧堡的地下帷幕坝建成后,这一地区的海水入侵面积逐年减小,地下水质略微变好。

第三节　海岸滑塌

滑塌,是滑坡和崩塌的合称。斜坡上的大块岩(土)体,由于地下水和地表水的影响,在重力作用下,沿着滑动面整体向下滑动,称为滑坡。滑坡常发生在松散土层中,或沿松散土层和基岩接触面而滑动,也有沿岩层层面或断层面滑动。滑坡体的滑动速度一般很缓慢,一昼夜只有几厘米,甚至几个月才移动几厘米。但在一些特殊情况下,如暴雨或大地震时,滑坡速度可以很快。斜坡上的岩屑或块体,在重力作用下,快速向下坡移动,称为崩塌。崩塌按发生的地貌部位和崩塌方式又可分为山崩、塌岸和散落。辽宁省沿海地区中,辽东半岛是滑塌灾害风险值最高的区域。

一、海岸滑塌灾害产生因素

1. 地形地貌。地形起伏是重力地质灾害发生的必备前提,较大的坡度有助于岩土体滑动和散落。丘陵地形的复杂程度以及斜坡坡度控制着岩土体产生滑塌的临空条件。陡崖悬空的地形条件是发生地质灾害的最有利地段。各种剥蚀斜坡地带、丘间谷地、黄土台地前缘斜坡易发生滑塌。斜坡岩土体坡度较陡,岩土体顺坡、顺层滑塌。

2. 地质构造。东西向断裂规模较大,延伸性强,且与北西向断裂交错,造成构造裂隙发育,岩石整体稳定性差,岩石破碎,为滑塌提供了物质来源,控制了滑动面的空间分布位置。当岩层层面的倾向和斜坡的坡面倾斜一致时,易发生滑塌。

3. 地层岩性。斜坡岩土体的地层岩性,是滑塌的物质组成。一般由风化的板岩、石英岩、辉绿岩、松散的第四系堆积物和人工堆积物组成,岩性软弱,在构造作用、水、风化作用影响下,很容易滑塌。

4. 水的作用。大气降水,尤其是暴雨,形成的水流对岩土体冲刷、渗透、浸润滑作用,破坏其原有结构,使岩土体软化、含水量饱和,减弱抗剪强度,这是发生地质灾害的最主要的客观原因。比如,2007 年大连地区属局地暴雨频发年,当年的地质灾害以崩塌、滑坡为主。共发生地质灾害 21 起,比上年增加 200%,其中中型地质灾害 2 起,小型地质灾害 19 起。灾害类型为崩塌、滑坡、地面塌陷、地裂缝,其中崩塌地质灾害 12 起,滑坡地质灾害 7 起,地面塌陷与地裂缝地质灾害各 1 起。共造成直接经济损失 584 万元,未造成人员伤亡。

5. 边坡开挖。经济建设中,在山坡地带不断有建筑物等工程,开挖边坡,使斜坡下部失去支撑力,造成岩土体位移滑动,这是主要的人为因素。

6. 开发活动。在斜坡上兴建工厂,住宅及人工堆渣、填土等,给斜坡增加荷载,失去平衡,诱发滑坡发生。

7. 缺乏治理。有危险的斜坡没有治理,任其发展。

二、辽宁省海岸滑塌灾害分布

1. 鸭绿江口—大洋河口

本段主要为平原淤泥质海岸,以海积平原和海蚀残丘为主,地势低矮,大部分区域小于 50 m,表层沉积物主要为亚黏土、含淤泥亚黏土、亚砂土。该区域风化剥蚀较重,以河流作用为主。第四纪以来经历快速海退和缓慢海进,距今 5000 年左右,海岸线后退至现今状态,地壳仍处于缓慢抬升状态。海岸带地区分布较多海蚀残丘,多数在 50 m 以下。海岸线向海 2 km 以内,均分布大量泥质沉积物,以淤泥、粉质黏土等为主。

该区域海岸滑塌地质灾害发生概率极低。不过,应当关注的是海浪和海水对海防堤的冲刷和侵蚀。

2. 大洋河口—登沙河口

本段主要为基岩淤泥质海岸,近海岬间分布小规模海积平原,以剥蚀地貌为主,主要为剥蚀平原、坡洪积扇裙,少量沿河两侧分布的冲积平原。表层沉积物为亚黏土、亚砂土。大部分区域高程在 50~200 m 之间,地势起伏平缓,河流支叉颇多。区内海岸线曲折,岬角多,岬间小沙滩宽度不过数十米,岬角间向海过渡区域通常分布平行于海岸分布的海蚀平台或波切台,地势较为平坦,岩性多为灰岩、燧石质灰岩等。

该区域海岸滑塌地质灾害概率属于中等程度,主要发生在海岸线附近区域,海浪冲刷导致的海岸崩塌较多,但造成的损失很小,多为无人居住区。近年有少量渔港和养殖场建于海蚀崖下的海岸旁,应多关注海岸崩塌和海岸侵蚀等灾害,尽量减小无谓的损失。

3. 登沙河口—金州湾荞麦山

本段属于辽东丘陵最南部,地势高且起伏大,以基岩海岸为主,包括断层崖海岸、港湾基岩海岸、岬间砂质海岸。主要为侵蚀剥蚀地貌成因,地貌类型有高丘陵、低丘陵、冲积平原、坡洪积扇裙、小规模海积平原等。海蚀地貌类型多样,有海蚀崖、海蚀柱、海蚀残丘、海蚀洞穴、海蚀平台等。构造条件复杂,有褶皱,也有断层,同时河流作用冲刷所致的沟谷切割较深。工程地质条件复杂,第四纪沉积物很薄,岩性有砂岩、灰岩、石英岩等,但均风化较重,且呈层状产出,历史上经受了剧烈的地壳变动。

该区域海岸滑塌地质灾害属于严重程度。海浪侵蚀和海水冲刷,以及人类活动更增加了海岸滑塌的发生概率。发生区域不仅在海岸,内陆、人工切坡区域同样严重。受降雨量影响较大,历史上年降雨量和连续降雨量变大时,一般会发生多处小范围的滑塌。

4. 荞麦山—红沿河

本段属于基岩海岸,包括港湾基岩海岸、岬角砂质海岸。地貌类型有剥蚀低丘陵、剥蚀平原、冲积平原、海积平原,地势起伏剧烈。区内近岸海岛较多,多为海蚀残丘,呈圆顶状,岩性多为灰岩和砂岩。海蚀地貌发育,海蚀崖、海蚀洞穴、岬间沙滩多见。区内剥蚀地貌发育,山丘多呈现圆顶或近圆顶状,山脊线亦较明显。区内存在若干岩溶区,多分布在复州湾北岸盐场旁的海岸地区,历史上曾经进行过矿产开采,近几年也出现过岩溶塌陷。

该区域海岸滑塌地质灾害中等程度。海岸滑塌主要是海岸侵蚀造成的海岸崩塌,发生区域集中在海岸线附近。

5. 红沿河—盖平角

本段属于基岩—砂质海岸,岬角之间分布大规模沙滩。地貌类型有剥蚀高丘陵、剥蚀低丘陵、冲积洪积平原,局部分布规模较大的风成沙丘。区内山体多为变质岩,沿岸为砂岩,抗风化能力较强。

该区域海岸滑塌地质灾害为一般—中等程度。基岩海岸表现为海蚀崖,直立高耸,大浪拍岸,易形成海岸崩塌。砂质海岸表现为规模较大的沙滩和冲积洪积平原,地势平缓,高程小于20 m,洪季易受两侧山体地表径流和河流洪水影响形成小范围滑坡。

6. 盖平角—锦州孙家沟

本段为辽河三角洲平原淤泥质海岸,河流岔道及潮沟发育,芦苇草滩等发育,地势平坦,海拔小于 10 m。该区域海岸滑塌地质灾害概率极低。近岸海滩处于缓慢淤长态势,双台子河与大辽河口均发育水下三角洲,水道切割较深,容易发生水下滑塌。鉴于辽河油田主要产油区均集中在近海,因此,需要给予水下三角洲足够的关注,减小不必要的损失。

7. 锦州孙家沟—兴城河北岸

本段为基岩海岸,海岸表现为海蚀崖,崖下发育小规模波切台。地貌类型有剥蚀高丘陵、剥蚀低丘陵、坡洪积扇裙、冲积洪积平原。锦州湾内发育淤泥质沉积,其余岸段均为大浪拍岸,近岸水动力较强,水深较大。岩性为砂岩、砾岩、花岗岩等,抗风化侵蚀能力强。

该区域海岸滑塌地质灾害概率中等。多集中分布于锦州湾基岩岸段区域,山势陡峻,岩层走向平行于海岸线,顺层滑塌概率相对大些。加之,随着锦州湾内开发力度加大,开山活动造成的人工斜坡体较多,增大了海岸滑塌的概率。

8. 兴城河—碣石

本段为砂质海岸,包括基岩岬角海岸、沙坝—泻湖海岸、河口海岸等。地貌类型主要为坡洪积扇裙、剥蚀平原、冲积洪积平原,近岸分布狭长带状冲海积平原、海积平原。区内地势较低,均在 100 m 以内。地势坡度小,坡降平缓,沉积物主要为亚黏土、亚砂土。本区近岸风沙较重,海防林的破坏导致原有的海岸沙肆虐。

该区域海岸滑塌地质灾害概率一般。发生区域主要集中在基岩岬角处,岩石风化较重,受海浪作用多易形成崩塌。

三、海岸滑塌灾害防治对策

1. 规划控制

规划控制是一种事前预防方法,通常是有效而经济的。通过调整原有的土地和海域开发利用规划,同时在存在现实风险或潜在风险的区域限制或调控新的建设项目。针对辽宁省海岸带实际情况而言,对于大连市基岩岸段的人工切坡一定要慎之又慎,尽量不允许任何形式的切坡,这与大连市表层岩层风化较重的现状有很大关系。

2. 工程措施

对于降低滑塌灾害风险而言,工程措施是一种最直接的方法,但通常也是最昂贵的方法。因此,必须在严格进行成本/效益分析的基础上,经过充分论证之后方可付诸实施。依据工程措施控制的因素,可将其分为两类:一类是降低滑塌灾害发生的概率,另一类是防止滑塌发生时造成危害。

辽宁省海岸带滑塌灾害的发生与降雨量有很大关系,短时间内的降雨量控制着滑塌灾害发生的概率。因此,主要属于第一种类型,可以采用防护性工程措施,如排水管线布设、抗滑桩和挡墙建设等提高斜坡抗滑力、降低斜坡下滑力的方法防止滑塌。

3. 规避

若滑塌灾害的风险过高,远超出可接受水平,并且无法通过其他控制措施来降低风险,或者采取其他控制措施的效益远远低于成本,则只能采取规避措施,将风险范围内的人员和财产永久转移到其他地区。尽管规避是非常直接的措施,但在实际管理中不能逢灾便规避。

4. 监测预警

①健全县区市级滑坡灾害风险预警预报体系

滑塌灾害本身存在诸多不确定性和复杂性,目前技术下常常无法彻底认识清楚其本质。所以有相当数量的斜坡区域,虽然可以明确意识到存在滑塌灾害潜在风险,但是对于风险的大小和性质尚不确知,只能采取监测预警措施,针对出现的新变化及时采取相应措施。辽宁省海岸带应着重健全大连市滑塌灾害风险预警预报体系。

②积极发挥政府职能部门的作用

在减灾防灾工作中,政府部门担当重要角色,包括减灾防灾规章的制定及保障措施的实施,贯彻落实《地质灾害防治条例》及各级政府部门编制的《地质灾害防治规划》等法规制度,开展建设用地的危险性评估,保证海岸带土地利用的合理规划等。

对决策部门进行滑塌灾害教育的重要性表现在,对其所在辖区进行滑坡风险分析,使其意识到滑塌的危害程度及如果不采取有效减灾防灾措施可能造成的后果,同时决策部门将会了解为了减少滑塌灾害,应在何处禁止建造住所及重要设施等。

辽宁省海岸带已在重点监测的滑坡区建立较为完善的地质灾害专人负责制,但尚未形成完善的群测群防系统,需要继续加大地质灾害危害及防治措施宣传和教育,以达到在地质环境发生前兆变化时及时通知相关职能部门,及时开展监测及防治措施,并形成有效的地质灾害群测群防网络。

③构建滑塌灾害预警预报与减灾决策系统

该系统是整个风险管理的核心技术部分,需在结合辽宁省海岸带气象条件和空间预测结果基础上,对沿海可能发生滑塌灾害区域进行实施预警预报,并结合可接受风险水平,进行风险决策,在此基础上给出风险处理对策及实施风险控制。

第四节　海平面上升

海平面上升属趋势性自然灾害。其成因有二:一则气候变暖产生海平面上升;二则人类对海岸带的干预活动,特别是经济发展中的不合理活动迅猛增强。

据资料统计,全世界过去 100 年海平面上升 10～15 cm 以上,平均上升 14 cm,年均上升 0.14 cm。过去 100 年中辽宁海平面上升 4 cm,年均上升 0.4 mm。1952—1971 年,营口海平面上升 2 cm,上升速度每年 0.11 cm。据国内外学者预测,到 21 世纪海平面将普遍上升,渤海沿岸海平面如果上升 1 m,营口将有部分地区被淹,淡水资源遭受破坏,风暴潮灾害加剧,护堤工程效率降低,淹没农田等,将会造成严重的经济损失。

由于海平面相对稳定上升,导致岸线后退,滩涂侵蚀、低地淹没、土壤盐化,海水沿河口和含水层入侵,引发洪水和风暴潮加剧等一系列灾害问题,并造成:

1. 沿海海堤和挡潮闸等工程抗灾能力下降,加剧发生风暴潮的危害。

2. 洪涝威胁加大,使沿海城市市政排污工程的原来设计标准降低,城镇污水排放困难。

3. 河口淤积,给港口建设和航运带来困难。

4. 海水入侵加剧,造成河道和地下水内侵,土地盐化加重,海岸侵蚀加剧,护岸工程费用增加。

5. 阻塞了内陆低佳地排水,扩大暴雨洪水的泛滥区,使沿海环境污染严重,原来入河道的节制闸利用低,潮位排水功能大为削弱。

6. 大片海涂被侵,生产力和旅游价值下降。岸线后退,土地被淹,失去大片农田,低地工程建筑会受到程度不同的影响,水位升高后地基不稳性增加,使得滨海低地上大型建筑都要进行加固处理。

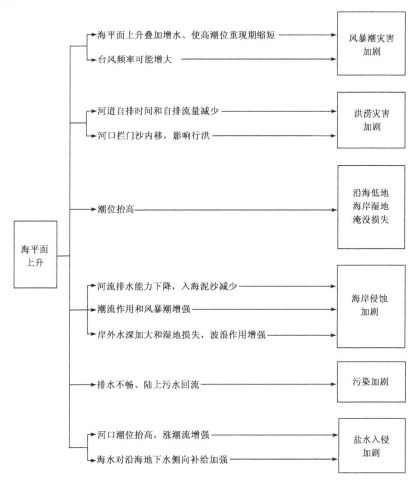

图 15.2 海平面上升加剧海岸带灾害综合图

前已述及海平面上升对辽宁海岸带的影响,而辽河三角洲平原及其毗邻地区又属于地壳沉降地段(营口—海城,唐山的地震可以证明)。若按在 21 世纪海面相对上升 1 m 来预计,对辽宁社会影响可做如下评估:若以海水浸入对大陆的影响大致以 4 m 等高线为界,当海面相对上升 1 m,又适遇强东南、南或西南风,海水被吹送到辽东湾北端形成特高水位,将直接影响辽河三角洲平原及其毗邻地区,并威胁目前的辽河油田,大洼、盘山、台安乃至辽中(其范围相当于地质历史上盘山海浸)。海面上升量虽属微小量级,但逐年累积而形成重大地理环境变迁的事实难以引起非专业人员的重视,一旦由量级的转换而突发灾害,再临时抱佛脚投资建造防护工程则为时已晚矣。据此建议,辽河三角洲开发之前应组织有关人员进行论证,以避免这类因素给社会造成巨大损失和灾难。

辽宁海岛大都集中分布在黄海北部,主要是长山群岛,大鹿岛及渤海的菊花岛和金州湾诸岛。岛屿中有相当一部分是海拔低的岛屿。若海面上升 1 m,风浪会严重损害岛屿处于海滨位置的各项设施。若海面上升 2 m,有些岛屿将会沉沦于海中。

辽宁重大港口防护设施工程中,已考虑海平面上升这一因素。据资料显示,上海市重大工程项目已对海平面上升所带来的严重影响做出了评估,正在实施保护海岸地区不受海平面上升影响的计划。

第十六章　赤　潮

　　赤潮是水体中某些微小的浮游植物、原生动物或细菌,在一定的环境条件下突发性地增殖和聚集,引起一定范围内一段时间中水体变色现象。它是海洋生态系统中的一种异常现象,国际上称其为"有害藻华",在香港则称之为"红潮"。由于引起海水变色的赤潮藻不同,所以有时所造成的海水颜色也不全是红色,通常水体颜色因赤潮生物的数量、种类而呈红、黄、绿和褐色等。如一些定鞭藻可引起海水呈现褐色,也叫褐潮,可造成海水呈绿色,叫绿潮,现时把由石莼过度繁殖造成的也叫做绿潮,还有橘红色潮等。值得指出的是,某些赤潮生物(如膝沟藻、裸甲藻、梨甲藻等)引起赤潮有时并不引起海水呈现任何特别的颜色。

　　目前,赤潮已成为一种世界性的公害,美国、日本、中国、加拿大、法国、瑞典、挪威、菲律宾、印度、印度尼西亚、马来西亚、韩国、以及中国香港等 30 多个国家和地区赤潮发生都很频繁。其中,美国和日本曾是世界上两个赤潮严重的国家。20 世纪 50 年代到 60 年代中期,美国佛罗里达州沿岸几乎每年都有赤潮发生,造成了鱼、虾、贝类的大量死亡,就连以这些生物为食的海龟、海豚也不能幸免。据日本 1979 年的统计,在全部的海洋污染事件中,赤潮占 8%,1970年以来,赤潮已成为日本一种不可避免的海洋灾害。以濑户内海为例,1955 年前的几十年间共发生过 5 次赤潮,而 1959—1965 年 10 年间就发生了 39 次;1966—1980 年 15 年间竟先后发生了 2589 次,平均每年 170 余次,其中造成严重危害的 305 次。1975 年和 1976 年两年,每年都在 300 次以上。据统计,1965—1973 年 8 年间,日本全国因赤潮造成的渔业经济损失达2417 亿日元,每年平均几百亿日元。

　　近二十年来,随着我国沿海地区经济的迅猛发展和城市化进程的加快,大量工农业废水和生活污水排放入海,致使近岸水体富营养化加剧,为赤潮暴发提供了必要的物质条件,致使赤潮发生频次和规模逐年上升,危害之大令人震惊。据国家海洋环境监测资料显示:20 世纪 80年代我国近海记录到赤潮 75 次,90 年代则高达 234 次;一次赤潮的面积从几平方千米扩大到几千甚至上万平方千米;发生区域从近岸局部海域发展至整个近岸海域和部分近海海域;灾害损失从 90 年代初期的近亿元增至 90 年代末期的近十亿元。1998 年在广东珠江口海域发生的持续 30 多天的大面积赤潮一次造成的渔业损失约 4 亿元;1998 年渤海发生的历时 71 天、面积达 1 万多平方千米的特大赤潮,造成的直接经济损失达 5 亿元;2000 年东海舟山渔场附近海域发生了绵延 1 万多平方千米的赤潮,但由于离岸相对较远才未对海水养殖业造成巨大冲击。至 2000 年,我国已发生 28 起赤潮中毒事件,造成 577 人中毒,29 人死亡。

一、辽宁赤潮的种类

　　近年辽宁海域常见的赤潮生物原因主要有夜光藻(Noctiluca scintillans)、叉角藻(Ceratium furca)、红色中缢虫(Mesodinium rubrum)等。

　　夜光藻是一种完全异养的赤潮生物,是甲藻中较为特殊的一个种类,它是我国近海赤潮发生的主要种类。研究表明:夜光藻的最适生长温度为19~22℃,1990—1992年间大鹏湾夜光藻赤潮每年平均出现在1月底至5月中旬,海水温度为19~26℃。监测资料表明,近几年渤海每年都发生夜光藻赤潮,夜光藻赤潮发生次数占近年渤海赤潮总数的近50%。夜光藻形成赤潮的面积差异悬殊,如1999年7月13—21日辽东湾海域夜光藻赤潮面积为6300 km²;而2002年6月3日发生在辽东湾附近海域的夜光藻赤潮面积仅有100 km²。渤海夜光藻赤潮发生时间主要集中在6—9月。

叉角藻属甲藻,世界性分布,典型的沿岸表层性种,广泛分布于热带和寒带海洋,是渤海浮游植物群落的习见种。叉角藻在渤海往往与其他种类一起形成多相型赤潮,有时也形成单相型赤潮。1998年9月29日葫芦岛附近海域发生叉角藻赤潮,叶绿素a高达134 mg/m³。1998年9月18日锦州湾东部发生面积达3000 km²叉角藻赤潮,最高数量达1.25×10^9个/m³。

红色中缢虫是唯一能形成赤潮的原生动物,赤潮水体一般呈紫褐色条带状分布,透明度较高,这给现场观测带来一定的困难。红色中缢虫赤潮一般持续时间较短,我国大连湾、广东沿海、大亚湾东部和珠江口等水域均有红色中缢虫赤潮的报道,发生时间多集中在6—9月,与该种在渤海引发赤潮的时间大致相同。

二、辽宁省赤潮灾害时空分布

根据调查资料显示,辽宁省自20世纪50年代有赤潮发现记录以来,80年代以后几乎每年都有赤潮发生。1960—2008年,共发生80余次赤潮(辽宁省环境监测中心站)(见图16.1),1990—2008年共记录40次赤潮,面积总计约24000 km²。其中,辽东湾和大连湾海区是辽宁赤潮灾害的集中发生区,有36次赤潮灾害发生在渤海海区辽东湾及附近海域,占总数的一半左右。

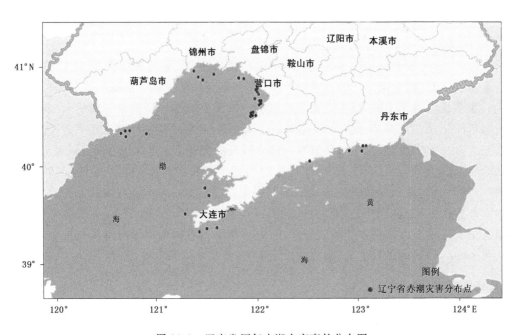

图16.1　辽宁省历年赤潮灾害事件分布图

从赤潮的时间分布来看(见图16.2),辽宁省赤潮最严重的是1998—2001年,记录到的赤潮灾害有27次,其中2001年次数最多;1998—2001年赤潮发生的面积达到19982 km²,其中1998年和1999年发生面积最大。2002年以后,赤潮发生次数开始逐年下降。

由图16.3和图16.4可以看出:辽宁省赤潮发生时间多集中于每年的6—9月,这段期间发生的赤潮次数约占全部的88%,4月和10月偶有发生。9月赤潮发生面积累计超过9600 km²,7月次之,达到7200 km²。

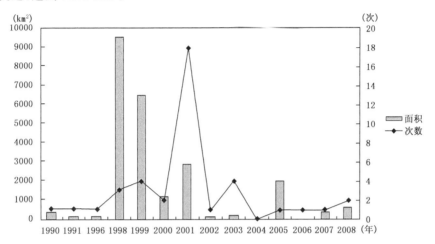

图16.2 辽宁省1990—2008年赤潮发生次数与面积统计情况

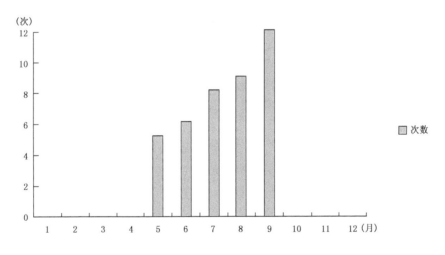

图16.3 辽宁省赤潮月度发生次数统计

三、赤潮防治对策

(一)控制污水入海量,防止海水富营养化

海水富营养化是形成赤潮的物资基础。携带大量无机物的工业废水及生活污水排放入海是引起海域富营养化的主要原因。在富营养化水体中,一旦遇到适宜的水温、盐度和气候等条件,或者对赤潮生物增殖有特殊促进作用的物质含量的增加时,赤潮生物就会以异常的速度大

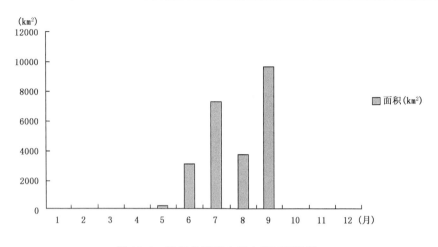

图 16.4　辽宁省月度赤潮灾害面积统计

量繁殖,高度聚集而形成赤潮,造成危害。渤海海域沿岸水域、河口区、封闭性和半封闭性海湾发生的赤潮大多数都与水体富营养化有关,辽宁沿海亦不例外。因此,要控制赤潮灾害的发生和减少赤潮造成的损失,必须有效地控制辽宁省沿岸海域的富营养化。辽宁省沿海地区是经济发展的重要基地,人口密集,工农业生产较发达,然而也导致大量的工业废水和生活污水排入海中。随着辽宁沿海经济带战略的逐步实施,泄水入海量还会增加。因此,必须采取有效措施,严格控制工业废水和生活污水向海洋超标排放。按照国家制定的海水标准和海洋环境保护法的要求,对排放入海的工业废水和生活污水要进行严格处理。

　　控制工业废水和生活污水向海洋超标排放,减轻海洋负载,提高海洋的自净能力,应采取如下措施:

　　1.实行排放总量和浓度控制相结合的方法,控制陆源污染物向海洋超标排放,特别要严格控制含大量有机物和富营养盐污水的入海量;

　　2.在工业集中和人口密集区域以及排放污水量大的工矿企业,建立污水处理装置,严格按污水排放标准向海洋排放;

　　3.克服污水集中向海洋排放,尤其是经较长时间干旱的纳污河流,在径流突然增大的情况下,采取分期分批排放,减少海水过大瞬时负荷量。

　　(二)采取人工措施,改善水质和底质环境

　　除了控制多余营养物质进入海洋外,在赤潮多发区养殖某些海藻吸收富余的氮和磷等营养元素,不但可以收获海藻,还可以降低氮和磷浓度,减少赤潮的发生。但是,应根据各海区自身条件,选择合适的养殖品种。养殖的海藻应切实掌握好采收的最佳时期,如果不在最佳盛期采收,藻体会很快枯萎,重新把氮、磷释放到海水中。还可以用海洋清洁剂作为净化水质和底质的改良剂,它呈颗粒状,不污染海洋,也不会使海水浑浊,可以均匀撒布,在到达海底之前不会流失,在海水中不产生热量,使用安全。

　　(三)合理规划海洋开发活动,减缓养殖业对海洋环境的影响

　　调查资料表明,近几年赤潮多发生于沿岸排污口,海洋环境条件较差,潮流较弱,水体交换能力较弱的海区。而海洋环境状况的恶化,又是由于沿岸工业、海岸工程、盐业、养殖业和海洋油汽开发等行业没有统筹安排,布局不合理造成的。为避免和减少赤潮灾害的发生,应进一步

加强海洋功能区及规划实施和管理工作,从全局出发,科学指导海洋开发和利用。对重点海域要作出开发规划,减少盲目性,做到积极保护,科学管理,全面规划,综合开发。

海水养殖业对沿岸生态环境产生的影响主要是自身污染使水质产生长期变化。由于人工养殖主要靠投饵,而残饵的长期积累和腐败分解会提高水体的营养盐浓度。为了减缓由海水养殖带来的水体富营养化问题,必须根据自然环境、资源状况、环境容量,对浅海和滩涂进行合理开发。主要可以采取:积极推广科学养殖技术,选择对水质有净化能力的养殖品种,进行混养、轮养、立体养殖,控制养殖废水的排放,对养殖区的废物进行人工清除等措施来减缓养殖业对海洋环境的影响。

(四)建立良好的海洋生态环境,控制有毒赤潮生物外来种类的引入

为了建立良好的海洋生态环境,减少赤潮的发生,使海洋发挥更大的经济效益、社会效益和生态环境效益,持续地为人类服务。我们应该做到依法管海,合理开发利用海湾的自然资源,提高对资源的综合利用能力,提高海洋生态研究水平,保护好沿岸自然生态。

同时,随着国际海运业的发展,货运船只吨位和航速的增加,赤潮生物横越大洋的迁移机会就越来越大,通过压舱水的排放,赤潮生物种类从一个海域被携带到另一个海域。鉴于外来船只压舱水排放的危害性,应该制定对压舱水的特殊检验措施和规定,以控制外来有毒赤潮生物藻种的引入。

(五)深入开展赤潮发生机制的研究

深入开展赤潮发生机制的研究和开展对赤潮的监测、监视工作,也是预防赤潮的重要手段之一。由于赤潮研究是一项复杂的研究工作,所以,辽宁省海洋、环保、科研、高校、水产等有关研究单位及管理部门和各市县地方政府应通力协作,在赤潮多发区设立连续观测站进行长期监测,摸清本地区赤潮的发生规律,提出具有针对性的赤潮防治措施。

(六)完善海洋环境监视网络,加强对赤潮监视和预报

辽宁省海域辽阔,海岸线漫长,仅凭政府和有关部门的力量,对海洋进行全省监视很难做到。有必要把目前各主管海洋环境的单位、沿海广大居民、渔业捕捞船、海上生产部门和社会各方面的力量组织起来,开展专业和群众相结合的海洋监视活动,扩大监视海洋的覆盖面,及时获取赤潮和与赤潮有密切关系的污染信息。监视网络组织部门可根据工作计划,组织各方面的力量对赤潮进行全面监视。特别是要对赤潮多发区、近岸水域、海水养殖区和江河入海口水域进行严密监视,及时获取赤潮信息。一旦发现赤潮和赤潮征兆,监视网络机构可及时通知有关部门,有组织、有计划地进行跟踪监视监测,提出治理措施,千方百计减少赤潮的危害。

为使赤潮灾害控制在最小限度,减少损失,必须积极开展赤潮预报服务。众所周知,赤潮发生涉及生物、化学、水文、气象以及海洋地质等众多因素,目前还没有较完善的预报模式适应于预报服务。因此,应加强赤潮预报模式的研究,了解赤潮的发生、发展和消衰机理。为全面了解赤潮的发生机制,应该对海洋环境和生态进行全面监测,尤其是对赤潮的多发区和海洋污染较严重的海域,要增加监测频率和密度。当有赤潮发生时,应对赤潮进行跟踪监视监测,及时获取资料。在获得大量资料的基础上,对赤潮的形成机制进行研究分析,提出预报模式,开展赤潮预报服务。加强海洋环境和生态监测,一是为研究和预报赤潮的形成机制提供资料;二是为开展赤潮治理工作提供实时资料;三是以便更好地提出预防对策和措施。

（七）搞好社会教育和宣传

赤潮一旦发生，其后果相当严重。因此，要经常通过报刊、广播、电视、网络等各种新闻媒介，向全社会广泛开展关于赤潮的科普宣传，通过宣传教育，增强抗灾防灾的意识能力。同时也呼吁社会各方面在全面开发海洋的同时，高度重视海洋环境的保护，提高全民保护海洋的意识。只有保护好海洋，才能不断向海洋索取财富，反之，将会带来不可估量的损失。

第十七章　海洋人为灾害

在石油勘探、开发、炼制及运储过程中,由于意外事故或操作失误,造成原油或油品从作业现场或储器里外泄,溢油流向地面、水面、海滩或海面,同时由于油质成分的不同,形成薄厚不等的一片油膜,这一现象称为溢油。

海洋溢油属于突发性的环境灾害。这种环境灾害的诱因可能是自然因素(如地震引发的海底输油管道破裂、飓风造成油轮沉没等),人为因素(如船舶操纵失误造成海上交通事故从而造成溢油、钻井工人意外地钻进高压油储导致油的突然喷出等),也可能是多种因素的综合作用。其结果包括了对自然环境、资源的破坏,进而引起人类生命财产的损失。据统计,我国沿海自 1976—1996 年的 20 年间,共发生船舶溢油事故 2242 起,溢油量超过 50 吨的重大溢油事故达 44 起,其中油轮事故 20 起,平均每起溢油 991 吨。

一、船舶溢油灾害

(一)海损溢油事故分布及原因分析

海损溢油事故主要是由海上交通事故、火灾和爆炸以及船体破损等原因导致,发生的概率较小,但是一旦发生事故,溢油量通常很大。

从 2000—2008 年,辽宁海域共发生事故性溢油 52 起,泄漏油品及油水混合物 1494.853 吨。其中,货油泄漏事故 9 起,溢油 326.2 吨;船用油泄漏事故 39 起,溢油 1147.653 吨;含油污水泄漏事故 4 起,泄漏含油污水 21 吨。在造成这些污染事故的原因中,碰撞、触碰事故 17 起,沉没、倾覆和翻沉事故共 16 起,船体破损 10 起,设备故障 5 起,火灾和搁浅事故分别为 1 起,另外 2 起污染事故则是由恶劣天气造成。2000—2008 年海损溢油事故年度统计见表 17.1。

表 17.1　2000—2008 年辽宁海域船舶海损溢油事故年度统计

年份	溢油事故数(次)	溢油量(吨)	平均溢油量(吨/次)
2000	1	50.000	50.000
2001	5	318.000	63.600
2002	0	0.000	—
2003	1	0.010	0.010
2004	9	90.010	10.001
2005	14	484.400	34.600
2006	11	276.633	25.148
2007	6	61.300	10.217
2008	5	214.500	42.900
总计	52	1494.853	28.747

从图 17.1 可以看出,海损溢油事故并没有随时间表现出明显的变化趋势,其发生次数和规模都具有一定的随机性。为了进一步分析海损溢油事故的特征,根据事故规模对海损溢油事故进行统计(见表 17.2),图 17.2 是这 52 起海损事故地理分布。

表 17.2　2000—2008 年辽宁海域船舶海损溢油事故规模统计

规模(吨)	次数(次)	溢油量(吨)	平均溢油量(吨/次)
0～1	15	3.233	0.216
1～10	10	28.200	2.820
10～50	13	266.500	20.500
50～100	5	290.000	58.000
100～200	4	488.920	122.230
200～300	2	418.000	209.000
不详	3	—	—
总计	52	1494.853	28.747

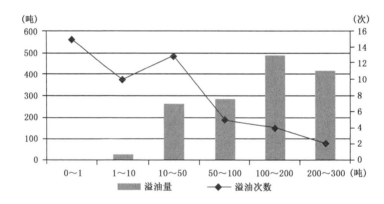

图 17.1　2000—2008 年辽宁海域船舶海损溢油事故规模统计

从图 17.1 中不难发现,在统计期的 52 起事故中,基本呈现出"事故规模越大,发生频率越小,溢油数量越多"这样一个规律。溢油量小于 1 吨的事故在总事故中所占的次数比例接近 30%,但溢油量比例仅占 0.2%;而溢油 200 吨以上的大事故虽然只有 2 起,仅占事故总数的 3.8%,但是溢油量比例高达 28%。

从图 17.2 可以看出,大连港区、锚地周边以及老铁山水道附近是明显的事故多发区,2 起最严重的溢油事故也是发生在大连新港附近。除此之外,其他几个事故比较集中的地区也都在港区附近,如鲅鱼圈港、绥中港周边等。通过与辽宁海域 AIS 船舶流量截图的对比可以发现,上述事故多发区基本都位于交通流非常密集、复杂的区域,如港区、交通流交汇处等。

为了进一步分析溢油事故的原因,对统计期内的这 52 起溢油事故的原因进行统计,见表 17.3 和图 17.3。

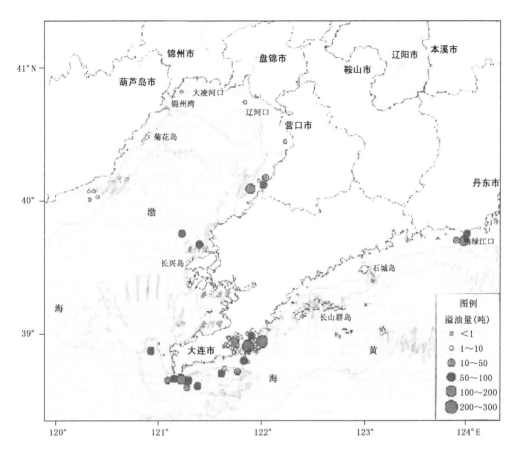

图 17.2　2000—2008 年辽宁海域船舶海损溢油事故地理分布

表 17.3　2000—2008 年辽宁海域船舶海损溢油事故原因统计

事故原因	次数(次)	溢油量(吨)	平均溢油量(吨/次)
翻沉	2	215.920	107.960
沉没	13	257.800	19.831
倾覆	1	1.000	1.000
碰撞	16	667.103	41.694
触碰	1	130.000	130.000
船体破损	10	31.400	3.140
设备故障	5	1.530	0.306
搁浅、触礁	1	100.000	100.000
火灾	1	40.000	40.000
恶劣天气	2	50.100	25.050
总计	52	1494.853	28.747

　　从表 17.3 和图 17.3 中能够看出,触碰、翻沉、搁浅和触礁所造成的溢油事故一般规模都比较大,平均溢油量都在 100 吨以上,碰撞和沉没是造成海损溢油事故的最主要的原因,在统

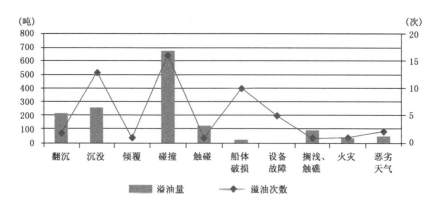

图 17.3　2000—2008 年辽宁海域船舶海损溢油事故原因统计

计期的 52 起事故中,有 30% 以上是由碰撞引起的,而 1/4 的事故是由沉没造成的。这两种事故造成的溢油量也非常可观,碰撞造成的溢油量接近总溢油量的一半,而沉没造成的溢油量也将近 20%。

（二）操作性溢油事故分布及原因分析

从 2000 年到 2008 年,辽宁海域有记录的操作性事故 93 起。在 93 起操作事故中,属于记录簿、油水分离器不符等未造成实际泄漏的事故 10 起,造成污染的事故 83 起,其中造成油类泄漏的 80 起,化学品和化学品污水泄漏 3 起。在造成油类泄漏的 80 起操作性事故中,共泄漏油类及油水混合物 58.899 吨,其中货油泄漏 25.05 吨,船用油泄漏 1.218 吨,油水混合物 32.631 吨。上述 80 起操作性溢油事故的年度统计数据见表 17.4。

表 17.4　2000—2008 年操作性溢油事故年度统计

年份	次数（次）	溢油量（吨）
2000	3	0.120
2001	4	0.630
2002	22	29.493
2003	10	6.240
2004	12	18.730
2005	8	0.390
2006	8	1.350
2007	5	0.300
2008	8	1.646
总计	80	58.899

从表 17.4 中可以看出,操作性溢油事故随时间的变化趋势也不明显,但是总体变化幅度不大,显示出相对的稳定性和波动性。据国际统计分析,每装卸 1 吨油类将损失掉 10 克左右的量。因此,尽管每次产生的油量不多,但发生事故的频率高,所以溢油总量也很可观。

为了进一步分析操作性溢油事故的规律,对统计期内的操作性溢油事故的原因进行统计,见表 17.5。

　　导致操作性溢油事故的原因多种多样,绝大部分发生在港区,多发生于港口船舶装卸货物、加装燃油等作业环节。表 17.5 显示,统计期内辽宁海域的操作性溢油事故中有近 1/4 的事故发生在装卸货作业中,溢油量约占总溢油量的 20%。违章操作造成的溢油事故虽然仅占总事故次数的 1/10,但其溢油量却超过了总溢油量的 40%;而且,违章操作一般单次事故溢油量也较大,平均超过 1 吨。此外,设备故障、转驳作业、加装燃油等也都是易发生操作性事故的作业环节。

表 17.5　2000—2008 年操作性溢油事故原因统计

事故类型	次数(次)	溢油量(吨)	平均溢油量(吨/次)
驳油操作	4	0.210	0.053
加油操作	6	0.045	0.008
设备故障	3	5.010	0.456
违章操作	8	25.100	1.670
转驳作业	2	0.101	3.138
装卸货操作	19	11.110	0.051
其他操作	38	17.323	0.585
总计	80	58.899	0.736

二、石油平台溢油灾害

(一)平台的操作性排放

　　我国国家海洋局 1984 年 12 月 15 日以国海管(84)1077 号文件发布《关于执行采油工业含油污水排放标准暂行规定的通知》。该通知规定在渤海的辽东湾(湾口以大清河口和老铁山连线为界)、渤海湾(湾口以大清河口和黄河口连线为界)、莱州湾(湾口以黄河口和龙口屺山母角连线为界)海域采油工业含油污水排放标准浓度值暂定为 30 mg/l(月平均值),最高允许浓度值为 45 mg/l(见表 17.6)。

表 17.6　海洋石油开发工业含油污水的排放标准最高允许浓度

项目	级别	月平均值(mg/l)	一次允许值(mg/l)
石油类	一级	30	45
石油类	二级	50	75

　　1985 年 1 月 18 日国家环境保护局发布,1985 年 8 月 1 日实施的《海洋石油开发工业含油污水排放标准》(GB4914—85)规定,海洋石油开发工业含油污水排放标准分为两级:一级,适用于辽东湾、渤海湾、莱州湾、北部湾、国家划定的海洋特别保护区,海滨风景游览区和其他距岸 10 海里以内的海域;二级,适用于一级标准适用范围以外的海域。海洋石油开发工业含油污水的排放标准最高允许浓度应符合表 90 规定。采油工艺污水应回注地层,减少污水排放量。位于潮间带的海洋石油开发工业含油污水,按《石油开发工业水污染物排放标准》(GB3550—83)执行。

　　近 5 年,国家海洋局海洋环境质量公报的数据显示,油气田及周边海域环境质量良好,但渤海个别油气区水体中石油类含量较高,已接近二类水质标准,大部分油气田及周边区域的环境质量符合该类功能区环境质量控制要求,未对邻近其他海洋功能区产生不利影响。石油勘探和开发过程中无重大溢油事故发生。

（二）平台的事故性排放

虽然《中华人民共和国海洋石油勘探开发环境保护管理条例》明文规定:凡从事海洋石油开发的作业者必须具备防治油污事故的应急能力,配备与其所从事的海洋石油勘探开发规模相适应的油收回设施和围油、收油器材。但中外经验表明:发生大规模的井喷或输油管道破裂,单靠一个公司的溢油应急力量是根本无法解决的。2002 年 11 月 26 日,渤海绥中 36－1油田中心平台发生溢油,溢油量 2.6 吨。2003 年 7 月 25—29 日,辽宁省绥中县王堡乡至塔山沿海 58 km 沿岸发现宽度为 3～4 m 的溢油区。

近 5 年,国家海洋局海洋环境质量公报的数据显示:渤黄海区域石油勘探和开发过程中无重大溢油事故发生。但由于石油勘探和开采活动固有的溢油风险和其他海域已发生的溢油灾害,重大溢油的风险依然存在(见表 17.7)。

表 17.7　渤黄海油气田开采排放情况

年份	油气田	含油污水排放量(万吨)	钻井泥浆排放量(吨)	钻屑排放量(吨)
2004	16	394	7410	25652
2005	16	888	25057	15333
2006	16	994	25690	29448
2007	16	974	18036	29996
2008	99(平台数)	850.55	16025	28833

三、辽宁海洋溢油灾害防治建议

（一）严格履行国际公约和国内法律

国际海事组织 IMO 颁布的防污公约(MARPOL73/78)对船舶提出的防止事故性污染的要求非常全面,其中很大一部分是在事故中归纳出的经验和教训,船舶必须严格按照公约的规定,从结构、设备、操作和文件上完全符合要求,才能最大限度地控制风险。

《1990 年国际油污染防备、反应和合作公约》(OPRC90)要求,船舶和近海装置应配备与国家应急系统协调、并由主管机关批准的油污应急计划;缔约国应制定当发生油污时的报告程序;缔约国收到油污报告后应采取的行动;缔约国应建立对油污事故采取迅速和有效的响应行动的国家系统;缔约国之间的油污响应工作的国际合作,溢油防备和应急技术的研究和开发等。

我国海洋环境保护法规定,勘探开发海洋石油,必须按有关规定编制溢油应急计划,报国家海洋行政主管部门审查批准。装卸油类的港口、码头、装卸站和船舶必须编制溢油污染应急计划,并配备相应的溢油污染应急设备和器材。

（二）提高全民环境意识

公众对溢油风险及潜在危害认识不够。根据国家环保总局 1999 年环境保护意识调查,我国公众对环境保护问题的重视程度和环境保护知识水平较低,在海洋环境保护方面更是知之甚少。部分地方政府对溢油风险及潜在危害认识程度也很不够,对潜在的由于各种船舶事故造成的溢油污染风险缺乏前瞻性考虑。因此,政府及主管部门应全方位、多层次、多形式的大力宣传,提高全民的防油污、保护海洋环境的意识,引导公众关注、支持和积极参与海洋环境保护工作。

（三）建立跨省和跨行业的海洋溢油应急合作机制

海水的流动使整个地球有机地构成一个统一的生态系统。辽宁省地处渤海和黄海交界处,作为渤海内三省一市中一员,溢油发生在相邻水域,很快就会相互受到影响。所以进一步加强相邻省际间的溢油应急响应合作是很有必要的。

针对海洋突发事件的现实需要,2006 年 4 月 28 日,中海石油环保服务有限公司与交通部救助打捞局在天津签署了《应急响应资源共享协议》。2006 年 11 月 28 日,中海石油环保服务有限公司和国家海洋局第一海洋研究所联合成立了海洋石油安全环保技术研发中心。这些跨行业的合作机制是一个好的开端,也给我们一个很好的启示。应提倡省内交通、海洋、石油和石化行业溢油应急响应的协调和合作、整合资源,使其发挥最大的作用。

因此,应协调成立渤海联席会议制度（含环渤海各省市）,各有关部门互相配合、密切协作;加强海域的环境监测工作,建全渤海环境监测网。及时掌握海域环境质量变化趋势,以保证各环境功能区达到相应水质标准;进一步加强对机动船舶、港口、锚地泊船等含油污水的治理和管理,防止船舶进出港时污染物的排放和油类泄漏,建立一支渤海溢油事故处理队伍,将污染降到最低,防止海洋污染事故。

（四）重视应急预案的编制

应急预案是船舶溢油应急反应的行动指南,也是船舶溢油应急体系中的纲领性文件。应急预案基本涵盖了应急行动中各部门职责、辖区敏感资源分布、应急力量构成、应急行动程序等内容。

目前应急预案存在逐级弱化的现象,有些预案针对性、操作性还不强。鉴于应急技术和管理不是成熟的学科,应继续深入预案的完善工作,重点加强溢油监测预警系统、信息与指挥系统、应急队伍、应急设备及装备等配套软硬件建设,争取实现领域上全覆盖、内容上高质量、管理上动态化,并在实践中不断修改和完善。

（五）加强溢油应急能力建设

针对辽宁海域,各级政府部门应充分重视存在溢油风险和应对能力严重不足这一严峻现实,积极调动地方政府和社会各界的力量,加强全省海上溢油应急反应能力建设。第一,地方政府应加大资金投入,尽快建设海域溢油应急处置主设备库;第二,对于辽宁海域现有的平台、码头、航道水域,各级地方政府应尽快确定牵头单位,协同相关口岸单位和管理部门,评估其风险等级,确定溢油应急设备库的建设规模和设备配备种类及数量等,并督促其尽快建设;第三,为了协调相关设备库的配套建设和避免重复投资,并且实现应急反应过程中的统一调配和使用,根据政府和企业的投资规模,由牵头单位进行统一部署和安排。采取多样化的特许经营模式,引入竞争机制,鼓励社会资金、外资参与溢油应急响应能力建设。

（六）污染事故的数据公开

污染事故调查应遵循科学的原则,尊重事实,按标准程序和方法进行,并且公开数据。研究中发现,关于海损事故调查中对事故发生的第一原因很重视,但在溢油事故调查中不太重视第一原因。中国是"西北太平洋行动计划"的成员国之一,往该数据库报告的我国沿海从

1990—2007 年的 73 起溢油事故数据,有 6 起事故原因是"倾覆"或"沉没"、还有一起是"意外事故",而没有第一原因或具体原因。而且这些数据在公众媒体上从未公开过,这样做既没顾及公众的知情权,也不利于社会资源对事故的深入研究。应将事故的所有数据公开,事故的原因既是教训,又是预防的重点,尤其在建立溢油风险管理、重点船的目标管理方面,历史数据是非常重要的。应借鉴国际机构、区域管理组织和溢油管理先进国家的经验和做法,建立我国船舶溢油事故调查的程序,并向公众公开。这样做一方面便于社会监督,另一方面也能借助各方面的力量深入研究。

第十八章　海洋灾害防治区划

在充分认识辽宁省沿海海洋灾害类型、灾害特征、灾害强度及其对沿海各地经济、环境影响的程度和时空分布规律基础上,遵循自然区划综合性原则、主导因素原则、相对一致性原则等原则,将辽宁省沿海分为黄海北部、大连南部、金普湾、辽东半岛东部、辽东湾顶部、辽东湾西部以及渤海中部等 7 个海洋灾害防治区,见图 18.1。

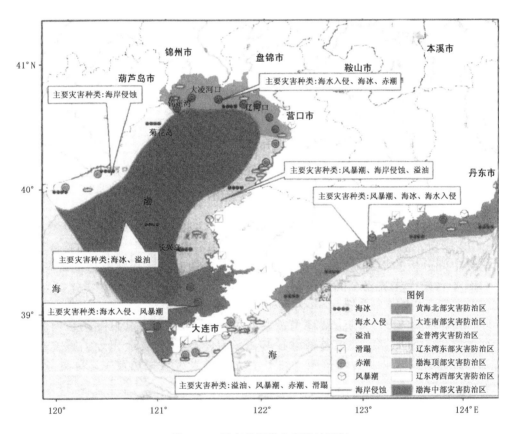

图 18.1　辽宁省海洋灾害防治区划

一、黄海北部灾害防治区

黄海北部主要灾害类型为:风暴潮、海水入侵和海冰灾害。

黄海北部海洋灾害区由鸭绿江至成山头,是辽宁省风暴潮最严重、造成经济损失最大的区域,也是海水入侵、海冰灾害较为严重的区域。

该区域主要受鸭绿江断裂和海洋岛隆起控制,在鸭绿江、大洋河等河流输沙和潮汐作用下形成的潮控型海积平原地势低缓平坦,滩涂广阔,温带寒潮大形成的风暴潮发生频率高,风暴增水大,潮淹没的海岸宽度大。

本区域沿岸滩涂养殖业迅速发展,受干旱缺水的制约以及工农业生产用水量不断增长等因素影响。

主要防灾建议:

(一)应加强对风暴潮等海洋灾害的预测预报工作,不断提高预测、预报的精度,减轻上述灾害对渔业和航运生产造成的损失;

(二)在海岸工程设计、建设中,提高临海建筑的设计标准;

(三)本区域应控制海岸带渔业养殖的规模,避免因过量抽取地下水而导致的海水入侵加重的趋势;

(四)强化冬季结冰海域的海上作业安全管理机制,制定有关法规政策、操作规范等,提高海上作业人员的安全意识,避免不必要的因人为因素所造成的灾害事故发生。

二、大连南部灾害防治区

大连南部主要灾害类型为:溢油、风暴潮、赤潮和海岸滑塌灾害。

大连南部溢油、赤潮和滑塌灾害区自成山头至老铁山,是辽宁省赤潮和溢油灾害最严重、造成经济损失最大的区域,也是海岸滑塌灾害潜在发生区。大连湾海域是赤潮多发区域之一。

该区域受北黄海—胶辽隆起和郯庐断裂带控制,在渤海海峡强潮流和区域沿岸流塑造作用下形成的浪潮控基岩海岸。海区动力条件较强,基岩景观极为壮观,多发育大连南部海蚀崖、西湖咀海蚀柱和活海蚀崖、金石滩象鼻山以及老虎尾陆连坝等众多滨海地质遗迹。深水岸线绵长,天然港口资源丰富,老铁山潮流能开发潜力巨大。地形坡度极陡,坡降在 $1/5 \sim 1/20$。

主要防灾建议:

(一)本区域应采取有效措施,严格控制工业废水和生活污水向海洋超标排放。按照国家制定的海水标准和海洋环境保护法的要求,对排放入海的工业废水和生活污水要进行严格处理;

(二)开展海洋环境综合治理,改善水质和底质环境;

(三)加强赤潮和溢油灾害监视监测和预报,组织各方面的力量对赤潮进行全面监视,扩大监视海洋的覆盖面,及时获取赤潮和溢油的污染信息;

(四)区域在规划建设时应注重海岸稳定性研究,在存在现实风险或潜在风险的区域限制或调控新的建设项目。

三、金普湾灾害防治区

金普湾主要灾害类型为:海水入侵和风暴潮灾害。

本区域主要为基岩碎屑和近海挟砂流在波浪和基岩岬角的控制下形成港湾基岩海岸,海区动力条件相对较弱,为渤海海峡挟砂流的二级堆积区,湾间物质多为砂。海区发育大潮口沙滩、夏家河沙滩、骆驼石沙滩,近岸海岛礁盘星罗棋布,主要有簸箕岛、东西大连岛、范坨子、长岛、草坨子等众多近岸岛屿。地形坡度极陡。

主要防灾建议:

(一)本区域应控制海岸带渔业养殖的规模,避免因过量抽取地下水而导致海水入侵加重的趋势；

（二）加强对风暴潮等海洋灾害的预测预报工作，不断提高预测、预报的精度，减轻上述灾害对渔业和航运生产造成的损失；

（三）在海岸工程设计、建设中，提高临海建筑的设计标准。

四、辽东半岛东部灾害防治区

辽东湾东部主要灾害类型为：海岸侵蚀、风暴潮和溢油。

本区是辽宁省海洋灾害较轻区域之一，为辽东湾西部滨海沉积区，由浮渡河、熊岳河、沙河和大清河输入物质在波浪和岬角控制下形成的浪控型海积平原海岸，岬角发育尺度较小的海蚀崖、海蚀穴、海蚀平台，岬湾以及河口发育沙滩、连岛坝、河口沙嘴等地貌体，滩涂相对岸线的面积较小，地形坡度较陡，坡降在 $1/10 \sim 1/100$，海区沉积速率较低。近年来，腾房身砂质海岸侵蚀后退率高达 5 m/a，侵蚀陡坎高度近 10 m，2007—2009 年损失土地量约 2.7×10^4 m³，且这种趋势正在持续，对海岸景观和居民的生命财产安全构成严重威胁。该区域还是海岸风沙和海水入侵灾害的多发区域，海滨后缘土地沙化严重。

近年来，入海泥沙锐减是区域砂质海岸大范围侵蚀后退的主要原因，导致区域的平衡格局被打破，进而引起海岸的侵蚀后退。人为活动是区域海岸侵蚀的重要原因，进一步加剧了海区泥沙来源补给的匮乏。不合理的海岸工程破坏了海岸物质供应的平衡，加剧了局部海岸侵蚀的程度。

主要防灾建议：

（一）严格禁止岸滩和近海的非法采砂活动。对海区，尤其是近海的海砂资源经过科学论证，经海洋主管部门审批后方可开采，加强海砂开采活动的监督和管理，杜绝非法采砂活动；

（二）加强海岸侵蚀防护工程的建设，通过修建人工护坡、丁坝群、人工岬湾以及人工补砂等软硬结合的防护措施，尽可能地减少海岸侵蚀灾害的危害；

（三）通过进一步完善沿海防护林体系，引进、增添多种林木树种，在建设生态防护林、防治海岸风沙的同时，打造一条绿色海岸生态旅游观光带，实现海岸生态价值服务和社会经济效益的高度统一；

（四）加强海岸侵蚀灾害的监测，布设固定的监测断面，定期观测海岸侵蚀，并编制海岸侵蚀监测评价报告，及时发布海岸侵蚀的信息。

五、渤海顶部灾害防治区

渤海顶部主要灾害类型为：海水入侵、海冰和赤潮。

本区域主要为下辽河断陷带沉降区，是由双台子河、辽河、大小凌河输入物质和潮流控制下形成的潮控型河口三角洲区域。随着产业向海聚集，近年来导致辽河口区域海水入侵逐年加剧的原因主要有过量开采地下水，盲目围、填海，修建水库等一系列的开发活动，破坏了原来咸淡水的平衡界面，使海水入侵的范围不断扩大。本区域为辽东湾海冰最严重区域，受陆源污染物入海影响，本区域呈富营养化状态，赤潮灾害频发。

主要防灾建议：

（一）在滨海滩地盐碱区、沿海潮盐土区、脱盐化沿海潮盐土区以及大田农业作物群落等区域分带特征显著的海岸带区域，培植盐生植物、耐盐植物、水源涵养林带；

（二）通过修建地下挡水坝、防潮堤、拦蓄闸坝等系统工程，控制海水入侵，同时，加强地下水回灌，保障居民正常生产、生活；

（三）建立健全海（咸）水入侵监测网和预警系统，布设固定的监测断面，编制海水入侵的监测与评价报告，定期发布海水入侵的实时信息；

（四）强化冬季结冰海域的海上作业安全管理机制，制定有关法规政策、操作规范等，提高海上作业人员的安全意识，避免不必要的因人为因素所造成的灾害事故发生；

（五）区域应采取有效措施，严格控制工业废水和生活污水向海洋超标排放，开展海洋环境综合治理，改善水质和底质环境；

（六）加强赤潮和海冰灾害监视监测和预报。

六、辽东湾西部灾害防治区

辽东湾西部主要灾害类型为海岸侵蚀和风暴潮。

本区域主要处于构造上升区，为兴城河、烟台河、六股河、狗河以及九江河等河流输入物质和波浪、沿岸流共同作用形成的，以浪控型作用为主的丘陵—平原区砂质海岸，地形坡度较陡，滩涂面积较小。

本区域海岸侵蚀除强风浪和风暴潮偶然袭击外，海平面上升，构造下沉和地表变形等起迭加及促进作用，人为因素是导致局部海岸侵蚀加剧的直接原因。主要是河流上游兴建水利工程，导致入海泥沙骤减；岸滩采砂和六股河口外采砂是导致沿岸泥沙亏损和海岸侵蚀的直接原因；不合理的海洋工程，如突堤码头，护岸工程等水工建筑物破坏局部海岸平衡状态，导致岸段海岸侵蚀后退。

主要防灾建议：

（一）严格禁止岸滩和近海的非法采砂活动。对海区，尤其是近海的海砂资源经过科学论证，经海洋主管部门审批后方可开采，加强海砂开采活动的监督和管理，杜绝非法采砂活动；

（二）设置合理的人工构筑后退控制线，限制围海、围垦等人为活动，同时，对非法占用海滩的人工构筑物进行清退，以恢复沙滩的原始风貌；

（三）在海岸风沙严重的岸段，种植固沙的耐盐植物，在提高海岸景观价值的同时，防治海岸荒漠化的进一步加剧；

（四）加强海岸侵蚀灾害的监测，布设固定的监测断面，定期观测海岸侵蚀，并编制海岸侵蚀监测评价报告，及时发布海岸侵蚀的信息。

七、渤海中部灾害防治区

渤海中部主要潜在灾害类型为海冰和溢油灾害。

渤海中部主要开发活动为石油平台，也是密集航线区，是潜在的溢油发生区。渤海中部也是浮冰堆积区域，会对冬季船舶航行及石油平台产生影响或造成破坏。

主要防灾建议：

（一）加强对海冰和溢油的监视监测，及时预测、预警和发布灾害信息，防患于未然；

（二）强化冬季结冰海域的海上作业安全管理机制，制定有关法规政策、操作规范等，提高海上作业人员的安全意识，避免不必要的因人为因素所造成的灾害事故发生。

第十九章　开发海洋资源　建立灾害应急机制

一、完善法规体系,可持续利用海洋资源

海洋管理是海洋自然和社会属性决定的,是一个统筹兼顾的协调过程,是通过解决矛盾、协调关系,促进海洋经济、社会协调发展。经过十余年的管理实践证明,推进海洋管理最好、最为可行的切入点就是建立并加强对海域使用的管理。通过海域使用权属管理、海洋功能区划、海域使用论证和海域使用审批等制度的确立,实现对海域的综合管理,最终达到海洋资源与环境的可持续利用。对海洋进行综合管理反映到法律制度建设上,就是希望通过建立健全法律制度来保证海洋资源的可持续利用和海洋经济的可持续发展。

辽宁省地处黄、渤二海北部,海岸线总长 2920 km,其中大陆岸线 2292.4 km,岛屿岸线627.6 km。全省管辖海域面积 6.8×10^4 km²,滩涂面积 310 万亩。广阔的海洋资源丰富,实施建设"海上辽宁"战略以来,依靠科技进步,海洋资源开发利用取得长足进展,海洋经济已成为全省经济新的增长点,在全省经济中占有重要的地位。由于海洋开发行业的多样性、海洋资源的多元性以及海洋空间的整体性,海洋资源破坏和环境污染问题日趋严重,为遏制对海洋资源的破坏,提高海域利用的综合效益,保持海洋经济的可持续发展,应完善辽宁省海洋管理的相关法规。

二、海洋可再生能源开发

海洋可再生能源主要是波浪能、潮汐能、海流能、温差能、盐差能、海洋及海岛风能和太阳能等。海洋可再生能源具有清洁、无污染、储量大、可再生等特点,开发海洋可再生能源是实现沿海地区经济社会可持续发展的发展战略之一。

（一）海岛可再生能源多能互补独立示范电站建设

建设海岛可再生能源多能互补独立示范电站的目的,是为了满足海岛居民基本生活、生产以及海水淡化的用电需要,探索海岛可再生能源多能互补电力系统建设的模式,积累经验,保护海洋资源和生态环境,为实现社会主义新农村提供基本能源保障。

以远离大陆、没有电网供应、海洋可再生能源资源丰富的海岛为选取原则,建设海岛可再生能源多能互补独立示范电站。选择波浪能、海流能、潮汐能与海岛风能和太阳能互补的方式建站。每个示范电站的年平均发电量在 20 千瓦/小时以上,可以满足大约 200 人的海岛常住居民的基本生活、生产以及海水淡化的用电需要。

（二）海洋可再生能源开发利用设备自主创新

海洋可再生能源开发利用设备自主创新的指导思想是:着眼未来,针对沿海、岛屿能源需求、进行技术攻关和自主创新,为改善能源结构,保护环境,促进沿海经济发展、海岛脱贫致富,

积极开展海洋可再生能源技术开发创新,使其产业化,使辽宁在海洋可再生能源开发利用设备上达到和接近国际先进水平。

根据辽宁海洋可再生能源开发利用现状,研究小型实用的海洋能发电设备并与其他可再生能源互补,构成独立供电系统的发电站,建立新能源综合利用示范基地。

1. 波浪能设备自主创新:研究百千瓦级波浪发电设备,可分为气动式、液压式和机械式等不同能量转换模式,择其相对成熟技术开展系统优化设计。

2. 潮汐能设备自主创新:研制万千瓦级潮汐电站水轮发电机组。

3. 潮流能设备自主创新:研究百千瓦级潮流发电设备,为适应不同海流状况下发电,进一步提高能量的转换效率,研究叶轮的翼形技术、研究具有自适应变螺距功能的叶轮,进行现场试验。

4. 温差能设备自主创新:利用工程热力学原理,利用沿海热电厂排放的冷却水与海水的温差所蕴藏的热能进行发电,研制千瓦级海水温差热能发电模拟装置进行现场试验。

(三)海洋可再生能源调查评价

结合国家908专项"我国海洋可再生能源调查",针对海岛海洋可再生能源进行专项调查,准确掌握我国各类海洋可再生能源的储量、分布及开发利用和研究现状,提出评价分析报告,并为规划和示范电站的建设提供基础资料。

1. 调查的原则:利用已有的历史资料及908专项调查的成果,全面摸清海岛可再生能源的储量及分布;突出重点、兼顾全面、着重对有需求及具有潜在开发利用价值的海岛进行调查,为海洋能源的开发利用,特别是海洋能源拓展规划和电站建设提供本底资料。

2. 调查的区域:远离大陆、没有电网供应、海洋可再生能源资源丰富的海岛。

3. 调查的要素:包含风能(风速、风向)、太阳能(辐射量、日照时间)、潮汐能(潮时、潮高)、潮流能(流速、流向)、波浪能(波高、波向、波周期)、气象参数(雨量、温度、湿度、气压)、水温、盐度、灾害天气天数、海洋地形地貌、底质、相关海洋生物与生态及社会经济状况等。

4. 预计调查总量:根据现有的历史资料的统计分析,初步确定的调查总量约为50个海岛左右。

(四)海洋可再生能源信息系统建设

根据海洋可再生能源开发利用工作需要,建设海洋可再生能源资源信息数据库,设计运行海洋可再生能源开发利用及管理决策业务化体系,为地方海洋可再生能源开发利用提供技术保障。信息系统必须具有安全、可靠、可扩展、易维护等特点,主要建设内容为:

1. 海洋可再生能源资源信息数据库:信息数据库对海洋可再生能源按照潮汐能、潮流能、波浪能、温差能和盐差能等进行分类,并按储量、分布、开发利用和研究现状录入海量数据库。

2. 海洋可再生能源开发利用及管理决策业务体系:建立国家海洋可再生能源管理决策业务体系,开发管理决策业务平台,使我国海洋可再生能源开发利用工作做到"家底清楚、统一规划、规范开发、信息共享"。

(五)海洋可再生能源发展规划

主要工作内容包括:

1. 制定"海洋可再生能源发展规划":针对现有资料进行充分调研和局部实地补充调查的基础上,制定"海洋可再生能源发展规划"。

2. 鼓励海洋可再生能源开发利用政策研究：在国内外鼓励新能源与可再生能源政策研究的基础上，提出修改和完善我国鼓励海洋可再生能源开发利用的法律法规和政策，以促进海洋可再生能源的研究与开发。

3. 制定海洋可再生能源开发利用国家标准和行业标准：为实现新能源与可再生能源的有效利用而制定的海洋可再生能源标准，包括技术和产品标准、综合性基础和管理标准等。

三、海水综合利用

我国是一个缺水的国家，尤其是在辽宁沿海地区，水资源匮乏在一定程度上影响到整个地区的社会发展。向大海要淡水，大力推进海水综合利用以满足沿海地区的发展需求，是辽宁沿海经济带的战略选择之一。

辽宁的海水淡化、海水直接利用和海水化学资源利用，已具备了产业化发展的条件。今后，应将海水淡化同海水发电、海水化工和海水供热等过程结合起来，大力提高海水年直接利用量，使海水淡化成为海水综合利用生态产业链的一部分，减少环境污染、促进资源环境可持续发展。

(一)海水淡化技术和产业发展

目前，我国海水淡化主要采用反渗透和低温多效法技术。反渗透海水淡化技术应用于市政供水具有较大优势，如投资 10 亿元利用反渗透淡化工艺建设的 10 万吨/天的青岛百发海水淡化项目，2011 年底建成，该项目产生的淡化水并入市政供水管网，可以满足 50 万人口的用水需求。而对于具有低品位蒸汽或余热可利用的电力、石化等企业来说，制备锅炉补给水和工艺纯水，则采用低温多效蒸馏技术也具有一定的竞争优势。

国外大部分海水淡化厂都是和发电厂建在一起的，这是当前大型海水淡化工程的主要建设模式。辽宁也应积极发展海水淡化的"水电联产"模式，利用电厂的蒸汽和电力为海水淡化装置提供动力，从而实现能源高效利用和降低海水淡化成本。这不仅符合我国关于沿海地区积极利用海水淡化的产业政策，而且还可为当地储备淡水资源，以保证当地居民和工业用户的淡水需求。

(二)海水直接利用

海水直接利用将主要用于工业冷却(占 90%)和城市生活用水，同时也包括海水脱硫、海水灌溉和海水空调等。

1. 海水冷却

工业冷却水约占城市用水的 50%，开发利用海水资源，代替淡水做工业冷却水是解决沿海地区淡水资源紧缺问题的重要途径之一。目前，国内外都以直流冷却为主，但随着《国际环境保护(无公害)公约》的出台，直流冷却技术需进一步改进和完善，并逐渐向无公害方向发展。循环冷却技术其取水量和排污量较直流冷却均少 95% 以上，有利于保护环境，在辽宁应用前景十分广泛，尤其在电力、石化和化工等行业具有很大的开发潜力。

2. 大生活用水

利用海水作为大生活用水(海水冲厕)代替城市生活用淡水，是节约水资源的一项重要措施。把海水作为大生活用水可节约 35% 的城市生活用水，对于缓解辽宁用水紧张具有重要的社会效益和经济效益，应用前景广阔。

3. 海水脱硫

海水脱硫具有工艺简单、系统可靠、脱硫效率高和运行费用低等优点,已在美国、英国和挪威等国家运行。我国第一套海水脱硫装置于 1997 年在深圳西部电厂建成,福州市石电厂和青岛发电厂二期都采用海水脱硫。海水脱硫技术适合我国综合技术水平与运行管理水平的要求,在辽宁推广应用潜力巨大。

4. 海水空调

海水空调是利用海水源热泵技术,抽取一定深度的海水用作冬季热源取暖和夏季空调制冷,以此节约能源。辽宁海岸线漫长,有众多的岛屿和半岛,在黄海、渤海地区有很好的水温条件,对开发海水空调方面有很多得天独厚的有利条件,海水空调前景广阔。

(三)海水化学资源综合利用

海水淡化后的浓盐水中各种化学资源的浓度基本上为原海水的 2 倍,用这种浓海水制取食盐、提溴、提钾,可大幅度降低能耗,提高提取率,发展前景广阔。利用海水淡化、海水冷却排放的浓缩海水,形成海水淡化、海水冷却和海水化学资源综合利用产业链,是实现辽宁资源综合利用和社会可持续发展的根本体现。

(四)深层海水利用

随着海水综合利用技术的发展,深层海水的开发利用前途十分广阔,主要应用领域为:深层海水培育细微海藻加工成药品、食品、保健品,开发食品添加剂、人工养殖以及海水休闲娱乐等方面。

目前,全世界将深层海水产业所经营的国家只有美国和日本,我国台湾省深层海水产业目前已逐步走向商业生产。我国内地深层海水开发利用还在发展起步阶段,据调查,上海等地已将深层海水用于食品添加剂等用途。

今后,辽宁沿海应在深层海水用于食品添加剂和利用深层海水能源等方面进行探索,将深层海水的利用作为新兴产业,逐步开发与利用。

四、开展海洋资源环境监测,保障海洋开发,力争双赢

海洋资源的无序开发,一方面影响了海洋资源开发整体效益的提高;另一方面也使开发过程中,各部门之间的矛盾日益突出。加强海洋管理的基础建设、健全各级管理机构,加强海洋环境保护的基础建设,主要是建设海洋污染监测、监视系统和海上溢油清除系统。同时,要加强海洋自然保护区的建设,要在不同地区和海域建立海洋管理保护机构,壮大海洋执法队伍,在国家海洋主管部门的领导下,行使各自的管理职能,搞好执法、护法工作。要转变海洋管理模式,实行统一管理和分级、分部门管理相结合的海洋综合管理新模式,强化海洋机构的功能和职能,加强与其他涉海部门的联系。重点应从以下三方面进行:

(一)建立污染物入海的监控系统,形成海陆衔接的污染物入海监测、警报和通报机制。按照海洋监测系统、污染源监测系统、流域监测系统和渔业、港口环境监测系统等的功能,形成污染物入海各过程的监控体系,并按照海洋环境质量和保护目标的要求,建立污染物入海警报机制,全面监控污染物入海种类、数量和潜在影响。推进沿海地区生活污水和工业废水处理能力的提高。

(二)建立海洋垃圾管理制度,将海洋垃圾管理与市政垃圾管理系统有机结合起来,形成海洋垃圾与陆域垃圾管理政策及运行协调的机制。开展全国范围的海洋垃圾调查。沿海地区应加强对各类垃圾的收集和管理,尤其是小流域和沿海城市及沿海地带,需要加强对沿岸垃圾的管理。沿海企业,尤其是临海企业,要采取有效的行动,减少垃圾的产生和废弃;海上作业的船舶及经济活动,要禁止向海洋中抛弃各类垃圾。各级海洋行政管理部门要加强对海洋垃圾的管理,加强对海洋垃圾的监测、评估和清理工作。

（三）推进农业面源污染控制。按照统筹规划、突出重点、逐步实施、全面推进的原则,以小流域污染治理为突破口,在沿海地区开展农业面源污染调查,摸清农业面源污染物的组成、发生特征和影响因素,提出农业面源污染预防和控制对策。

五、建立海洋环境污染和海洋灾害应急响应机制,提高防灾减灾能力

在海洋经济高速增长、沿海地区经济日益发展的同时,海洋灾害应急管理还存在许多问题,一旦受到海洋灾害的袭击,往往会造成重大经济损失和人员伤亡。影响辽宁的海洋灾害种类繁多、发生频繁,而且造成的危害往往比较严重,主要有风暴潮、海浪、海冰、赤潮、海啸等。近几年来,海洋灾害所造成的直接经济损失呈现增长趋势,其增长速度远远高于其他种类自然灾害造成损失的增长速度,因此,必须建立健全海洋环境污染和海洋灾害的应急响应机制,提高防灾减灾能力。

（一）完善海洋灾害的监测体系

在完善现有海洋、海事、气象、地震和环境等监测站网的基础上,适当增加监测点密度,建立统一的卫星遥感灾害临测系统。在空间上形成沿海岸带、海岛和近海以及外海 3 个层次的综合观测系统。同时要把深圳的监测体系引入到辽宁省一级的海洋监测体系中联合组网,扩大资料来源,形成全方位的综合观测体系。

1. 沿海岸带的监测系统。可考虑布设自动气象站和能见度仪,进行常规气象监测和海雾的监测。此外,可以建设 1~2 个综合的监测基地,观测项目包括:常规气象观测,常规海洋观测,海流和波高探测,海洋生物、叶绿素、溶解氧、大气成分、大气与海洋边界层、云的宏观和微观特征、辐射通量观测,海—气通量观测,使其成为海—气交换、水分循环和碳循环的综合监测点。

2. 近海监测。可以在海域选择有代表性的中小型岛屿,建立海岛自动气象站,配置海面风向、风力、温度、湿度、风速、雨量和能见度等 7 要素探测仪器,以及强风观测传感器,适用于海上强风速环境下的观测,为台风的灾前预警、灾中救援和灾后评估发挥重要作用。近海的监测还可以利用大型浮标和船舶资料,但大型浮标的维护比较困难。

3. 外海的监测。主要依靠卫星遥感和船舶观测资料,另外,还可以在石油钻井平台上安装气象仪器。使预报部门能够更加及时地了解台风的强度和走向,对于台风的预报预警有着重要的意义。

（二）加强预警系统建设,及时准确发布预警信息

1. 建设海上应急处置通信指挥系统。海洋气象探测的通信问题目前有以下几个解决方案:一是依托海事等卫星通信系统;二是利用 3G 通信技术完善沿海岸的自动监测站点的远程遥测;三是依托船舶及海上石油平台现有的通信系统实现资源共享。此外,依托各部门现有专业信息系统与指挥系统,建立信息共享或信息交换的部门间合作机制。

2.健全综合预警系统。依托政府应急平台,建立突发公共事件综合预警系统,实现预警信息汇总、分析和发布功能。建立完善与广播、电视、报纸、网络等大众媒体间的信息传输通道,建立完善信息快速发布机制;在偏远高风险地区采用建设警报器、宣传车等紧急预警信息发布手段。

3.建立海洋灾害预警体系和发布制度。由于海洋灾害的致灾因子多为气象因素,对于海洋灾害类引发的海上突发公共事件,未来可考虑由气象部门根据与之相关的密切程度,会同海洋、环保、海事、国土、地震等有关部门共同建立预警信息发布机制。各职能部门在市应急指挥中心统一指挥下,在职责范围内向社会发布相关海洋灾害预警,启动应急救援预案。涉及到多个部门的灾害,由各部门形成会商制度,联合对外发布预警。

（三）加强海洋灾害预警预报服务

1.加强近海海洋天气和灾害预警预报。每天分区发出沿岸海域天气报告。报告内容包括对强风、雾、海浪、潮汐、海洋生物灾害及灾害性天气的警告;关于强风、重要天气及海面状况的预报与展望。对灾害性天气系统可能引起的风暴潮、大浪等发出预警。此项业务可以由气象部门和海洋部门联合开展。

2.开拓专项海洋服务。包括各类海上工程项目保障预报服务、旅游区域的海洋预报服务、航线气象预报服务。

3.开发或引进海浪、潮汐以及海雾的预报模式。参考国家海洋环境预报中心的3D模式预报,未来可以引进海浪和潮汐预报模式,不仅可以给海洋预报作参考,也可以应用到海上工程项目评估当中去。

4.充分开发利用卫星遥感产品。使用卫星遥感监测水温、悬浮物、叶绿素等物质的遥感产品,作为海洋环境监测数据的补充。

（四）推进政府应急救援体系建设

针对不同的海洋灾害制定相应的应急预案,政府各部门根据预警信号和应急预案进行响应,建立政府、部门联动机制,确保海上应急气象服务的顺利进行。相关政府部门加强管理,减少人为影响海洋灾害,加强海洋环境保护和对湿地、滩涂的生态环境保护。沿海滩涂围海造地、海水养殖、工业基地建设等,要根据当地实际情况进行科学论证,统筹规划,合理开发建设,不增加沿海区域新的脆弱性,以便获得更大的经济效益。

（五）加强海洋灾害机理研究

各种海洋自然灾害的发生和发展都有其复杂的背景和内在的联系。对海洋灾害规律、机理、群发和伴生特性以及它们在时间变化规律等方面的研究,不单是海洋科学单学科的问题,而是涉及气象、地球物理、生物等学科的综合性问题。目前,辽宁这类研究较少,未来在这些研究领域的工作急待加强:

1.各种海洋灾害成灾规律研究。包括不同灾种之间的相互影响等,如风暴潮与天文潮的相互作用和联合数值模式研究,赤潮成因与防治理论及试验研究,浅水区域海浪数值模式,以及海洋性群发灾害、衍生灾害、次生灾害成灾规律研究等。

2.海洋自然灾害变异强度与成灾关系和海洋灾害社会经济学研究,以及灾害的评估方法研究等。

3.海洋与海岸带生态环境综合治理与重建技术的研究。

4. 重点海洋减灾示范区工程研究。包括精确的海洋及海岸灾害区划方案、区划科学技术研究及实验等。

5. 某些海洋灾害（如赤潮）人工控制理论、方法及试验研究。

6. 重大海洋灾害灾后综合性科学、技术和社会调查与研究等。

参 考 文 献

大连市气象局. 2014.大连市气象志.北京:气象出版社.

国家海洋环境监测中心.2013.辽宁省海洋资源综合调查.北京:海洋出版社.

辽宁省海岸带办公室. 1989.辽宁省海岸带和海洋资源综合调查报告图集.大连:大连理工大学出版社.

辽宁省海岸带办公室.1989.辽宁省海岸带和海洋资源综合调查报告.大连:大连理工大学出版社.

辽宁省海洋局. 1996.辽宁省海岛资源综合调查研究报告.北京:海洋出版社.

辽宁省海洋局. 1996.辽宁省海岛资源综合调查研究报告图集.北京:海洋出版社.

辽宁省气象局. 2007中国气象灾害大典(辽宁卷).北京:气象出版社.

辽宁省气象局. 2013.辽宁省基层气象台站简史.北京:气象出版社.

辽宁省气象局. 2015.辽宁省志·气象志.沈阳:民族出版社.

辽宁省气象局史志办公室. 2014.辽宁省气象灾害图志.北京:气象出版社.

赵冬至. 2010.中国典型海域赤潮灾害发生规律.北京:海洋出版社.

郑应顺. 1987.辽东半岛自然地理.沈阳:辽宁教育出版社.